新工科建设之路・软件工程规划教材

软件工程过程：
原理、方法与工具

张剑波　方　芳　周顺平　编著

电子工业出版社
Publishing House of Electronics Industry
北京・BEIJING

内 容 简 介

本书以 IEEE 计算机协会 2014 年 2 月发布的 SWEBOK V3 为蓝本，以软件工程过程、模型与方法为主线，围绕其中 8 个主要的软件工程实践活动，详细介绍了在软件工程领域被广泛接受的知识域。全书分 10 章，主要内容包括：软件工程过程、软件工程模型与方法、软件需求、软件设计、软件构造、软件测试、软件维护、软件配置管理、软件项目管理、软件质量等。

本书适合作为高等学校软件工程及计算机相关专业的研究生、高年级本科生教材，也适合软件工程专业人员及希望从事软件工程相关工作的其他专业人员阅读。

未经许可，不得以任何方式复制或抄袭本书之部分或全部内容。
版权所有，侵权必究。

图书在版编目（CIP）数据

软件工程过程：原理、方法与工具 / 张剑波，方芳，周顺平编著. —北京：电子工业出版社，2019.8
ISBN 978-7-121-36661-1

Ⅰ. ①软… Ⅱ. ①张… ②方… ③周… Ⅲ. ①软件工程－高等学校－教材 Ⅳ. ①TP311.5

中国版本图书馆 CIP 数据核字（2019）第 100394 号

策划编辑：冉　哲
责任编辑：底　波
印　　刷：北京盛通商印快线网络科技有限公司
装　　订：北京盛通商印快线网络科技有限公司
出版发行：电子工业出版社
　　　　　北京市海淀区万寿路 173 信箱　邮编 100036
开　　本：787×1 092　1/16　印张：16.75　字数：422.4 千字
版　　次：2019 年 8 月第 1 版
印　　次：2019 年 8 月第 1 次印刷
定　　价：49.80 元

凡所购买电子工业出版社图书有缺损问题，请向购买书店调换。若书店售缺，请与本社发行部联系，联系及邮购电话：(010) 88254888，88258888。
质量投诉请发邮件至 zlts@phei.com.cn，盗版侵权举报请发邮件至 dbqq@phei.com.cn。
本书咨询联系方式：ran@phei.com.cn。

前　言

　　软件是可以运行在计算机及电子设备中的指令和数据的有序集合。随着人类社会的发展和技术的进步，现在的软件具有产品和产品生产载体的双重作用。作为产品，软件在不同硬件环境（移动电话、手持平板、台式机或者大型计算机）中扮演着信息转换的角色；作为产品生产的载体，软件提供了计算机控制、信息通信、应用程序开发与控制的基础平台。相比计算机硬件能力以每两年提高一倍的速度发展，软件开发则面临着复杂性（Complexity）、不可见性（Invisibility）、易变性（Changeability）、服从性（Conformity）、非连续性（Discontinuity）等亟待解决的难题。

　　软件工程是指将系统化、规范化和可量化的工程化方法应用于软件的开发、运行和维护，包括过程、一系列实践方法和大量工具，用于帮助专业人员构建高质量的计算机软件。同时，软件工程也是一门独立的学科，有自己的课程教育体系。为了规范和推动软件工程理论研究、工程实践和教育的发展，2014 年 2 月 20 日，IEEE 计算机协会发布了软件工程知识体系（Software Engineering Body of Knowledge，SWEBOK）指南第 3 版，简称 SWEBOK V3。该指南将 SWEBOK2004 第 2 版（软件工程本科课程大纲）、GSwE2009（软件工程硕士课程大纲）、CSDP（软件开发工程师认证）和 CSDA（初级软件工程师认证）、SEVOCAB（系统与软件工程术语）等标准进行了统一，同时补充了近 10 年来软件工程研究与实践的新成果，包括 11 个软件工程实践知识域和 4 个软件工程教育基础知识域（软件工程经济学、计算基础、数学基础和工程基础）。该指南描述了软件工程学科内容的特征，明确定义了软件工程相对于计算机科学、项目管理、计算机工程和数学等其他学科的范围。本书内容的组织正是以该指南为参考依据的。

　　与国内外已经出版的同类书籍相比较，本书围绕"软件工程过程、模型与方法"，针对软件需求、软件设计、软件构造、软件测试、软件维护、软件配置管理、软件项目管理和软件质量这 8 个主要软件工程实践活动（见图 1），通过原理、方法与工具的介绍，为读者构建了一个完整的软件工程过程的知识体系，帮助读者更好地将所学知识应用于实践，并运用软件工程方法解决实际应用问题。

　　通过本书的学习，读者可以掌握软件生命周期、软件工程过程中包含的主要活动和软件工程模型；理解常规软件生命周期框架中所包含的各阶段和活动；理解软件开发中的 8 个主要活动间的相互关系；掌握几种主要的软件工程模型的主要特征及适用范围；理解为了在进度和预算内获取高质量的软件，选择合适的软件工程模型的重要性；全面掌握软件项目的开发和管理技术，能运用软件工程方法鉴别和解决大型软件项目开发过程中出现的主要问题。

　　在章节安排上，本书首先为读者建立完整的软件工程过程的概念体系，接着详尽地给出各种常用的软件生命周期模型、建模过程与方法；然后以软件开发过程中工作产品构建时所执行的一系列活动、动作和任务的集合为参考，对其中软件需求、软件设计、软件构造、软件测试和软件维护这 5 个框架活动进行详细说明，帮助读者掌握软件工程过程从沟通、策划、建模、构造到部署这 5 个环节涵盖的基本原理、方法与工具；最后，对软件配置管理、软件项目管理和软件质量这三个普适性活动进行详细介绍，它们包含软件工作产品的准备和生产过程中所必需的活动（建模、文档、日志等）集合，为读者深入学习软件工程过程管理、过程监控及过程改进等软件管理知识打下了良好的基础。

图 1

本书的编写得到中国地质大学（武汉）2018 年研究生精品教材建设项目的资助。

本书在编写过程中得到了中国地质大学（武汉）软件工程系老师们的指导和帮助，研究生赵素彬和刘明焱参加了资料整理、绘图和排版等工作，在此一并致谢。

由于作者水平有限，书中不足之处在所难免，敬请读者批评指正。

编者

目 录

第1章 软件工程过程 ... 1

1.1 软件过程定义 ... 1
- 1.1.1 软件过程管理 ... 2
- 1.1.2 软件过程框架 ... 2

1.2 软件生命周期 ... 5
- 1.2.1 软件过程分类 ... 6
- 1.2.2 软件生命周期模型 ... 8
- 1.2.3 软件过程适应 ... 18
- 1.2.4 实践考虑 ... 18

1.3 软件过程评估与改进 ... 18
- 1.3.1 软件过程评估与改进模型 ... 19
- 1.3.2 软件过程评估方法 ... 19
- 1.3.3 连续式和阶段式软件过程评估 ... 19

1.4 软件过程工具 ... 32

习题 1 ... 33

第2章 软件工程模型与方法 ... 34

2.1 建模 ... 34
- 2.1.1 建模的原则 ... 34
- 2.1.2 模型的性质与表达 ... 35
- 2.1.3 语法、语义和语用 ... 35
- 2.1.4 前置条件、后置条件和不变量 ... 36

2.2 模型的类型 ... 36

2.3 模型分析 ... 37

2.4 软件工程方法 ... 38
- 2.4.1 启发式方法 ... 38
- 2.4.2 形式化方法 ... 39
- 2.4.3 原型方法 ... 39
- 2.4.4 敏捷方法 ... 40

习题 2 ... 40

第3章 软件需求 ... 41

3.1 基本概念 ... 41
- 3.1.1 软件需求定义 ... 41
- 3.1.2 软件需求层次 ... 42
- 3.1.3 软件需求分类 ... 43

3.1.4 需求工程 ... 45
3.1.5 启动步骤 ... 46
3.2 需求获取 ... 48
3.2.1 软件需求来源 ... 49
3.2.2 需求获取技术 ... 50
3.3 软件需求分析 ... 54
3.3.1 分析模型概述 ... 55
3.3.2 建立分析模型 ... 57
3.3.3 分析技术 ... 59
3.3.4 架构设计 ... 60
3.3.5 需求协商 ... 61
3.4 软件需求规格说明 ... 61
3.4.1 意义 ... 62
3.4.2 分类 ... 62
3.4.3 描述方法 ... 63
3.5 软件需求确认 ... 65
3.5.1 软件需求评审 ... 65
3.5.2 原型法 ... 67
3.5.3 软件需求测试 ... 68
3.5.4 验收测试 ... 68
3.6 软件需求管理 ... 69
3.6.1 需求基线 ... 70
3.6.2 需求跟踪 ... 72
3.6.3 需求变更 ... 74
3.7 软件需求工具 ... 76
习题 3 ... 77

第 4 章 软件设计 ... 78

4.1 软件设计基础 ... 78
4.1.1 软件设计过程 ... 81
4.1.2 软件设计原则 ... 82
4.2 软件架构设计 ... 86
4.2.1 软件架构风格 ... 87
4.2.2 软件架构设计方法 ... 88
4.2.3 软件架构设计步骤 ... 92
4.3 用户界面设计 ... 95
4.3.1 通用用户界面设计原则 ... 96
4.3.2 用户交互模式设计 ... 98
4.3.3 用户界面设计流程 ... 99
4.3.4 用户界面设计方法 ... 100
4.4 软件设计质量 ... 102

		4.4.1 软件设计质量的意义	102
		4.4.2 软件设计质量的评估	104
	4.5	软件设计符号	105
		4.5.1 结构描述	106
		4.5.2 行为描述	115
	4.6	软件设计策略和方法	124
	4.7	软件设计工具	125
	习题 4		126

第 5 章 软件构造

	5.1	软件构造基础	127
		5.1.1 复杂性最小化	127
		5.1.2 多维视角的软件构造	127
	5.2	软件构造过程	128
		5.2.1 生命周期模型	128
		5.2.2 构造语言	129
		5.2.3 开发者测试	131
		5.2.4 重构	132
	5.3	软件构造管理	133
		5.3.1 变更管理	133
		5.3.2 版本控制	133
	5.4	软件构造技术	134
	5.5	软件构造工具	136
	习题 5		137

第 6 章 软件测试

	6.1	软件测试基础	139
		6.1.1 软件测试目的	139
		6.1.2 软件测试定义	139
	6.2	软件测试级别	140
		6.2.1 测试阶段级别	140
		6.2.2 测试对象级别	144
	6.3	软件测试技术	147
		6.3.1 静态测试	147
		6.3.2 动态测试	150
		6.3.3 白盒测试	150
		6.3.4 黑盒测试	153
		6.3.5 自动化测试	158
	6.4	软件测试过程	159
		6.4.1 测试计划阶段	160
		6.4.2 测试设计阶段	163

6.4.3	测试执行阶段	165
6.4.4	测试监控阶段	166
6.4.5	测试结束阶段	167

6.5 软件测试工具 ... 168
 6.5.1 静态分析工具 ... 168
 6.5.2 黑盒测试工具 ... 168
 6.5.3 单元测试工具 ... 169
 6.5.4 负载测试工具 ... 169

习题6 ... 170

第7章 软件维护

7.1 软件维护基本概念 ... 171
 7.1.1 软件维护定义 ... 172
 7.1.2 软件维护特点 ... 172
 7.1.3 软件维护目的 ... 173
 7.1.4 软件维护组织 ... 173

7.2 软件维护关键问题 ... 174
 7.2.1 软件维护技术问题 ... 174
 7.2.2 软件维护管理问题 ... 175
 7.2.3 软件维护成本预算 ... 176
 7.2.4 软件的可维护性 ... 177

7.3 软件维护过程 ... 179
 7.3.1 软件维护过程概述 ... 179
 7.3.2 软件维护活动 ... 180

7.4 软件维护技术 ... 181
 7.4.1 程序理解 ... 181
 7.4.2 再工程 ... 182
 7.4.3 逆向工程 ... 184
 7.4.4 迁移 ... 185
 7.4.5 退役 ... 186

7.5 软件维护工具 ... 186

习题7 ... 187

第8章 软件配置管理

8.1 软件配置管理的过程管理 ... 189
 8.1.1 软件配置管理的组织背景 ... 189
 8.1.2 软件配置管理涉及的人员 ... 189
 8.1.3 软件配置管理计划 ... 190
 8.1.4 软件配置管理的监管 ... 191

8.2 软件配置标识 ... 192
 8.2.1 被管控项目的识别 ... 192

   8.2.2 软件库...199
 8.3 软件配置控制..201
   8.3.1 软件变更请求...201
   8.3.2 跟踪并控制变更...202
   8.3.3 软件配置偏差和弃用..203
 8.4 软件配置状态统计..203
 8.5 软件配置审计..204
   8.5.1 配置库审计...205
   8.5.2 基线审计...205
 8.6 软件构建和发布管理..206
   8.6.1 软件构建...206
   8.6.2 软件发布...207
 8.7 软件配置管理工具..208
 习题 8...208

第 9 章 软件项目管理..209

 9.1 软件项目管理概述..210
   9.1.1 项目与软件项目...210
   9.1.2 项目管理...210
   9.1.3 软件生命周期与项目管理...211
 9.2 软件项目启动..212
   9.2.1 软件项目启动任务...212
   9.2.2 软件项目可行性分析...214
   9.2.3 制订项目任务书...215
 9.3 软件项目计划..216
   9.3.1 软件范围计划...217
   9.3.2 项目进度计划...217
   9.3.3 项目成本计划...222
   9.3.4 项目风险计划...228
   9.3.5 项目合同计划...231
   9.3.6 人员与沟通计划...232
 9.4 软件项目执行控制..235
   9.4.1 软件项目控制方法...235
   9.4.2 软件项目控制过程...236
 9.5 软件项目收尾..237
   9.5.1 软件项目收尾概述...237
   9.5.2 软件项目收尾过程...237
   9.5.3 软件项目验收...238
 9.6 软件项目管理工具..238
 习题 9...239

第 10 章 软件质量 240

10.1 软件质量概述 241
10.1.1 软件质量概念 241
10.1.2 软件质量成本 242
10.1.3 软件质量模型 242

10.2 软件质量管理过程 245
10.2.1 软件质量计划 245
10.2.2 软件质量保证 246
10.2.3 软件质量控制 248
10.2.4 软件过程改进 249

10.3 软件质量度量 249
10.3.1 软件质量度量概述 250
10.3.2 软件项目质量度量 251
10.3.3 软件产品质量度量 252
10.3.4 软件过程质量度量 253
10.3.5 软件缺陷度量 255

10.4 软件质量工具 256

习题 10 256

参考文献 257

第 1 章　软件工程过程

软件工程过程由一组相互关联的活动组成。这些活动将一个或多个输入转化为输出，同时消耗资源来完成转换。传统工程领域（如电子、机械、化学）的许多过程涉及将能源和物理实体从一种形式转变为另一种形式，例如，水力发电的大坝将势能转化为电能，石油精炼厂利用化学过程将原油转化为汽油。

软件工程过程关心的是软件工程师对软件的开发、维护和操作如何完成工作活动，如需求、设计、结构、测试、配置管理和其他软件工程过程。为了便于阅读，本书将"软件工程过程"称为"软件过程"。需要注意的是，"软件过程"表示工作活动，而不是实现软件的执行过程。

软件过程的具体目的是：促进人们之间的理解、沟通和协调；协助管理软件项目；以有效的方式衡量和提高软件产品的质量；支持改进过程；为过程执行的自动化提供基础。

本章的章节结构如图 1-1 所示，将从软件过程定义、软件生命周期、软件过程评估与改进和软件过程工具 4 个方面介绍软件过程。

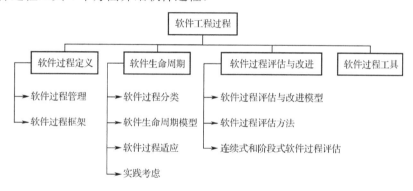

图 1-1　章节结构图

1.1　软件过程定义

如前所述，软件过程是一组相互关联的活动，将输入工作产品转换为输出工作产品。至少，软件过程的描述包括所需的输入、转换工作活动和生成的输出。如图 1-2 所示，软件过程可能还包括其输入和输出标准，并将工作活动分解为任务，这是软件过程管理的最小单位。软件过程输入可能是触发事件或另一个软件过程的输出。输入标准应该在一个软件过程开始之前得到满足。在成功地完成一个软件过程之前，必须满足所有指定的条件，包括输出工作产品或工作产品的验收标准。

软件过程可能包括子过程。例如，软件需求验证是一个过程，用来确定需求是否为软件开发提供了足够的基础，它是软件需求过程的一个子过程。软件需求验证的输入通常是软件需求规范和执行验证所需的资源（人员、验证工具、足够的时间）。软件需求验证的任务可能包括需求审查、原型和模型验证。这些任务包括个人和团队的工作任务。软件需求验证的输出通常是一个经过验证的软件需求规范，它为软件设计和软件测试过程提供了输入。软件需求验证与软件需求过程的其他子过程通常会以不同的方式进行交叉和迭代。软件需求过程及其子过程可以在软件开发或修改过程中多次输入或输出。

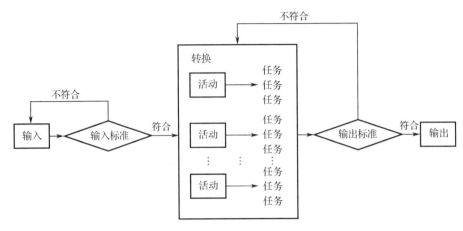

图 1-2　软件过程流程图

软件过程的完整定义可能还包括角色和能力、IT 支持、软件工程技术和工具、执行过程所需的工作环境、用于确定执行过程的效率和有效性的方法与度量。

此外，软件过程可能包括交叉技术、协作和管理活动。

定义软件过程的符号包括组织活动的文本列表和自然语言描述的任务、数据流图、状态图、业务流程建模标注、集成定义、Petri 网和统一建模语言活动图。流程中的转换任务可以定义为软件过程：一个软件过程可以被指定为一个有序的步骤，或者作为待完成任务的工作检查表。

必须强调的是，没有最好的软件过程或软件过程集，必须根据每个项目和每个组织的内容选择、调整和应用软件过程。

1.1.1　软件过程管理

软件过程管理的两个目标是，实现软件过程的效率与有效性和生产工作产品的系统方法的效率与有效性，无论是在个人、项目或组织层面，还是在引入新的或改进的过程方面。

过程随期望而改变，一个新的或修改后的过程将提高过程的效率与有效性，同时提高所生产工作产品的质量。引入一个新的过程、改进现有的过程或者改变现有的组织和框架（技术插入或工具的改变）是密切相关的，因为所有这些的目的通常都是为了改进软件产品的成本、开发进度或质量。过程的改变不仅对软件产品有影响，还经常会导致结构的改变。改变一个过程或引入一个新过程会在整个组织结构中产生连锁反应。例如，对 IT 基础设施、工具和技术的更改通常需要过程改变。

在第一次部署新过程时，可能会修改现有的过程（例如，在软件开发项目中引入检查活动可能会影响软件测试过程——参见第 6 章和第 10 章）。这些情况也可以称为"过程演化"。如果修改是广泛的，那么可能需要在组织培养和业务模型中进行更改以适应过程改变。

1.1.2　软件过程框架

建立、实施、管理软件过程和软件生命周期模型通常发生在单个软件项目的层次上。

然而，在组织中系统地应用软件过程和软件生命周期模型将有益于组织中的所有软件工作，尽管它需要在组织层面上的协议。软件过程框架可以提供过程定义、解释和应用过程的策略，以及用于实现过程的描述。此外，软件过程框架还可以提供资金、工具、培训和工作人员，这些人员被分配负责建立和维护软件过程框架。

软件过程框架因组织的规模和复杂性及组织内的项目而异。小型、简单的组织和项目有小而简单的框架需求，大型、复杂的组织和项目必须有更大、更复杂的软件过程框架。在后一种情况下，可以建立各种组织单元（如软件工程过程组或指导委员会）来监督软件过程的实现和改进。

一个常见的误解是，建立一个软件过程框架和实现可重复的软件过程将增加软件开发和维护的时间及成本。当然，引入或改进软件过程需要付出一定的代价。然而，经验表明，通过提高效率、避免返工，以及使用更可靠和可负担得起的软件，以系统地改进软件过程，往往会降低成本。因此，软件过程性能影响软件质量。

软件过程框架定义了若干框架活动，为实现完整的软件工程过程建立了基础。这些活动可广泛应用于所有软件开发项目，无论项目的规模和复杂性如何。此外，软件过程框架还包含一些适用于整个软件过程的普适性活动。一个通用的软件过程框架通常包含以下5个活动。

（1）沟通

在技术工作开始之前，和客户（及其他干系人）的沟通与协作是极其重要的。其目的是理解干系人的项目目标，并收集需求以定义软件特性和功能。

（2）策划

如果有地图，那么任何复杂的旅程都可以变得简单。软件项目好比是一个复杂的旅程，策划活动就是创建一张"地图"，以指导团队的项目旅程。这张地图称为软件项目计划。它定义和描述了软件工程工作，包括需要执行的技术任务、可能的风险、资源的需求、工作产品和工作进度计划。

（3）建模

无论你是工程师、建筑师还是木匠，每天的工作都离不开模型。你会画一张草图来辅助理解整个项目大的构想——体系结构、不同的构件如何结合，以及其他一些特性。如果需要，可以把草图不断细化，以便更好地理解问题并找到解决方案。软件工程师也是如此，需要利用模型来更好地理解软件需求，并完成符合这些需求的软件设计。

（4）构建

必须要对所做的设计进行构建，包括编码（手写的或者自动生成的）和测试。后者用于发现编码中的错误。

（5）部署

部署是指软件（全部或者部分增量）交付给用户，由用户对其进行评测并给出反馈意见。

上述5个通用软件框架活动既适用于简单小程序的开发，也可用于Web APP的建造，以及用于基于计算机的大型复杂系统工程的实现。在不同的应用案例中，软件过程的细节可能差别很大，但是软件框架活动类型都是相同的。

对许多软件项目来说，随着项目的开展，软件框架活动可以迭代应用。也就是说，在项目的多次迭代过程中，沟通、策划、建模、构建、部署等活动不断重复。每次项目迭代都会产生一个软件增量,每个软件增量都实现了软件的部分特性和功能。随着每次增量的产生,软件将逐渐完善。

同时,软件过程框架活动由很多普适性活动来补充实现。通常,这些普适性活动贯穿软件项目始终,以帮助软件团队管理与控制项目的进度、质量、变更和风险。典型的普适性活动包括如下活动。

(1) 软件项目跟踪和控制:项目组根据计划来评估项目进度,并且采取必要的措施来保证项目按进度计划进行。

(2) 风险管理:对可能影响项目成果或者产品质量的风险进行评估。

(3) 软件质量保证:确定和执行保证软件质量的活动。

(4) 技术评审:评估软件工程产品,尽量在错误传播到下一个活动之前发现并清除它。

(5) 测量、定义和收集软件过程、项目及产品的度量:帮助团队在发布软件时满足干系人的要求。同时,测量还可与其他软件框架活动和普适性活动配合使用。

(6) 软件配置管理:在整个软件过程中管理变更所带来的影响。

(7) 可复用管理:定义工作产品复用的标准(包括软件构件),并且建立构件复用机制。

(8) 工作产品的准备和生产:包括生产工作产品(如建模、文档、日志、表格和列表等)所必需的活动。

软件过程框架如图1-3所示。可以看出,每个框架活动都由一系列软件工程动作构成:每个软件工程动作都要由一个任务集来定义,这个任务集明确了将要完成的工作任务、将要生产的工作产品、所需要的质量保证点,以及用于表明过程状态的项目里程碑。

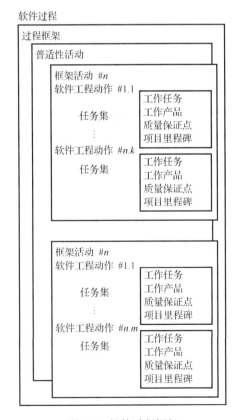

图1-3 软件过程框架

在软件过程中,使用过程流来描述对软件过程框架中的活动、动作和任务如何在执行顺序和执行时间上进行组织。常用的过程流包括线性过程流、迭代过程流、演化过程流和并行过程流。线性过程流从沟通到部署顺序执行 5 个活动,如图 1-4 所示。迭代过程流在执行下一个活动前重复执行之前的一个或多个活动,如图 1-5 所示。演化过程流采用循环的方式执行各个活动,每次循环都能产生更完善的软件版本,如图 1-6 所示。并行过程流将一个或多个活动与其他活动并行执行,如图 1-7 所示。

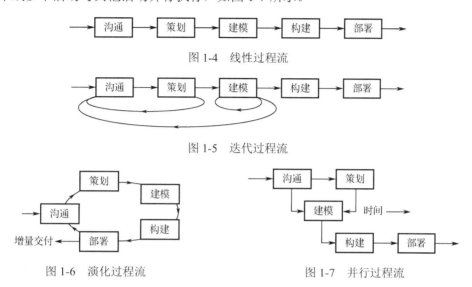

图 1-4　线性过程流

图 1-5　迭代过程流

图 1-6　演化过程流　　　　　图 1-7　并行过程流

1.2　软件生命周期

软件开发生命周期(Software Development Life Cycle,SDLC)是软件的产生直到报废的生命周期。软件产品生命周期(Software Product Life Cycle,SPLC)包括软件开发生命周期,再加上为软件产品的部署、维护、支持、演化、退役和所有其他从开始到退役过程提供服务的软件过程,以及应用于整个软件产品生命周期的软件配置管理、软件质量保证过程等。一个软件产品生命周期可以包括用于演化和增强软件的多个软件开发生命周期。

单个软件过程没有时间顺序。软件过程之间的时间关系是由软件生命周期模型提供的:要么是软件开发生命周期,要么是软件产品生命周期。软件生命周期模型通常强调模型内的关键软件过程,以及它们在时间和逻辑上的相互依赖关系。在软件生命周期模型中,软件过程的详细定义可以直接提供,也可以参考其他文档。

除在软件过程中传递时间和逻辑关系之外,软件开发生命周期模型(或组织中使用的模型)还包括应用输入和输出标准的控制机制(如项目评审、客户评估、软件测试、质量阈值、项目演示和团队共识)。一个软件过程的输出常常为其他软件过程提供输入(例如,软件需求为软件架构设计、软件构建和软件测试等过程提供了输入)。并发执行多个软件过程活动可能产生一个共享的输出(例如,不同团队开发的多个软件组件之间的接口规范)。一些软件过程可能被认为不那么有效,除非同时执行其他的软件过程(例如,软件需求分析过程中的软件测试计划可以提高软件需求质量)。

1.2.1 软件过程分类

在软件开发和软件维护生命周期的各个部分中，已经定义了许多不同的软件过程。ISO和IECC联合推出了"ISO/IEC 12207软件生命周期过程"标准，为开发和管理软件提供了标准公共框架，如图1-8所示。

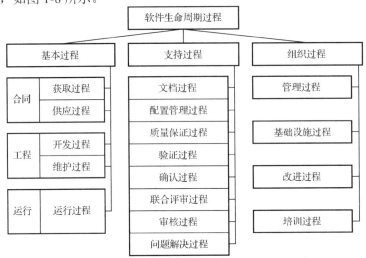

图1-8 "ISO/IEC 12207软件生命周期过程"标准公共框架

1．基本过程

基本过程定义了与软件生产直接相关的过程，即软件从无（或原有）到（新）有到运营的过程，包括软件的获取、供应、开发、运行和维护。

（1）获取过程，是指获取方为得到一个软件产品所进行的一系列活动，包括确定获取产品的需求定义、投标准备、合同准备和修改、对供应方的监督及验收完成和结束。

（2）供应过程，是指为获取方提供软件产品所进行的一系列活动，包括理解产品需求、应标准备、合同签订、计划制订、实施和控制、评价及交付完成。

（3）开发过程，是指组织开发软件所从事的一系列活动，包括需求分析、系统设计、编码、测试、安装及验收。在开发过程中还贯穿了其他软件过程的实施。

（4）运行过程，是指操作人员日常使用软件的过程。该过程是指用户和操作人员在用户业务运行环境中，使用软件投入运行所进行的一系列活动。其目的是在软件开发过程完成后，将软件从开发环境转移到用户的业务环境中运行时，对用户的要求提供咨询和帮助，并对运行效果做出评价。这个过程为开发过程和维护过程提供反馈信息。运行管理方可根据对软件项目的总体要求，按照软件管理过程的内容对运行过程进行管理。

（5）维护过程，是指维护人员所从事的一系列活动。其目的是在保持软件整体性能的同时进行修改，使其达到某一需求，直至其被废止。维护包括改正性、适应性和完善性维护。维护过程包括过程实现、问题分析与修改、修改实施、维护评审和验收、移植和软件退役等。在维护过程中还贯穿了其他软件过程的实施。

2．支持过程

支持过程是指为了保证基本过程的正常运行、目标的实现和质量的提高所从事的一系列过程。它们可被基本过程的各个过程部分或全部采用，并由它们自己的组织或一个独立组织负责实施，也可由用户负责实施。

（1）文档过程，用于记录任何其他过程所产生的特定信息的一组活动。

（2）配置管理过程，用于捕获和维护开发过程中所产生的信息和产品的一组活动，以便于后续开发与维护。

（3）质量保证过程，用于客观地保证产品和相关过程与需求文档和计划保持一致的一组活动。

（4）验证过程，用于检验产品的活动，是依据实现的需求定义和产品规范，确定某项活动的产品是否满足所给定或所施加的要求和条件的过程。验证过程一般根据软件项目需求，按不同深度确定验证产品所需要的活动，包括分析、评审和测试，其执行具有不同程度的独立性。为了节约费用和有效进行，验证活动应尽早与采用它的过程（如获取、开发、运行和维护）相结合。该过程的成功实施期望带来如下结果：

- 根据需要验证的产品所制订的规范（如产品规格说明）实施必要的检验活动；
- 有效地发现各类阶段性产品所存在的缺陷，并跟踪和消除缺陷。

（5）确认过程，用于确认产品的活动。这是一个确定需求和最终的、已建立的系统或软件（产品）是否满足特定的预期用途的过程，集中判断产品中所实现的功能、特性是否满足客户的实际需要。确认过程和验证过程构成了软件测试缺一不可的组成部分，也可以将之看作质量保证活动的重要支持手段。确认应该尽在早期阶段进行，如阶段性产品的确认活动。确认和验证相似，也具有不同程度的独立性。该过程的成功实施期望带来如下结果：

- 根据客户实际需要，确认所有产品相应的质量准则，并实施必要的确认活动；
- 提供有关证据，以证明开发出的产品满足或适应指定的需求。

（6）联合评审过程，由双方使用的、评估其他活动的状态和产品的活动。联合评审过程评价一项活动的状态和产品所需遵循的规范及要求，一般要求供、需双方共同参加。其评审活动在整个合同有效期内进行，包括管理评审和技术评审。管理评审主要依据合同的目标，与客户就开发进度、内容、范围和质量标准进行评估、审查，使双方通过充分交流达成共识，以保证开发出客户满意的产品。该过程的成功实施期望带来如下结果：

- 与客户、供应商及其他利益相关方（或独立第三方）对开发的活动和产品进行评估；
- 为联合评审的实施制订相应的计划与进度，跟踪评审活动，直至结束。

（7）审核过程，用于确定项目与需求、计划与合同的符合程度。审核过程判断各种软件活动是否符合用户的需求、质量计划和合同所需要的其他各种要求。审核过程发生在软件组织内部，也称内部评审。审核一般采用独立的形式对产品及所采用的过程加以判断、评估，并按项目计划中的规定，在预先确定的里程碑（代码完成日、代码冻结日和软件发布日等）之前进行。对于审核中出现的问题，应加以记录，并按要求输入问题解决过程。该过程的成功实施期望带来如下结果：

- 判断是否与指定的需求、计划及合同相一致；
- 由合适的、独立的一方来安排对产品或过程的审核工作；
- 确定其是否符合特定需求。

（8）问题解决过程，一组在分析和根除存在问题时所要执行的活动。不论问题的性质或来源如何，这些问题都是在实施开发、运行、维护或其他过程期间暴露出来的，需要得到及时纠正。问题解决过程的目的是及时提出相应对策、形成文档，以保证所有暴露的问题得到分析和解决，并能预见到这一问题领域的发展趋势。该过程的成功实施期望带来如下结果：

- 采用及时的、有明确职责的、文档化的方式，以确保所有发现的问题都经过了相应的分析并得到解决；
- 提供一种相应的机制，以识别所发现的问题并根据相应的趋势采取行动。

3. 组织过程

组织过程为软件工程提供支持，包括管理、基础设施、改进和培训过程。

（1）管理过程，是指软件生命周期过程中管理者所从事的一系列活动和任务，如对获取、供应、开发、运行、维护或支持过程的活动进行管理，目的是在一定的周期和预算范围内有效地利用人力、资源、技术和工具完成预定的软件产品，实现预期的功能和其他质量目标。管理过程是在整个软件生命周期中为工程过程、支持过程和获取/供应过程的实践活动提供指导、跟踪和监控的过程，从而保证软件过程按计划实施并能到达预定目标。管理过程是软件生命周期中的基本管理活动，为软件过程和执行制订计划，帮助软件过程建立质量方针、配置资源，对软件过程的特性和表现进行度量，收集数据，负责产品管理、项目管理、质量管理和风险管理等。一个有效的、可行的软件过程能够将人力资源、流程和实施方法结合成一个有机的整体，并能全面地展现软件过程的实际状态和性能，从而可以监督和控制软件过程的实现。对软件过程的监督、控制实际孕育着一个管理的过程。管理过程包括：

- 项目管理，是指计划、跟踪和协调项目执行及生产所需资源。项目管理过程的活动，包括软件基本过程的范围确定、策划、执行和控制、评审和评价等。
- 质量管理，是指对项目产品和服务的质量加以管理，从而获得最高的客户满意度。此过程包括在项目及组织层次上建立对产品和过程质量管理的关注。
- 风险管理，是指在整个软件生命周期中对风险不断地进行识别、诊断和分析，以回避、降低或消除风险，并在项目及组织层次上建立有效的风险管理机制。
- 子合同商管理，是指选择合格子合同商并对其进行管理。

（2）基础设施过程，是指建立和维护其他过程所需的基础设施的过程。例如，软件工具、技术、标准及开发、支持、运行与维护所需的设施。其主要活动是定义并建立各个过程所需要的基础设施，并在其他相关过程执行时维护其所建立的基础设施。

（3）改进过程，是指建立、评估、度量、控制和改进软件生命周期过程的过程。其主要活动是制订一套组织计划，评估相关过程，并实施分析和改进过程。

（4）培训过程，是指为软件产品提供人员培训的过程。其主要活动是制订人员培训计划、开发培训资料及培训计划的实施。

1.2.2 软件生命周期模型

软件的无形和可延展特性允许使用各种各样的软件开发生命周期模型（简称开发模型）。在线性开发模型中，软件开发的各个阶段按照需要依次通过反馈和迭代完成，然后集成、测试和交付单个产品。在迭代开发模型中，软件是在迭代周期上以增加功能的方式进行开发的。在敏捷开发模型中，经常需要向客户或用户代表演示工作产品，由客户或用户代表在短的迭代周期内指导软件的开发，从而产生可运行的、可交付的软件的小增量。如果需要，增量、迭代和敏捷等开发模型可以将工作产品的早期子集交付到用户环境中。

线性开发模型有时被称为预测型开发模型，而迭代和敏捷开发模型被称为自适应开发模型。应该注意的是，在软件产品生命周期期间的各种维护活动可以使用不同的开发模型来进行，视适用情况而定。

各种开发模型的一个区别特征是软件需求的管理方式。线性开发模型通常在项目启动和计划期间开发完整的软件需求集，然后严格控制软件需求；对软件需求的更改是基于由变更控制委员会处理的变更请求（参见第 8 章）的。增量开发模型基于在每个增量中待实现软件需求的划分，产生可运行、可交付的软件的连续增量；就像在线性开发模型中一样，软件需求可以被严格控制，或者随着软件产品的发展，在修改软件需求方面也有一定的灵活性。敏捷开发模型最初可以定义产品范围和高级特性；然而，敏捷开发模型的设计目标是在项目过程中促进软件需求的演化。

必须强调的是，从线性到敏捷的开发模型的连续体并不是一条直线。不同方法中的元素可以合并到一个特定的模型中。例如，增量开发模型可能包含顺序的软件需求和设计阶段，但在软件构建过程中也允许相当灵活地修改软件需求和架构。

常见的开发模型有：瀑布模型、增量模型、演化模型、原型模型、螺旋模型、统一过程模型和敏捷过程模型。

1. 瀑布模型

瀑布模型是典型的软/硬件开发模型，该模型也称传统软件生命周期模型。如图 1-9 所示，它包括需求分析、设计、编码、集成与系统测试、运行与维护几个阶段。在每个阶段分别提交以下产品：软件需求规格说明、系统设计说明、实际代码和测试用例、最终产品、产品升级等。工作产品流经"正向"开发的基本步骤路径。"反向"的步骤流表示对前一个可提交产品的重复变更。由于所有开发活动都具有非确定性，因此是否需要重复变更，仅在下一个阶段或更后的阶段才能认识到。这种"返工"不仅在以前阶段的某个地方有需要，而且对当前正在进行的阶段也同样重要。

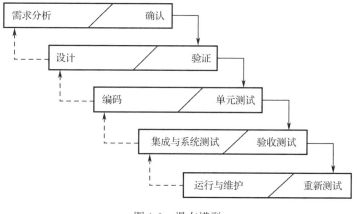

图 1-9 瀑布模型

该模型的主要特点是：
- 每个阶段都以验证/确认/测试活动作为结束，其目的是尽可能多地消除本阶段产品中存在的问题。
- 在随后阶段里，尽可能对前面阶段的产品进行迭代。

瀑布模型是第一个被完整描述的过程模型，是其他过程模型的鼻祖。其优点是：
- 容易理解、管理成本低。瀑布模型的主要成果是通过文档从一个阶段传递到下一个阶段。各阶段间原则上不连续也不交叠，因此可以预先制订计划来降低计划管理的成本。

- 它不提供有形的软件成果,除非到生命周期结束时。但文档产生并提供了贯穿整个生命周期的进展过程的充分说明,允许基线和配置在早期接受控制,并且前一个阶段作为下一个阶段被认可的、文档化的基线。

它的缺点表现为:
- 用户必须能够完整、正确和清晰地表达其需要。但在实际系统开发中,经常会出现用户与开发人员沟通存在巨大差异,用户提出的需求含糊又被开发人员随意解释,以及用户需求会随着时间推移不断变化等问题。
- 可能要花费更多的时间来建立一些用处不大的文档。
- 在开始的两个或三个阶段中,很难评估真正的进度状态。
- 在一个项目的早期阶段,过分强调基线和里程碑处的文档。
- 开发人员一开始就必须理解其应用范围。
- 当接近项目结束时,会出现大量的集成和测试工作。
- 直到项目结束之前,都不能演示系统的能力。

瀑布模型是传统过程模型的典型代表,因为管理简单,所以常被获取方作为合同上的模型。在一个阶段完成后,生产出一个具体的产品;如果需要的话,可以对这一产品进行独立的检验。获取方可以按阶段向开发方支付费用,这意味着双方必须客观地对其完成情况进行核实。

当一个项目有稳定的产品定义且很容易被理解的技术解决方案时,可以使用瀑布模型。在这种情况下,瀑布模型可以帮助及早发现问题,降低项目的阶段成本。它提供开发者渴望的稳定需求。若要对一个定义得很好的版本进行维护或将一个产品移植到一个新的平台上,那么瀑布模型是快速开发的一个恰当选择。

对于那些容易理解但很复杂的项目,采用瀑布模型比较合适,因为这样可以用顺序的方法处理复杂的问题。在质量需求高于成本需求和进度需求的时候,瀑布模型表现得尤为出色。由于在项目进展过程中基本不会产生需求的变更,因此,瀑布模型避免了常见的、巨大的潜在错误源。

瀑布模型的一个变体就是 V 模型,如图 1-10 所示。它在每个环节中都强调了测试(并提供了测试的依据),同时又在每个环节中都做到了对实现者和测试者的分离。由于测试者相对于实现者的关系是监督、考察和评审,因此测试者相当于在不断地做回顾和确认。

在图 1-10 中,左半部分是分析和设计,是软件设计实现的过程,同时伴随着质量保证活动——审核的过程,也就是静态测试过程;右半部分是对左边结果的检验,是动态测试的过程,即对分析和设计的结果进行测试,以确认它们是否满足用户的需求。
- 需求分析和功能设计对应验收测试,说明在做需求分析、功能设计的同时,测试人员就可以阅读、审查需求分析的结果,从而了解产品的设计特性、用户的真正需求,确定测试目标,准备用例并策划测试活动。
- 当设计人员在做系统设计时,测试人员可以了解系统是如何实现的,以及基于什么样的平台。这样就可以设计系统的测试方案和测试计划,并事先准备系统的测试环境,包括硬件和第三方软件的采购。因为这些准备工作实际上是要花去很多时间的。
- 当设计人员在做详细设计时,测试人员可以参与设计,对设计进行评审,找出设计的缺陷,同时设计功能、新特性等各方面的测试用例,完善测试计划,并基于这些测试用例来开发测试脚本。

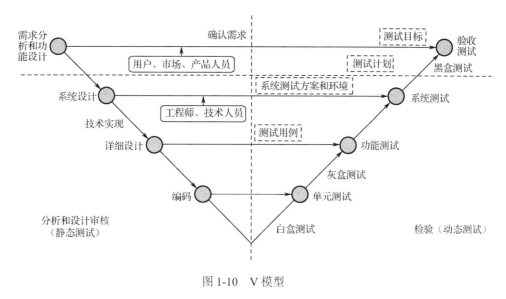

图 1-10 V 模型

- 在编程的同时进行单元测试是一种很有效的办法,这样做可以尽快找出程序中的错误。充分的单元测试可以大幅度提高程序质量,降低成本。

从图 1-10 中可以看出,V 模型中的质量保证活动和项目是同时展开的。项目一启动,软件测试的工作也就启动了,从而避免了瀑布模型在代码完成之后才进行软件测试的弊端。其特点如下:

- 图 1-10 中,虚线上面表明,其需求分析、定义和验收测试等主要工作是面向用户的。要与用户进行充分的沟通和交流,或者是和用户一起完成。相对来说,虚线下面的大部分都是技术性工作,在开发组织内部进行,主要由工程师、技术人员完成。
- 图 1-10 中,越向下,白盒测试使用得越多。单元测试、功能测试、系统测试大多将白盒测试和黑盒测试结合起来使用,形成灰盒测试。在验收测试中,因为用户一般都要参与,所以使用黑盒测试。

V 模型被广泛应用于软件外包中。由于劳动力短缺等多种原因,很多企业把项目直接外包给国内/国外的开发团队。项目成果的阶段性考查成为第一要务,因为这直接决定了何时、如何,以及由谁来进入下一个环节。

因此,V 模型变得比其他模型更为实用。模型的左半部分由接受外包任务的团队或者公司负责,而右半部分则由企业中有丰富经验的工程人员负责。这样既节省人力,又可以保证工程质量。事实上,即使图 1-10 左半部分的外包任务是由多个团队同时承接的,负责右半部分的工程人员也不需要更多的投入。

2. 增量模型

增量模型是由瀑布模型演变而来的,它是对瀑布模型的精化。该模型有一个假设,即需求可以分段,成为一系列增量产品,对每个增量可以分别进行开发,如图 1-11 所示。

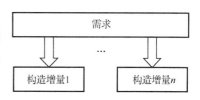

图 1-11 增量模型

在开始开发时,需求就很明确,并且软件还可以被适当地分解为一些独立的、可交付的产品,称为构造增量;在开发中,希望尽快提交其中的一些增量产品。例如,一个数据库系统,它必须通过不同的用户界面,为不同类型的用户提供不同的功能。在这种情况下，首先实现完整的数据库设计，并把一组具有高优先级的用户功能和界面作为一个增量，然后陆续构造其他类型用户所需求的增量。

图 1-12 表达了如何利用瀑布模型来开发增量模型中的构造增量。尽管该图表示对不同增量的设计和实现完全可以是并发的，但在实际中，可以按任意期望的并行程度进行增量开发。例如，可以在完成了第一个增量设计之后，吸取经验教训，再转向第二个增量的设计。

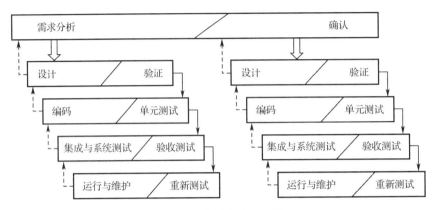

图 1-12 增量模型示意图

如果一个增量并不需要交付给用户，这样的增量通常被称为一个"构造增量"。如果增量需要被交付，它们就被认为是发布版本。在编写软件生命周期计划时，不论是正式的还是非正式的，都要注意使用用户期望的术语，其表达要与合同和工作陈述保持一致。

增量模型作为瀑布模型的一个变体，具有瀑布模型的所有优点。此外，它还有以下优点：
① 第一个可交付版本所需要的成本和时间是很少的。
② 开发由增量表示的小系统所承担的风险是不大的。
③ 由于很快发布了第一个版本，因此可以减少用户需求的变更。
④ 允许增量投资，即在项目开始时，可以仅对一个或两个增量投资。

然而，如果增量模型不适于某些项目，或使用有误，则有以下缺点：
① 如果没有对用户的变更要求进行规划，那么产生的初始增量可能会造成后来增量的不稳定。
② 如果需求不像早期考虑的那样稳定和完整，那么一些增量可能需要重新开发、重新发布。
③ 管理成本、进度和配置的复杂度，可能会超出组织的能力。

从缺点第①点和第③点可以看出，如果用户的变更要求与以前的增量矛盾，则双方容易发生冲突。因此在采用此模型时，开发方需要有合适的配置管理和成本计算系统，并在合同中明确给出变更条款。如果出现问题，就可以依据合同进行处理，化解矛盾。

如果采用增量投资方式，用户就可以对一些增量进行招标。然后，开发人员按提出的期限进行增量开发，因此，可以用多个契约来管理组织的资源和成本。

当需要以增量方式开发一个具有已知需求和定义的产品时，可以使用增量模型。其优点是，产品的各模块在很大程度上可以并行开发，从而可以在开发周期内尽早地证明操作代码的正确性而降低产品的技术风险。注意，如果在项目中并行执行的活动数量增大，则管理项目的复杂度就会加大。

3. 演化模型

演化模型显式地把增量模型扩展到需求阶段。从图 1-13 可以看出，为了得到构造增量 2，使用了构造增量 1 来精化需求。这一精化可以有多个来源和路径。

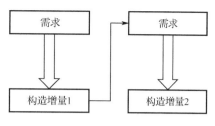

图 1-13　演化模型

首先，如果一个早期的增量已向用户发布，那么用户会以变更要求的方式提出反馈，以支持以后增量的需求开发。其次，实实在在地开发一个构造增量，为以前还没有认识到的问题提供了可见性，以便实际开始这一增量工作。

在演化模型中，仍然可以使用瀑布模型来管理每个增量。一旦理解了需求，就可以像实现瀑布模型那样开始设计阶段和编码阶段。

使用演化模型不能够成为弱化需求分析的借口。在项目开始时，应考虑所有需求来源的重要性和风险，对这些来源的可用性进行评估。只有采用这一方法，才能识别和界定不确定需求，并识别第一个增量中所包含的需求。此外，合同条款应该反映出所采用的开发模型。例如，对每个增量的开发和交付，双方应该按照合同进行协商，包括下一个增量的人力成本和费用的选择。

同样，成本计算、进度控制、状态跟踪和配置管理系统必须能够支持这一模型。由于演化的增量具有明确的顺序，因此与增量模型相比，演化模型面临的挑战通常是较弱的。但应该认识到，一定程度的并发总是存在的，因此系统必须允许某一层次的并行开发。

演化模型的优点和缺点与增量模型类似。特别地，演化模型还具有以下优点：
- 在需求不能予以规范时，可以使用演化模型。
- 用户可以通过运行系统的实践，对需求进行改进。
- 与瀑布模型相比，需要更多用户/获取方的参与。

演化模型的缺点表现为：
- 演化模型的使用仍然处于初步探索阶段，因此具有较大的风险，需要进行有效的管理。
- 该模型的使用很容易成为不编写需求分析或设计文档的借口，即便能够很清晰地描述需求分析或设计也是如此。
- 用户/获取方不理解该方法的自然属性，因此当结果不够理想时，可能产生抱怨。

当需求和产品定义没有被很好地理解，并需要快速地开发和创建一个能展示产品外貌与功能的最初版本时，特别适合使用演化模型。这些早期的增量能帮助用户确认和调整需求并帮助他们寻找相应的产品定义。

演化模型与增量模型具有许多相同的优点，而且具有能使产品适合需求变更的显著优点，它们还引进了附加的过程复杂性和潜在的更长的产品生命周期。

4. 原型模型

原型模型是增量模型的一种形式。在开发真实系统前，首先需要构建一个简单的系统原型，实现用户与系统的交互，用户在对原型进行使用的过程中，不断发现问题，从而达到进一步细化系统需求的目的。开发人员在已有原型的基础上，通过逐步调整原型来确定用户的真正需求,进而开发出用户满意的系统。如图1-14所示为原型模型。

原型模型可以克服瀑布模型的缺点,减少因为需求不明确造成的开发风险。它的关键之处在于,能尽可能快速地建立原型。一旦确定了用户的真正需求,所建造的原型将被丢弃。因此,使用原型模型进行软件开发,最重要的是必须迅速建立原型,随之迅速修改原型,以反映用户的需求,而不是系统的内部结构。

5. 螺旋模型

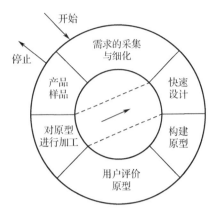

图 1-14 原型模型

螺旋模型是由 Boehm 提出的另一种开发模型。在这一模型中,开发工作是迭代进行的,即只要完成了开发的一个迭代过程,另一个迭代过程就开始了。该模型关注解决问题的基本步骤,由此可以标识问题,标识一些可选方案,最终选择一个最佳方案,遵循动作步骤并实施后续工作。尽管螺旋模型和一些迭代模型在框架与全局体系结构上是等同的,但它们所关注的阶段及其活动是不同的。

开发人员和用户使用螺旋模型可以完成如下工作:
- 确定目标、方案和约束。
- 识别风险和效益的可选路线,选择最优方案。
- 开发本次迭代可供交付的内容。
- 评估完成情况,规划下一个迭代过程。
- 交付给下一步,开始新的迭代过程。

螺旋模型扩展了增量模型的管理任务范围,因为增量模型基于以下假定:需求是最基本的,并且是唯一的风险。在螺旋模型中,决策和降低风险的空间是相当广泛的。

螺旋模型的另一个特征是,实际上只有一个迭代过程用于真正开发可交付的产品。如果项目的开发风险很大,或用户不能确定系统需求,螺旋模型就是一个好的生命周期模型。

螺旋模型强调了原型构造。需要注意的是,螺旋模型不必要求原型,但构造原型比较适合这一过程模型。

在螺旋模型中,把瀑布模型作为一个嵌入的过程,即需求分析、设计、编码和交付的瀑布过程,是螺旋一周的组成部分。

螺旋模型是一种以风险为导向的生命周期模型,它把一个软件项目分解成一个个小项目。每个小项目都标识一个或多个主要风险因素,直到所有主要风险因素都被确认。"风险"的概念在这里是有外延的,它可以是需求或者架构没有被理解清楚、潜在的性能问题、根本性的技术问题等。在所有的主要风险因素被确定后,螺旋模型就像瀑布模型一样中止。

在螺旋模型中,越早期的迭代过程,其成本越低。规划概念比需求分析的代价低,需求分析比开发设计、集成和测试的代价低。

在螺旋模型中,项目范围逐渐增量展开。项目范围展开的前提是风险被降低到仅仅为下一步扩展部分的、可以接受的水平。在该模型中,要进行几次迭代,以及每次迭代中通常采用几个步骤完成并不重要,尽管那是很好的工作次序;重要的是,要根据项目的实际需求调整螺旋的每次迭代过程。

可以采取几种不同的方法把螺旋模型和其他生命周期模型结合在一起使用，通过一系列降低风险的迭代过程来开始项目。在风险降低到一个可以接受的水平后，可以采用瀑布模型或其他非基于风险分析的模型来推断开发效果。可以在螺旋模型中把其他过程模型作为迭代过程引入。如果遇到"不能确定性能指标是否能够达到"的风险，可以使用原型模型来验证是否能达到目标。

螺旋模型最重要的优势是，随着成本的增加，风险随之降低。时间和资金花得越多，风险越低，这恰好是在快速开发项目中所需要的。

螺旋模型提供至少和瀑布模型一样多或更多的管理控制。该模型在每个迭代过程结束前都设置了检查点。模型是风险导向的，对于无法逾越的风险是可以预知的。如果项目因为技术和其他原因无法完成，可以及早发现，这并不会使成本增加太多。

螺旋模型比较复杂，需要有责任心、更加专注，并具有管理方面的知识，通过确定目标和可以验证的里程碑，来决定是否启动下一轮开发。在有些项目中，产品开发的目标明确、风险适度，就没有必要采用螺旋模型提供的适应性和风险管理。

6．统一过程模型

统一过程模型吸取已有模型的优点，克服了瀑布模型过分强调序列化和螺旋模型过于抽象的不足，总结了多年来软件开发的最佳经验。其优点如下：

- 迭代化开发，提前认识风险。
- 需求管理，及早达成共识。
- 基于构件，搭建弹性构架。
- 可视化建模，打破沟通壁垒。
- 持续验证质量，降低缺陷代价。
- 管理变更，有序积累资产。

统一过程模型在此基础上，通过过程模型提供了一系列的工具、方法论、指南，为软件开发提供了可操作性指导，使开发者能较容易地按照预先制订的时间计划和经费预算，开发出高质量的软件产品以满足用户的最终需求。它是以用例驱动的、以构架为中心的、风险驱动的迭代和增量的开发过程。

如图 1-15 所示，在统一过程模型中，其横向按时间顺序来组织，将软件开发周期分成 4 个阶段，并以项目的状态作为开发周期阶段的名字：初始、细化、构造和移交。每个阶段目标明确。每个阶段的结束都有一个主要里程碑，如图 1-16 所示。实质上，每个阶段就是两个主要里程碑之间的时间跨度。在每个阶段结束时进行评估（生命周期里程碑审核），以确定是否实现了此阶段的目标。良好的评估可使项目顺利进入下一阶段。每个开发周期都将给用户提供产品的一个新版本，称为一个增量。在每个阶段，为了完成阶段目标可以进行多次迭代。每次迭代都要执行需求、设计、编码、测试、管理等多个软件开发中的主要活动。为了区别于瀑布模型，统一过程模型把软件开发中的这些主要活动称作核心工作流，以使人们能明确地认识到所有阶段中活动的连续性。

该模型的纵向按项目的实际工作内容——工作流来组织，如图 1-15 所示。工作流通常表示为一个内聚的、有序的活动集合。在统一过程模型中有以下 9 个核心工作流。

- 业务建模工作流：对整体项目业务建模。
- 需求工作流：分析问题空间并改进需求产品。

- 分析与设计工作流：解决方案建模并进化构架和设计产品。
- 实现工作流：编程并改进实现和实施产品。
- 测试工作流：评估过程和产品质量的趋势。
- 部署工作流：将最终产品移交给用户。
- 配置与变更管理工作流：统一化管理软件配置，并降低变更的损失。
- 项目管理工作流：控制过程并保证获得所有项目相关人员的取胜条件。
- 环境工作流：自动化过程并改进维护环境。

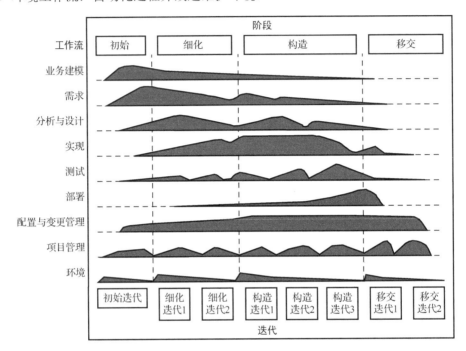

图 1-15 统一过程模型

图 1-16 项目阶段和里程碑示意图

在整个生命周期中，涉及的所有重要活动都包含在这些工作流中，它们构成了项目的所有工作内容。但这些工作内容在不同阶段的相对工作量是不同的，如图 1-15 所示。

- 初始阶段：项目启动，确定生命周期目标里程碑，主要明确系统"做什么"。活动主要集中在需求工作流中，有少部分工作延续到分析与设计工作流中。该阶段的工作几乎不涉及实现和测试工作流。
- 细化阶段：构造构架基线，确定生命周期构架里程碑。虽然该阶段前期的活动仍然着重于实现需求，但分析和设计工作流中的活动更趋于活跃，为构架的创建打下基础。为了建成可执行的构架基线，有必要包含实现和测试工作流中的一些活动。
- 构造阶段：形成系统的初步可运行能力，确定在用户环境中初步运行的软件产品，即确定最初操作性能里程碑。在此阶段，需求工作流中的活动趋于停止，分析工作流中的活动也减少了，大部分活动属于设计、实现和测试工作流。
- 移交阶段：完成产品发布，即确定产品发布里程碑。在用户的运行环境中安装并运行软件系统。该阶段工作流的混合程度依赖于验收测试或 β 测试的反馈。如果 β 测试没有覆盖实现中的缺陷，则重复进行的实现和测试工作流中的活动会相当多。

通常，软件系统在其生命周期中要经历几个开发周期。其中，第一个开发周期交付的第一个增量版本是最难开发的。它奠定了系统的基础及系统的构架，是对有可能存在严重风险的新领域的探索。一个开发周期随着它在整个软件开发生命周期中所处位置的不同有着不同的内容。在后期版本中，如果系统构架有了较大变化，则意味着开发过程早期阶段需要做更多工作。但如果系统最初的构架是可扩展的，那么在后期版本中，新的项目只是建立在已有产品的基础之上，也就是说，产品的后期版本将建立在其早期版本基础之上。

软件开发实践表明，在每个开发周期的早期解决问题往往比把问题留到晚期去解决更为有利。因此使用"迭代"的方法来获得初始阶段和细化阶段中的问题解决序列，以及构造阶段中的每个构造序列。

统一过程模型的迭代和增量是风险驱动的，但风险的到来并没有任何明显的提示，必须识别风险、限定风险范围、监控风险状况，并尽可能地降低风险。最好首先处理最重大的风险。同时，还必须仔细考虑迭代的顺序以首先解决最重要的问题。总之，要先做最难做的事。

在统一过程模型中，明确体现了：
- 计划、需求和构架以明确的同步点一起进化。
- 风险管理，以及如何客观地度量进展和质量。
- 借助提高功能的演示使系统能力得以进化。

7．敏捷过程模型

敏捷过程强调短期交付、用户的紧密参与，强调适应性而不是可预见性，强调为满足当前的需要而不考虑将来的简化设计，只将最必要的内容文档化，因此也被称为"轻量级过程"。敏捷开发保留了基本的框架活动：沟通、策划、建模、构建和部署，但将其缩减到一个推动项目组朝着构建和交付方向发展的最小集。

敏捷联盟定义了"敏捷"需要遵循的12条原则：

（1）最优先要做的事是，通过尽早和持续交付有价值的软件使用户满意。

（2）欢迎需求的变更，即使在软件开发的后期也是如此。敏捷过程利用项目需求变更为用户提升市场竞争优势。

（3）频繁地向用户交付可运行的软件产品。从几周到几个月，交付的时间间隔越短越好。

（4）在整个项目开发周期中，业务人员和开发团队应该天天在一起工作。

（5）围绕有积极性的个人来构建项目，为他们提供所需的环境和支持，并信任他们能够完成工作。

（6）在开发团队内部，效率最高、成效最大的信息传递方法是面对面地交流。

（7）可运行软件是进度的首要度量标准。

（8）敏捷过程提倡可持续开发。

（9）不断地关注优秀的技能和优秀的设计会增强敏捷能力。

（10）简单——把不必要的工作最小化的艺术——是根本。

（11）最好的构架、需求和设计源自组织团队。

（12）每隔一段时间，团队应该反省如何才能更有效地工作，并相应调整自己的行为。

并不是每个敏捷过程模型都同等地使用这 12 条原则。一些模型可以选择忽略或淡化一条或多条原则的重要性。

1.2.3　软件过程适应

预定义的软件开发生命周期、软件产品生命周期及单个软件过程通常需要被修改以更好地满足本地需求。组织环境、技术创新、项目规模、产品关键性、法规要求、行业惯例和企业文化可能决定需求的适应性。对单个软件过程和软件生命周期模型（开发和产品）的适应可能包括在软件过程、活动、任务和程序中添加更多细节，以解决关键问题。它可能包括使用一组替代的活动来达到软件过程的目的和结果。适应可能还包括从开发或产品生命周期模型中删除一些软件过程或活动，因为它们显然不适合要完成的工作范围。

1.2.4　实践考虑

在实践中，软件过程和活动常常是交叉、重叠和同时应用的。定义离散软件过程的软件生命周期模型，具有严格指定的输入/输出标准和规定的边界及接口，应该被认为是一种理想化情况。很多时候，必须对其加以调整，以反映组织环境和业务环境中软件开发和维护的现实情况。

另一个实践的考虑因素是：软件过程（如配置管理、构造和测试）应该可以调整，以方便软件的操作、支持、维护、迁移和退役。

在定义和裁剪软件生命周期模型时，需要考虑的补充因素包括：所需标准、指令和策略的一致性，用户需求，软件产品的临界性，组织的成熟度和能力。其他因素还包括工作的性质（如现有软件的修改与新开发软件的关系）和应用领域（如航空航天与酒店管理）。

1.3　软件过程评估与改进

软件过程评估用于评估软件过程的形式和内容，可以通过一套标准集来指定。在某些情况下，使用"能力评估"和"绩效评估"来代替过程评估。能力评估通常由购买方（或潜在的收购者）或外部代理（代表购买方或潜在的收购者）进行，其结果用于指示供应商（或潜在的供应商）所使用的软件过程是否为购买方所接受。绩效评估通常在组织内进行，以确定需要改进的软件过程，或者确定流程是否满足给定水平的过程能力或成熟度的标准。

过程评估是在整个组织、组织内单位和单个项目中执行的。评估可能涉及待评估软件过程的输入/输出标准是否被满足，如何评估风险因素和进行风险管理，或如何吸取经验教训。过程评估采用评估模型和评估方法进行。该模型可以为组织内部和组织之间的项目比较提供一个基准软件过程规范。

另外，过程评估与过程审计不同。评估是为了确定能力或成熟度级别，并确定要改进的软件过程。审计通常是为了确定是否符合政策和标准。审计为组织内执行的实际操作提供了管理可视性，以便在影响开发项目、维护活动或软件相关主题的问题上，做出准确和有意义的决策。

组织内部软件过程评估和改进的成功因素包括管理赞助、计划、培训、有经验和有能力的领导者、团队承诺、期望管理和变更代理的使用，再加上项目试点和工具试验。额外的因素包括评估的独立性和评估的及时性。

1.3.1 软件过程评估与改进模型

软件过程评估模型通常包括软件过程的评估标准，这些过程被认为是良好的实践。这些实践可能只处理软件开发过程，也可能包括软件维护、软件项目管理、系统工程或人力资源管理等主题。

软件过程改进模型强调持续改进的迭代周期。软件过程改进周期通常包括测量、分析和更改的子过程。计划—行动—检查—执行（Plan-Do-Check-Act）模型是一种众所周知的软件过程改进的迭代方法。其改进活动包括：确定和优先考虑所需的改进（计划）；引入改进，包括变更管理和培训（行动）；与以前或示范的软件过程结果和成本相比较，评估改进情况（检查）；做进一步的修改（执行）。该模型可用于改进软件过程，以增强缺陷预防。

1.3.2 软件过程评估方法

软件过程评估方法可以定性或定量。定性评估依赖于专家的判断；定量评估通过对客观证据的分析为软件过程打分，这些客观证据表明已确定的软件过程的目标和结果的实现情况。例如，对软件检查过程的定量评估，可以通过检查遵循的程序步骤和获得的结果，加上有关发现缺陷的数据，以及与软件测试相比发现和修复缺陷所需的时间来进行。

软件过程评估的典型方法包括计划、事实调查（问卷调查、访谈和观察工作实践）、收集和验证过程数据、分析和报告等。软件过程评估依赖于评估人主观的、定性的判断，或者客观存在或未定义的工件、记录和其他证据。

根据软件过程评估的目的，在软件过程评估期间执行的活动和评估活动的工作分配是不同的。软件过程评估可以用于开发对软件过程改进提出建议的能力级别，或者用于获得软件过程成熟度级别，以便获得合同或授予的资格。

软件过程评估结果的质量取决于软件过程评估方法、获得数据的完整性和质量、评估团队的能力和客观性，以及评估过程中审查的证据。软件过程评估的目标是获得洞察力，确定一个或多个软件过程的现状，并为软件过程改进提供基础；通过遵循一致性检查表来执行软件过程评估。

1.3.3 连续式和阶段式软件过程评估

软件过程的能力和软件过程的成熟度通常使用 5 或 6 个级别进行评级。连续式评级表示为每个软件过程分配一个评级；阶段式评级表示为指定流程级别内的所有软件流程分配相同的成熟度级别。表 1-1 给出了软件过程评估等级表。连续式评级表示通常有第 0 级，阶段式评级表示则没有。

表 1-1 软件过程评估等级表

级别	连续式评级表示 能力级别	阶段式评级表示 成熟度级别
0	不完整级	
1	已执行级	初始级
2	已管理级	可重复级
3	已定义级	已定义级
4		已管理级
5		优化级

在表 1-1 中，第 0 级表示软件过程未完全执行或不能执行。在第 1 级，软件过程（能力级别 1 级或者成熟度级别 1 级）正在执行，是在临时、非正式的基础上进行的。在第 2 级，软件过程（能力级别 2 级或者成熟度级别 2 级）正在以一种方式执行，该方式为中间工作产品提供管理可视性，并且可以对软件过程之间的转换施加一些控制。在第 3 级，软件过程（能力级别 3 级或者成熟度级别 3 级加上成熟度级别 2 级）已明确定义（可能在组织策略和项目过程中），并在不同项目中重复。能力级别 3 级或成熟度级别 3 级为整个组织的软件过程改进提供了基础，因为软件过程（或流程）以类似的方式进行。这允许跨多个项目以统一的方式收集性能数据。在第 4 级（成熟度级别 4 级），定量的测量方法可以用于过程评估，也可以采用统计分析方法。在第 5 级（成熟度级别 5 级），应用了持续过程改进的机制。

软件过程评估的连续式评级表示和阶段式评级表示可用于确定软件过程改进的顺序。在连续式评级表示中，不同软件过程的不同能力级别为确定软件过程的改进顺序提供了指导。在阶段式评级表示中，在成熟度级别内满足一组软件过程的目标是为该成熟度级别定制的，这为在下一个更高成熟度级别上改进所有软件过程奠定了基础。

1. 连续式评级表示

（1）不完整级。不完整级的流程是未执行或部分执行的流程。因为无法满足流程领域的一个或多个特定目标，以及没有将部分执行流程进行制度化，所以连续式表示能力级别 0 级没有一般目标。

（2）已执行级。已执行级的流程是一个能完成产出工作产品所需工作的流程，流程领域的特定目标都被满足。由已执行级所导致的重大改善可能会随着时间推移而失去，因为它们没有被制度化。应用制度化（已管理级和已定义级的一般执行方法）可以确保维持改善。

（3）已管理级。已管理级的流程是一个已执行的流程。它会根据政策规划与执行流程，任用具备技能的人员，并给予足够的资源以产出可控制的产品；纳入相关的关键人员；进行监督、控制及审查；评估遵循流程说明的程度。已管理级所反映的流程规范，确保现有的执行方法都在有压力的情况下，仍维持运作。

（4）已定义级。已定义级的流程是一个已管理级的流程。流程根据组织的指引调试组织标准流程，流程说明需要维护，并将流程相关经验纳入组织流程资产。已管理级与已定义级间的重要差异在于标准、流程说明与程序的范围。在已管理级中，每个流程特定案例中的标准、流程说明与程序都可以有相当的差异；在已定义级中，项目的标准、流程说明与程序由组织标准流程调试而得,以符合特定项目或组织单位的要求,因此更具一致性。已定义级的流程说明通常比已管理级的严谨。一个已定义级流程会清楚地说明目的、输入、允入准则、活动、角色、度量、验证步骤、输出、允出准则。在已定义级中,透过了解流程活动之间的互动关系及流程和工作产品的详细度量,能够更主动地管理流程。

2. 阶段式评级表示

在阶段式评级表示系统中,使用关键过程域(Key Process Area,KPA),即一系列相互关联的操作活动,来反映一个软件组织改进软件过程时所必须满足的条件。也就是说,使用关键过程域来标识达到某个成熟度级别所必须满足的条件。每个软件成熟度级别包含若干个对该成熟度级别至关重要的过程域,它们的实施对达到该成熟度级别的目的起到保证作用。这些过程域就称为该成熟度级别的关键过程域。

(1)初始级。在初始级,软件过程的特点是无秩序,有时甚至是混乱的。软件开发组织一般不能提供开发和维护软件的稳定环境。当组织中缺乏健全的管理实践时,不适当的规划和反应式的驱动体系会减少良好的软件工程实践所带来的效益。初始级组织的软件过程能力是不可预测的。随着工作的开展,软件过程经常被改变或修订。进度、预算、功能特性和产品质量一般也是不可预测的。实际情况依赖于个人的能力,随个人技能、知识和动机的不同而变化。所以,只能通过个人的能力而不是组织的能力去预测软件产品的性能。

(2)可重复级。在可重复级,已建立了基本的项目管理过程,可用于对成本、进度和功能特性进行跟踪。对类似的应用项目有章可循,并能重复以往所取得的成功。达到可重复级的目的是,使软件项目的有效管理过程制度化,这使得组织能重复在以前类似项目中的成功实践。有效软件过程具有如下特征:已文档化、已实施、已培训、已测量和能改进。处于可重复级的软件开发组织,对软件项目已制订软件管理和控制措施。对项目实际可行的软件管理和控制措施必须是根据以前项目总结出的经验和当前项目的实际需求而制订的。项目的软件负责人随时跟踪软件成本(包括人/财/物/信息)、进度和功能实现。在满足约定方面,一旦出现问题能及时识别。对软件需求和实现需求所开发的工作产品建立基线,并控制其完整性。可重复级软件开发组织的过程能力可概括为已有纪律的,因为软件项目的策划和跟踪是稳定的,能重复过去的开发项目中获得的成功经验。由于遵循切实可行的计划,因此软件过程处于项目管理系统的有效控制之下。

可重复级的关键过程域的侧重点就是为软件项目建立项目管理和控制措施。它包括以下6个关键过程域。

① 需求管理(Requirements Management,RM)

可重复级需求管理关键过程域工作流程表见表1-2。

表1-2 可重复级需求管理关键过程域工作流程表

活　　动	需求管理(RM)
目标	软件需求规格说明文档化并可控,建立基线
制订组织策略	制订软件需求规格说明文档化所应遵循的书面规程(执行约定)
	拟订参与需求评审的人员名单(执行约定)
	制订需求变更发生时的应对策略(执行约定)
组织	明确项目负责人对软件需求管理的指责(执行能力)
获得书面文档	软件需求规格说明(执行约定)

续表

活 动	需求管理（RM）
提供资源	提供资源和资金（执行能力）
培训	为开展需求管理培训软件工程组（执行能力）
指导 KPA 的实施	在分配前审核分配的需求，并将分配的需求作为软件计划、工作产品和活动（活动）
度量并报告结果	度量需求管理活动状态（度量）
	协同上级管理部门进行审查（验证）
	协同项目管理员进行审查（验证）
审查活动	SQA 小组审查需求管理活动（验证）

② 软件项目计划（Software Projects Planning，SPP）

可重复级软件项目计划关键过程域工作流程表见表 1-3。

表 1-3 可重复级软件项目计划关键过程域工作流程表

活 动	软件项目计划（SPP）
目标	选定软件生命周期模型，软件项目计划文档化并可跟踪
制订组织策略	根据需求制订软件项目计划（执行约定）
制订规程	发展步骤：
	审核约定（活动）
	制订 SPP（活动）
	估计软件规模、工作量、资源（活动）
	估计日期（活动）
组织	委派项目管理员（执行约定）
	分配 SPP 发展责任（执行能力）
获得书面文档	软件项目计划（执行约定）
提供资源	提供资源和资金（执行能力）
培训	培训管理员、软件工程师和其他进入软件估计和计划的人员（执行能力）
指导 KPA 的实施	在计划组中包含软件工程师小组（活动）
	软件设计和项目整体设计并行进行（活动）
	软件工程师小组参与项目整体设计（活动）
	定义软件生命周期（活动）
	制订 SPP 并文档化（活动）
	定义软件产品（活动）
	估计软件产品大小（活动）
	估计工作和费用（活动）
	估计重要计算资源（活动）
	编制软件项目时间表（活动）
	估计和确定风险（活动）
	为设备和支持工具分配制订方案（活动）
度量并报告结果	度量软件项目计划活动状态（度量）
	协同上级管理部门进行审查（验证）
	协同项目管理员进行审查（验证）
审查活动	SQA 小组审查软件项目计划活动（验证）

③ 软件项目跟踪和监督（Software Project Tracking and Oversight，SPTO）

可重复级软件项目跟踪和监督关键过程域工作流程表见表1-4。

表1-4 可重复级软件项目跟踪和监督关键过程域工作流程表

活 动	软件项目跟踪和监督（SPTO）
目标	根据软件项目计划跟踪软件的实施，在必要的时候及时修正计划并文档化
制订组织策略	制订软件项目组织策略，选定软件项目跟踪和监督负责人（执行约定）
制订规程	发展步骤： 审核SPP（活动） 复查约定（活动） 正式项目审核（活动）
组织	委派项目管理员（执行约定） 分配软件工作和活动（执行能力）
获得书面文档	软件项目组织策略（执行能力）
提供资源	提供资源和资金（执行能力）
培训	为管理技术和软件项目培训管理员（执行能力）
指导KPA的实施	根据软件项目计划跟踪软件活动（活动） 跟踪工作量和成本（活动） 跟踪重要的计算机资源（活动） 跟踪软件项目进度（活动） 跟踪软件风险（活动） 记录实际度量数据（活动） 内部审查（活动） 正式审查（活动）
度量并报告结果	度量软件项目跟踪和监督活动状态（度量） 协同上级管理部门进行审查（验证） 协同软件项目管理员进行审查（验证）
审查活动	SQA小组审查软件跟踪和监督活动（验证）

④ 软件转包合同管理（Software Subcontract Management，SSM）

可重复级软件转包合同管理关键过程域工作流程表见表1-5。

表1-5 可重复级软件转包合同管理关键过程域工作流程表

活 动	软件转包合同管理（SSM）
目标	选择合格的转包商，建立与转包商的合约，跟踪转包商执行转包合同的过程
制订组织策略	制订文档化的软件转包合同管理策略（执行约定）
制订规程	发展步骤： 确定转包的工作（活动） 选择转包商（活动） 更改软件项目计划（活动）
制订规程	在所选择的阶段处进行审查（活动） 通过SQA管理转包商（活动） 通过SCM管理转包商（活动） 验收测试（活动）

续表

活 动	软件转包合同管理（SSM）
组织	指派转包商管理员（执行能力）
提供资源	提供资源和资金（执行能力）
培训	对管理转包商的相关人员进行培训（执行能力） 对管理转包合同的相关人员进行培训（执行能力）
指导 KPA 的实施	定义和计划将被转包的工作，在能力评估的基础上选择转包商，签订转包合同（活动） 审查和批准转包商的 SPP（活动） 使用转包商的 SPP 跟踪其活动（活动） 判定对转包商的软件项目计划、合同等的更改（活动） 进行定期的状态或协调审查（活动） 进行定期的技术审查和交流（活动） 在阶段处进行正式审查（活动） 通过 SQA 管理转包商（活动） 通过 SCM 管理转包商（活动） 验收测试（活动） 定期评估转包商的成绩（活动）
度量并报告结果	度量软件转包合同管理活动状态（度量） 协同上级管理部门进行审查（验证） 协同项目管理员进行审查（验证）
审查活动	SQA 小组审查软件转包合同管理活动（验证）

⑤ 软件质量保证（Software Quality Assurance，SQA）

可重复级软件质量保证关键过程域工作流程表见表 1-6。

表 1-6 可重复级软件质量保证关键过程域工作流程表

活 动	软件质量保证（SQA）
目标	使管理部门能够客观地了解软件过程和正在创建的产品
制订组织策略	制订软件质量保证策略（执行约定）
制订规程	发展步骤： SQA 计划（活动） 处理偏差（活动）
组织	建立 SQA 小组（执行能力）
提供资源	提供资源和资金（执行能力）
指导 KPA 的实施	制订 SQA 计划（活动） 按照 SQA 计划开展活动（活动） SQA 小组参与项目 SPP、标准及规程的制订和审查（活动） SQA 小组审查软件过程活动（活动） SQA 小组审查软件产品（活动） SQA 小组定期向软件工程组报告结果（活动） 找出偏差，并建立文档（活动） 进行定期审查（活动）

续表

活　　动	软件质量保证（SQA）
度量并报告结果	度量软件质量保证活动状态（度量） 协同上级管理部门进行审查（验证） 协同项目管理员进行审查（验证）
审查活动	外部专家审核 SQA 的活动和产品（验证）

⑥ 软件配置管理（Software Configuration Management，SCM）

可重复级软件配置管理关键过程域工作流程表见表 1-7。

表 1-7　可重复级软件配置管理关键过程域工作流程表

活　　动	软件配置管理（SCM）
目标	在项目的整个生命周期中，建立和维护产品的完整性
制订组织策略	制订软件配置管理策略，并明确软件配置管理人员及其职责（执行约定）
制订规程	发展步骤： 制订 SCM 计划（活动） 标识置于 SCM 下的软件产品（活动） 控制基线的更改（活动） 制造产品并控制其发行（活动） 记录配置项的状态（活动） 审核软件基线（活动）
组织	建立软件配置控制委员会（执行能力） 建立 SCM 小组（执行能力）
提供资源	提供资源和资金（执行能力）
指导 KPA 的实施	制订 SCM 计划（活动） 遵守 SCM 计划（活动） 建立 SCM 系统库（活动） 标识置于 SCM 下的软件产品（活动） 关注配置项的更改要求和问题报告（活动） 控制基线的更改（活动） 制造产品并控制其发行（活动） 记录配置项的状态（活动） 编制、使用标准报告（活动） 审核软件基线（活动）
度量并报告结果	度量软件配置管理活动状态（度量） 协同上级管理部门进行审查（验证） 协同项目管理员进行审查（验证）
审查活动	SQA 小组审核 SCM 活动（验证） SCM 小组审核基线一致性（验证）

（3）已定义级。在已定义级，用于管理的和工程的软件过程均已文档化、标准化，并形成了整个软件组织的标准过程。全部项目均采用与实际情况相吻合的、适当修改后的标准软件过程来进行操作。项目根据其特征剪裁组织的标准软件过程，从而建立它们自己定义的软件过程，称为项目定义软件过程。一个项目定义的软件项目过程应包含一组集成的、

协调的、妥善定义的软件工程过程和管理过程。妥善定义的软件过程具有如下特征:关于准备就绪的条件、输入、标准,进行工作的规程、验证机制、输出,以及关于完成的判据等。已定义级组织的软件过程概括为已标准化的和一致的,因为无论软件工程活动还是管理活动,过程都是稳定的和可重复的。在所建立的产品线内,成本、进度和功能实现均已受控制,对软件质量也进行了跟踪。项目的这种过程能力是建立在整个组织的标准软件过程的基础上的,在全组织范围内对项目定义的软件过程中的活动、角色和职责具有共同的和一致的理解。

已定义级的关键过程域既涉及项目,又涉及组织,因为组织建立起了对所有项目都有效的软件工程过程和管理过程规范化的基础设施。已定义级的关键过程域包括以下 7 个。

① 组织过程焦点(Organization Process Focus,OPF)

已定义级组织过程焦点关键过程域工作流程表见表 1-8。

表 1-8 已定义级组织过程焦点关键过程域工作流程表

活 动	组织过程焦点(OPF)
目标	建立组织对软件过程活动的责任
制订组织策略	用于协调软件过程活动的组织方针(执行约定)
组织	主持、监督组织的软件过程活动的高级管理者(执行约定)
	负责组织的软件过程活动的小组(执行能力)
提供资源	提供资源和资金(执行能力)
培训	为负责组织的软件过程活动的小组的成员提供培训(执行能力)
	为软件工程组和其他工程组的成员提供定向培训(执行能力)
指导 KPA 的实施	定期评估软件过程(活动)
	制订有关软件过程活动的计划(活动)
	协调软件过程活动(活动)
	协调软件过程数据库的使用(活动)
	推广新过程、新方法、新工具(活动)
	协调有关软件过程的培训,及时通告软件过程活动情况(活动)
度量并报告结果	度量并确定软件过程活动的状态(度量)
审查活动	评审有关软件过程的活动(验证)

② 组织过程定义(Organization Process Definition,OPD)

已定义级组织过程定义关键过程域工作流程表见表 1-9。

表 1-9 已定义级组织过程定义关键过程域工作流程表

活 动	组织过程定义(OPD)
目标	开发和维护组织的软件过程标准
制订组织策略	用于制订和维护标准软件过程及相关过程标准的组织方针(执行约定)
制订规程	用于制订和维护标准软件过程的规程(活动)
提供资源	提供资源和资金(执行能力)
培训	为制订和维护组织软件过程标准的人员提供培训(执行能力)

续表

活　　动	组织过程定义（OPD）
指导 KPA 的实施	制订和维护组织的标准软件过程（活动）
	为标准软件过程建立文档（活动）
	为适用的软件生命周期建立文档（活动）
	制订和维护项目剪裁组织标准软件过程的指南和准则（活动）
	建立和维护组织软件过程数据库（活动）
	建立和维护组织软件过程文档库（活动）
度量并报告结果	度量并确定组织过程定义活动的状态（度量）
审查活动	SQA 小组评审组织过程定义的活动及其工作产品（验证）

③ 培训程序（Training Program，TP）

已定义级培训程序关键过程域工作流程表见表 1-10。

表 1-10　已定义级培训程序关键过程域工作流程表

活　　动	培训程序（TP）
目标	提高软件开发者和软件管理者的知识和技能
制订组织策略	一个书面的满足组织培训需要的方针（执行约定）
制订规程	用于制订和修改组织培训计划的规程（活动）
	用于制订所需培训的免修规程（活动）
组织	一个负责实现组织培训需求的小组（执行能力）
提供资源	提供资源和资金（执行能力）
培训	培训小组成员具有完成其他培训活动所需的技能知识（执行能力）
指导 KPA 的实施	为软件项目制订和维护培训计划（活动）
	按照组织培训计划实施组织培训（活动）
	开发和维护组织管理层使用的培训课程并安排组织管理层及上培训课程（活动）
	确定可免修所需培训的员工并维护培训记录（活动）
度量并报告结果	度量并确定培训程序活动的状态和质量（度量）
审查活动	高级管理者评审培训程序的活动（验证）
	评价培训程序与组织需要的一致性和相关性（验证）
	定期评审、审计培训程序的活动及其工作产品（验证）

④ 集成软件管理（Integrated Software Management，ISM）

已定义级集成软件管理关键过程域工作流程表见表 1-11。

表 1-11　已定义级集成软件管理关键过程域工作流程表

活　　动	集成软件管理（ISM）
目标	协调软件项目的工程活动和管理活动
制订组织策略	一个用于计划和管理软件项目的组织方针（执行约定）
制订规程	用于裁剪组织标准软件过程的规程（活动）
	用于修订软件项目定义、软件过程的规程（活动）
	用于制订、修订软件项目开发计划的规程（活动）
	用于管理软件工作产品规模的规程（活动）
	用于管理软件项目工作量和成本的规程（活动）

续表

活动	集成软件管理（ISM）
制订规程	用于管理软件项目的关键计算机资源的规程（活动）
	用于管理关键依赖关系的关键路径的规程（活动）
	用于管理软件项目风险的规程（活动）
组织	建立 SCCB 小组（执行能力）
	建立 SCM 小组（执行能力）
提供资源	提供资源和资金（执行能力）
培训	对负责制订软件过程标准的人员进行培训（执行能力）
	对软件负责人进行培训（执行能力）
指导 KPA 的实施	制订软件过程标准（活动）
	修订软件过程标准（活动）
	制订或修订软件项目开发计划（活动）
	按照软件过程标准管理软件项目（活动）
	管理软件工作产品的规模（活动）
	管理软件项目的工作量和成本（活动）
	管理软件项目关键计算机资源（活动）
	管理关键依赖关系和关键路径（活动）
	管理软件风险（活动）
	定期审核软件项目（活动）
度量并报告结果	度量并确定集成软件管理活动的效果（度量）
审查活动	高级管理者审查软件项目的管理活动（验证）
	项目负责人审查软件项目的管理活动（验证）
	SQA 组审核软件项目的管理活动及工作产品（验证）

⑤ 软件产品工程（Software Product Engineering，SPE）

已定义级软件产品工程关键过程域工作流程表见表 1-12。

表 1-12 已定义级软件产品工程关键过程域工作流程表

活动	软件产品工程（SPE）
目标	有效并高效地生产正确的、一致的产品
制订组织策略	有关软件产品工程活动的组织方针（执行约定）
提供资源	提供资源和资金（执行能力）
培训	为软件工程技术人员提供培训（执行能力）
	为项目负责人和软件负责人提供定向培训（执行能力）
指导 KPA 的实施	集成合适的软件工程方法和工具（活动）
	制订并管理软件需求（活动）
	开发、维护并审查软件设计（活动）
	开发、维护并验证软件代码，进行软件测试（活动）
	计划和实施软件的集成测试，编写软件的使用手册和维护手册（活动）
	收集并分析在同级评审和测试中发现的缺陷（活动）
	维护软件工作产品间的一致性（活动）
度量并报告结果	度量并判断软件产品的功能和质量（度量）
	度量并判断软件产品工程活动的状态（度量）

续表

活　　动	软件产品工程（SPE）
审查活动	高级管理者审查软件产品工程的活动（验证）
	项目负责人审查软件产品工程的活动（验证）
	SQA 小组评审、审计软件产品工程的活动及其产品（验证）

⑥ 组间协调（Intergroup Coordination，IC）

已定义级组间协调关键过程域工作流程表见表 1-13。

表 1-13　已定义级组间协调关键过程域工作流程表

活　　动	组间协调（IC）
目标	使软件工程组和其他工程组之间积极合作、协调一致
制订组织策略	关于建立跨学科工程组的组织方针（执行约定）
提供资源	提供资源和资金（执行能力）
	各组使用的工具是兼容的（执行能力）
培训	为所有负责人提供培训（执行能力）
	为所有任务的领导提供定向培训（执行能力）
	为软件工程组成员提供定向培训（执行能力）
指导 KPA 的实施	共同确定系统需求（活动）
	共同监督、协调技术活动（活动）
	交流组间约定，协调和跟踪所进行的工作（活动）
	确定、协商和跟踪工程组之间的关键依赖关系（活动）
	接受组间工作产品评审（活动）
指导 KPA 的实施	处理组间问题（活动）
	定期开展技术审查和交流工作（活动）
度量并报告结果	度量并确定组间协调活动状态（度量）
审查活动	高级管理者审查组间协调的活动（验证）
	项目负责人审查组间协调的活动（验证）
	SQA 小组评审、审计组间协调的活动及其工作产品（验证）

⑦ 同级评审（Peer Reviews，PR）

已定义级同级评审关键过程域工作流程表见表 1-14。

表 1-14　已定义级同级评审关键过程域工作流程表

活　　动	同级评审（PR）
目标	及早并高效地清除软件工作产品中的缺陷
制订组织策略	用于实施同级评审的组织方针（执行约定）
制订规程	用于执行统计评审的规程（活动）
提供资源	提供资源和资金（执行能力）
培训	为同级评审领导提供培训（执行能力）
	为同级评审参与者提供培训（执行能力）
指导 KPA 的实施	制订同级评审计划（活动）
	执行同级评审（活动）
	记录同级评审的行为和结果（活动）

活 动	同级评审（PR）
度量并报告结果	度量并将度量结果用于确定统计评审活动的状态（度量）
审查活动	SQA 小组评审、审计同级评审的活动及其工作产品（验证）

（4）已管理级。在已管理级，软件过程和产品质量有详细的度量标准。软件过程和产品质量得到了定量的认识和控制。组织对软件过程和产品都设置了定量的质量目标，并经常对此进行测量和检查。作为组织测量大纲的一部分，所有项目都对其重要的软件过程活动、生产率和质量进行测量和检查。利用一个全组织的软件过程数据库收集和分析从项目定义软件过程中得到的数据。已管理级的软件过程均已配备有妥善定义的和一致的度量，这些度量为定量地评价项目的软件过程和产品打下基础。项目通过将其过程实施的变化限制在定量的可接受范围之内，实现对其过程和产品的控制。另外，对过程实施方面有意义的变化与随机变化能够加以区别。开发新应用领域的软件所带来的风险是已知的，并应得到精心管理。已管理级组织的软件过程能力可概括、可预测，因为过程是已测量的并在可测量的范围内运行。该等级的过程能力使得组织能在定量限制的范围内预测软件过程和产品质量方面的趋势，当超过限制范围时，能采取措施予以纠正。

在已管理级，软件过程具有精确定义的、一致的评价方法，这些评价方法为评估项目的软件产品和质量奠定了一个量化的基础。量化控制将使软件开发真正变成一种工业生产活动。已管理级的关键过程域包括以下两个。

① 定量过程管理（Quantity Process Management，QPM）

已管理级定量过程管理关键过程域工作流程表见表 1-15。

表 1-15　已管理级定量过程管理关键过程域工作流程表

活 动	定量过程管理（QPM）
目标	量化地控制软件项目的过程管理
制订组织策略	制订策略用于度量、定量控制软件过程的性能（执行约定） 制订策略用于分析组织标准软件过程能力（执行约定）
制订规程	发展步骤： 制订 QPM 计划（活动） 采集关于控制的测量活动（活动） 分析软件过程（活动） 管理能力基线（活动）
组织	分配负责 QPM 活动的各小组的负责范围（执行能力） 提供采集和分析测量结果的支持（执行能力）
提供资源	提供资源和资金（执行能力）
培训	对 QPM 的活动的责权关系进行培训（执行能力） 各小组成员接受 QPM 目标和价值的定向培训（执行能力）
指导 KPA 的实施	制订 QPM 计划（活动） 遵守 QPM 计划（活动） 根据定义的软件过程决定分析策略（活动） 采集测量结果（活动）

续表

活动	定量过程管理（QPM）
指导 KPA 的实施	分析控制软件过程（活动） 为 QPM 活动建立文档（活动） 管理组织标准软件过程的基线（活动）
度量并报告结果	度量 QPM 活动状态（度量） 与高级管理部门一起审查 QPM 的活动（度量） 与项目负责人一起审查 QPM 的活动（度量）

② 软件质量管理（Software Quality Management，SQM）

已管理级软件质量管理关键过程域工作流程表见表 1-16。

表 1-16 已管理级软件质量管理关键过程域工作流程表

活动	软件质量管理（SQM）
目标	理解产品的质量并达到质量目标
制订组织策略	制订关于软件质量的策略（执行约定）
制订规程	制订 SQM 计划（活动）
提供资源	提供资源和资金（执行能力）
培训	对个人实施 SQM 培训（执行能力） 培训 SQM 小组成员（执行能力）
指导 KPA 的实施	制订 SQM 计划（活动） 遵守 SQM 计划（活动） 监控量化的 SQM 目标（活动） 比较软件质量和目标之间的差距，给承包商分配质量目标（活动）
度量并报告结果	度量 SQM 活动状态（度量） 与高级管理部门一起审查 SQM 的活动（度量） 与项目负责人一起审查 SQM 的活动（度量）

（5）优化级。在优化级，通过对来自软件过程、新概念和新技术等方面的各种有用信息的定量分析，能够不断地、持续性地对软件过程进行改进。为了预防缺陷出现，组织应能够有效地识别出软件过程的弱点，并预先加强防范。在采用新技术并建议更改全组织的标准软件过程之前，必须进行费用效益分析。在费用效益分析中，应充分利用采集的有关软件过程有效性的数据。组织应能不断地识别出最好的软件工程实践和技术创新，并推广到整个组织。优化级组织的所有软件项目组都应该分析缺陷，确定其原因，并认真评价软件过程，以防止已知类型的缺陷再次出现，同时将经验教训告知其他项目组。优化级组织的软件过程能力可概括为不断改进的。为了能够使软件过程不断改进，组织既采用在现有软件过程中增量式前进的办法，也采用借助新技术、新办法进行革新的办法。

优化级的关键过程域包括以下三个：
- 缺陷预防；
- 技术改革管理；
- 过程变更管理。

1.4 软件过程工具

软件过程工具支持许多用来定义、实现和管理单个软件过程和软件生命周期模型的符号。这些工具包括数据流图、状态图、业务流程建模符号（Business Process Modeling Notation，BPMN）、集成计算机辅助制造定义方法（Integrated Computer Aided Manufacturing Definition Method，IDEF）、Petri 网和 UML 活动图等符号编辑器。在某些情况下，软件过程工具允许不同类型的分析和模拟（如离散事件模拟）。此外，通用的业务工具（如电子表格）也可能有用。

计算机辅助软件工程（Computer-Assisted Software Engineering，CASE）工具可以加强集成软件过程的使用，支持软件过程定义的执行，并在执行明确定义的软件过程中为人类提供指导。一些简单的工具，如文字处理器和电子表格，可以用于准备软件过程、活动和任务的文本描述；这些工具还提供多个软件过程的输入和输出之间的可跟踪性（如干系人需求分析、软件需求规范、软件架构和软件详细设计），以及软件过程的结果，如文档、软件组件、测试用例和问题报告。

软件过程工具能帮助组织或团队定义完整的软件过程模型（框架活动、质量保证检查点、里程碑和工作产品等），也能为软件工程师与项目经理跟踪和控制软件过程提供技术路线图或模板。代表性的工具介绍如下。

（1）GDPA

这是由德国的 Bremen 大学（http://www.informatik.uni-bremen.de/uniform/gdpa）开发的一套软件过程定义工具包，它提供了大量的软件过程建模和管理工具。

（2）ALM 平台

应用程序生命周期管理（Application Lifecycle Management，ALM）是指软件开发从需求分析开始，历经项目规划、项目实施、配置管理、测试管理等阶段，直至最终被交付或发布的全过程管理。典型的 ALM 平台包括需求管理、项目规划、项目跟踪与执行、质量保证和版本管理等功能模块。目前市面上比较流行的 ALM 平台有 Integrity（PTC）、Polarian（Simense）、Rational ALM（IBM）、PVCS Professional（Serena）、HPE Application Lifecycle Management（Micro Focus）和 DevSuite（TechExcel）。按照工具类型不同又可细分如下。

知识管理：TechExcel KnowledgeWise（TechExcel）。

需求管理：DOORS Telelogic（IBM）、TechExcel DevSpec（TechExcel）。

缺陷跟踪：Rational ClearQuest（IBM）、TechExcel DevTrack（TechExcel）、TeamTrack（Serena）、StarTeam（Borland）。

项目规划和项目管理：MS Project（Microsoft）、Visual Studio Team System（Microsoft）、TechExcel DevPlan（TechExcel）。

测试管理：TechExcel DevTest（TechExcel）。

配置管理：Rational ClearCase（IBM）、TechExcel VersionLink（TechExcel）、Firefly（Hansky）。

此外，ALM Studio 是由 Kovair 公司（https://www.kovair.com）开发的一套工具包，用于软件过程定义、需求管理、问题解决、项目策划和跟踪。

（3）ProVision BPMx

这是由 OpenText 公司（https://bps.opentext.com）开发的一套工具包，提供了很多可以辅助软件过程定义和工作流自动化的工具。更多和软件过程相关的工具还可以从 SWEBOK 网站（https://www.computer.org/web/swebok）上获取。目前，越来越多的软件过程工具可以支持在地理位置上分散的（虚拟）团队合作的项目，软件工程人员可以通过云计算工具和专门的基础设施来使用。

习题 1

1. 什么是软件过程？软件过程包括哪些内容？软件过程可以分为哪几类？
2. 什么是软件过程框架？它包含哪些基本活动和普适性活动？
3. 有哪些典型的软件生命周期模型？每种模型各有什么特点？
4. 软件过程评估的典型方法包括哪些？
5. 软件过程如何描述组织中使用的软件过程的能力或成熟度？
6. 常用的软件过程工具包括哪些？

第 2 章 软件工程模型与方法

软件工程模型与方法将结构强加于软件工程，以促使该活动系统化、可重复，并且更加面向成功作为目标。模型提供解决问题的方法、符号，以及软件构建和分析的方式，方法则为最终项目的软件和相关工作产品的系统规范、设计、构造、测试和验证提供解决途径。软件工程模型与方法在范围上差异很大，从处理单个软件生命周期阶段到覆盖整个软件生命周期。本章重点阐述涵盖多个软件生命周期阶段的软件工程模型与方法。单个软件生命周期阶段的特定方法将在后面章节中详细讨论。

本章的结构如图 2-1 所示，将从建模、模型的类型、模型分析和软件工程方法 4 个方面介绍软件工程模型与方法。

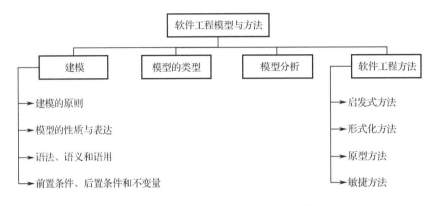

图 2-1 章节结构图

2.1 建模

软件建模正在成为一种普适性技术，可帮助软件工程师理解、设计并将软件的各个方面传达给合适的干系人。干系人是指在软件中有明确或隐含利益的人或当事方（如用户、买方、供应商、架构师、认证机构、评估人员、开发人员、软件工程师等）。虽然在实践中有很多的建模语言、符号、技术和工具，但也有统一的通用概念以某种形式适用于所有这些知识点。

2.1.1 建模的原则

建模为软件工程师提供了一种系统的方法，用于表示正在研究的软件的重要方面，促进做出关于软件或其中元素的决策，并将这些重要决策传达给利益相关社区中的其他人。指导此类建模活动有三个通用的原则。

① 建模要点：好的模型通常并不代表软件在每种可能条件下的所有方面或特征。建模通常只涉及所开发软件中需要特定答案的那些方面或特征，抽象出任何不必要的信息。这

种方法使模型易于管理和有用。

② 提供透视：建模提供了正在研究的软件的视图，并使用一组定义的规则来表达每个视图中的模型。这种透视驱动方法为模型提供了维度（如结构视图、行为视图、时态视图、组织视图和其他相关视图）。将信息组织到视图中需要使用适当的符号、词汇、方法和工具，并将建模工作集中在与该视图相关的特定问题上。

③ 启用有效的通信：建模需要使用软件应用领域的词汇表、建模语言和语义表达（其在上下文中的意思）。如果严格、系统地使用这个原则，该建模将产生一种报告方法，以促进软件信息与项目干系人的有效通信。

模型是软件组件的抽象或简化。抽象的结果是，没有一个抽象能完全描述软件组件。相反，软件的模型被表示为抽象描述的集合。当将它们合并在一起时，这些抽象只描述选定的方面、观点或视图（只有那些需要做出明智的决策并对创建模型的原因做出反应的方面或观点）。这种简化导致了一组关于放置模型的上下文的假设，这些假设也应该在模型中被捕获。在重用模型时，可以首先验证这些假设，以确定其新用途和上下文相关性。

2.1.2 模型的性质与表达

模型的性质是区分特定模型的显著特征，用于表征所选建模符号及所用工具的完整性、一致性和正确性。模型的性质包括以下内容。

- 完整性：在模型中实现和验证所有需求的程度。
- 一致性：模型不包含冲突的需求、断言、约束、功能或组件描述的程度。
- 正确性：模型满足其需求和设计规范而无缺陷的程度。

模型用于表示现实世界中的对象及其行为，以回答有关软件如何运行的特定问题。通过探索、模拟或审查的方式来询问模型，可能会暴露模型和模型所涉及软件中的不确定性区域。这些不确定性，以及与需求、设计和实现有关的未解答的问题可以被适当地处理。

模型的主要表示元素是实体。实体可以表示具体工件（如处理器、传感器或机器人）或抽象工件（如软件模块或通信协议）。模型实体使用关系（目标实体上的线或文本运算符）连接其他实体。模型实体的表达可以通过文本或图形建模语言来完成。这两种建模语言都通过特定的语言结构连接模型实体。使用这些模型实体和关系的行为或结构的确切含义，并依赖于所使用的建模语言、应用于建模工作的设计严谨性、正在构建的特定视图，以及可附加特定符号元素的实体。可能需要多个模型视图来捕获软件所需的语义。

使用自动化支持的模型时，可以检查模型的完整性和一致性。除明确的工具支持之外，这些检查的用处在很大程度上取决于应用于建模工作的语义和语法的严格程度。正确性通常是通过模拟和/或评审来检查的。

2.1.3 语法、语义和语用

模型可能令人惊讶地具有欺骗性。模型是一个信息缺失的抽象。这一事实可能会使人们产生一种错误的感觉，即可以从单个模型中完全理解软件。完整的模型（"完整"相对于建模工作）可能是多个子模型和任何特殊功能模型的结合。相对于这个子模型集合中的单个模型，检查和决策可能存在问题。

理解建模结构的精确含义也是很困难的。建模语言是通过语法和语义规则来定义的。

对于文本建模语言，语法是使用定义有效语言结构的符号语法定义的，如巴科斯范式（Backus-NORForm，BNF）。对于图形建模语言，语法是使用称为元模型的图形模型定义的。与 BNF 一样，元模型定义了图形建模语言的有效语法结构，同时也定义了如何组合这些构造来生成有效的模型。

建模语言的语义指定了附加到模型中的实体和关系的意义。例如，由一条线连接的两个盒子组成的简单图表可以进行多种解释。知道放置和连接这些框的图表是一个对象图或一个活动图，可以帮助解释这个模型。

从实际出发选择建模语言，有利于理解特定软件模型的语义，包括如何使用该建模语言来表达该模型中的实体和关系，建模者的经验基础，以及建模所处的上下文。意义是通过模型传递的，即使在信息不完整的情况下也是通过抽象来传达的。语用学解释了意义是如何体现在模型及其上下文中的，并有效地传达给其他软件工程师。

然而，在建模和语义方面仍然有一些情况需要谨慎对待。例如，从另一个模型或库中导入的任何模型部件，都必须检查其在新建模环境中可能存在的并不明显的语义假设冲突。应检查该模型是否有记录的假设。虽然建模语言的语法可能是相同的，但在新环境中模型的含义可能是完全不同的，这是一个不同的上下文。此外，随着软件的成熟和变化，这些可能会引入语义上的不一致，从而导致错误。随着时间的推移，许多软件工程师都在处理模型部分再加上工具的更新和新的需求，模型的某些部分有机会表示与作者最初的意图和初始模型上下文不同的内容。

2.1.4 前置条件、后置条件和不变量

当对功能或方法进行建模时，软件工程师通常从一组假设开始。这些假设是在功能或方法执行之前、期间和之后对软件的状态进行的。这些假设对于功能或方法的正确操作至关重要，并作为一组前置条件、后置条件和不变量进行分组讨论。

- 前置条件：在执行功能或方法之前必须满足的一组条件。如果这些前置条件在执行功能或方法之前不成立，则该功能或方法可能产生错误的结果。
- 后置条件：在功能或方法成功执行后保证为真的一组条件。通常，后置条件表示软件状态如何变化、传递给功能或方法的参数如何变化、数据如何变化或者返回值如何受到影响。
- 不变量：操作环境中的一组条件。它们在功能或方法执行之前和之后持续存在。这些不变量对于软件和功能或方法的正确操作是相关的，也是必要的。

2.2 模型的类型

典型模型由子模型的聚合组成。每个子模型都是部分描述，是为特定目的而创建的；它可以由一个或多个图表组成。子模型的集合可以使用多种建模语言或单一建模语言。统一建模语言（UML）可识别一组丰富的建模图。使用这些图表及建模语言结构，可以产生三种常用的模型：信息模型、行为模型和结构模型。

1. 信息模型

信息模型集中关注数据和信息。信息模型是一种抽象表示，用于标识和定义数据实体的一组概念、属性、关系及约束。从问题的角度来看，语义或概念信息模型通常用于为正

在建模的软件提供一些形式和上下文，而不关心该模型如何实际映射到软件的实现上。语义或概念信息模型是一种抽象，因此它仅包含概念化信息的真实世界视图所需的概念、属性、关系及约束。随后对语义或概念信息模型的转换，将导致在软件中实现的逻辑模型和物理数据模型的细化。

2．行为模型

行为模型识别并定义被建模软件的功能。行为模型一般采用三种基本形式：状态机、控制流模型和数据流模型。状态机将软件模型提供为已定义状态、事件和转换的集合。软件通过在建模环境中发生的保护或无保护的触发事件的方式，从一种状态转换为另一种状态。控制流模型描述了一系列事件如何导致进程被激活或停用。数据流行为的典型代表是数据通过进程向数据存储或数据接收器移动的一系列步骤。

3．结构模型

结构模型说明了软件的物理或逻辑组成。结构模型确定了正在实施或建模的软件与其运行环境之间的定义边界。结构模型中使用的一些常见结构构造方式有实体的组合、分解、泛化和特化，确定实体之间的相关关系和基数，过程或功能接口的定义。UML 为结构模型提供的结构图包括类、组件、对象、部署和包图。

2.3 模型分析

建模后，需要对模型进行分析，以确保这些模型完整、一致和正确，达到干系人的预期目的。

1．完整性分析

为了使软件完全满足干系人的需求，从需求获取过程到代码实现，完整性至关重要。完整性是指所有指定需求都已实现和验证的程度。模型的完整性检查可以使用结构分析和状态空间可达性分析（确保状态模型中的所有路径都由一组正确的输入到达）等技术的建模工具自动完成，也可以使用检查或其他评审技术（如软件质量评审）手动实现。如果发现错误和警告，则表明需要采取纠正措施，以确保模型的完整性。

2．一致性分析

一致性是指模型不包含冲突的需求、断言、约束、功能或组件描述的程度。通常，模型的一致性检查可以使用建模工具的自动分析功能完成，也可以使用检查或其他评审技术手动实现。与完整性一样，如果发现错误和警告，则表明需要采取纠正措施。

3．正确性分析

正确性是指模型满足其软件需求和软件设计规范，没有缺陷，并最终满足干系人的需求的程度。正确性分析包括验证模型的语法正确性（正确使用建模语言的语法和结构）和验证模型的语义正确性（正确使用建模语言的结构来表示模型的含义）。对于要分析语法和语义正确性的模型，可以自动分析（如使用建模工具检查模型语法正确性），或手动查找（如使用检查或其他评审技术）可能的缺陷，然后在软件发布之前删除或修复已确认的缺陷。

4. 可追溯性分析

开发软件通常涉及许多工作产品的使用、创建和修改，如计划文档、过程规范、软件需求规格说明书、图表、设计和伪代码、手写和工具生成的代码、手动或自动的测试用例和报告及文件和数据。这些工作产品可能通过各种依赖关系（如使用、实现和测试）进行关联。伴随软件的开发、管理、维护或扩展，需要映射和控制这些可追溯关系，以证明软件需求与模型和许多工作产品的一致性。使用可追溯性通常可以改善软件工作产品的管理和软件过程的质量，它还向干系人提供所有需求已得到满足的保证。一旦软件被开发和发布，可追溯性就可以进行变更分析，因为可轻松变更其与工作产品的关系，以评估变更带来的影响。建模工具通常提供一些自动或手动方法来规范和管理需求、设计、代码和测试实体之间的可追溯性链接，正如模型和其他工作产品中所表示的那样。

5. 交互分析

交互分析的重点是用于在模型中完成特定任务或功能的实体之间的通信流或控制流关系。该分析检查模型不同部分之间交互的动态行为，包括其他软件层（如操作系统、中间件和应用程序）。对于某些应用程序来说，检查应用程序和用户界面之间的交互也很重要。一些建模环境软件为研究软件建模的动态行为提供了仿真工具。仿真为软件工程师提供了一个分析选项，可以审查交互设计，并验证软件的不同部分能够协同工作，以提供预期的功能。

2.4 软件工程方法

软件工程方法有许多种。对于软件工程师来说，为手头的软件开发任务选择一种或多种方法是很重要的，因为这种选择会对项目的成功产生巨大的影响。使用这些软件工程方法，再加上正确技能和工具，软件工程师就能够可视化软件的细节，并最终将表示转换为一组有效的代码和数据集。

2.4.1 启发式方法

启发式方法是基于经验的软件工程方法，已在软件产业中得到了广泛的应用。该主题领域包含三个广泛的讨论类别：结构化分析和设计方法、数据建模方法及面向对象的分析和设计方法。

- 结构化分析和设计方法：模型主要从功能或行为角度开发，从软件的高级视图（包括数据和控制元素）开始，然后通过越来越详细的设计逐步分解或细化模型组件。详细设计最终会汇聚到非常具体的软件细节或规范上。这些细节或规范必须被编码（手动、自动生成或同时生成）、构建、测试和验证。

- 数据建模方法：数据模型是从所使用的数据或信息的角度构建的。数据表和关系定义该数据模型。这种数据建模方法主要用于定义和分析支持数据库设计或数据库存储的数据需求。这些需求通常存在于业务软件中，其中数据作为业务系统资源或资产进行主动管理。

- 面向对象的分析和设计方法：面向对象模型表示为封装数据和关系，并通过方法与其他对象交互的一组对象的集合。对象可以是真实世界的项目，也可以是虚拟的项目。模型使用图表构建，以构成软件的选定视图。模型的逐步细化形成了详细设计。然后，详细设计通过连续迭代或者使用某种机制将其转换并演化为模型的实现视图，其中包含了最终软件产品发布和部署的代码及打包方法。

2.4.2 形式化方法

形式化方法通过应用严格的基于数学的符号和语言来指定、开发和验证软件。该方法使用规范语言，以系统、自动或半自动的方式检查软件模型的一致性、完整性和正确性。形式化方法涉及规范语言、程序细化和导出、形式验证和逻辑推理。

- 规范语言：规范语言为形式化方法提供数学基础。规范语言是在软件规范、需求分析和设计阶段用于描述特定输入/输出行为的形式化高级计算机语言（不是经典的第三代编程语言）。规范语言不是直接可执行的语言，它通常由符号、语法、使用符号的语义和一组对象允许的关系组成。
- 程序细化和导出：程序细化是通过一系列转换来创建较低级别（或更详细）规范的过程。通过连续的转换，软件工程师导出程序的可执行表示形式。可以对规范进行细化，添加细节，直到模型可以用第三代编程语言或所选规范语言的可执行部分来表述为止。这种细化是通过定义具有精确语义属性的规范来实现的。规范不仅必须列出实体之间的关系，而且必须阐明这些关系和操作的确切运行时含义。
- 形式验证：模型检查是一种正式的验证方法。它通常涉及执行状态空间探索或可达性分析，以证明所代表的软件设计具有或保留了某些感兴趣的模型属性。模型检查的一个例子是在事件或消息到达的所有可能情况下验证程序行为的分析。形式验证需要严格指定模型及其操作环境。该模型通常采用有限状态机或其他形式定义的自动机的形式。
- 逻辑推理：逻辑推理是一种设计软件的方法。它涉及在设计的每个重要模块周围指定前置条件和后置条件，并使用数学逻辑开发那些前置条件和后置条件必须在所有输入下保持的证明。这为软件工程师提供了一种在不必执行软件的情况下预测软件行为的方法。一些集成开发环境（Integrated Development Environments，IDE）包含了表示这些证明的方法及设计或代码。

2.4.3 原型方法

软件原型设计是一种创建不完整或最低功能版本的软件的活动，通常用于尝试特定的新功能，征求对软件需求或用户界面的反馈，进一步探索软件需求、软件设计或实现选项，以及获得对软件的一些其他有用的见解。软件工程师首先选择一种原型方法来理解软件中最不易理解的方面或组件。这种方法与其他软件工程方法不同，后者通常首先从最易理解的部分开始开发。通常，如果不进行大量的开发返工或重构，原型产品就不会成为最终的软件产品。

- 原型类型：这涉及开发原型的各种方法。原型可以作为丢弃的代码或纸产品被开发出来，可以作为新的软件设计的蓝本，也可以作为可执行的规范。原型类型的选择基于项目所需的结果类型、质量及紧迫性。
- 原型目标：原型的目标是指原型设计工作所服务的特定产品。原型目标可以是需求规范、架构设计元素或组件、算法或人机界面。

- 原型评估技术：软件工程师或其他干系人可以通过多种方式使用或评估原型，主要由最初导致原型开发的潜在原因驱动。原型可以根据实际实施的软件或目标需求集（如需求原型）进行评估或测试。原型还可以作为未来软件开发工作的模型（如在用户界面规范中）。

2.4.4 敏捷方法

敏捷方法诞生于 20 世纪 90 年代，因为需要减少大型软件开发项目中使用基于计划的重量级方法的巨大开销。敏捷方法被认为是轻量级方法，因为它的特点是：迭代开发周期短、自行组织团队、设计更简单、代码重构、测试驱动开发、用户参与频繁，以及强调在每个开发周期中创建一个可演示的工作产品。

文献中提供了许多敏捷方法。这里简要讨论了一些比较流行的方法，包括快速应用程序开发（Rapid Application Development，RAD）、极限编程（eXtreme Programming，XP）、Scrum 和特征驱动开发（FDD）。

RAD：主要用于数据密集型业务系统的应用程序开发。RAD 可以使用软件工程师专用的数据库开发工具来快速开发、测试和部署新的或修改过的业务应用程序。

XP：将故事或场景用于需求分析。它首先进行开发测试，让用户直接参与到团队中（通常定义验收测试），使用结对编程方式，并提供连续的代码重构和集成。故事被分解为任务、优先级、估计、开发和测试。每个软件增量都通过自动和手动方法进行测试；增量可能会被频繁发布，如每隔几周。

Scrum：这种敏捷方法比其他方法更适合项目管理。Scrum 管理员负责管理项目增量中的活动；增量称为 Sprint，持续时间不超过 30 天；列出开发产品待办事项清单，从中识别、定义、排序和估计任务；软件的一个工作版本将在每个增量中进行测试和发布；每天的 Scrum 会议用于确保工作被安排好。

FDD：这是一种模型驱动的、简短的、迭代的软件开发方法，其过程包括 5 个阶段：①开发一个产品模型以涵盖领域的范围；②创建需求或特征列表；③构建特征开发计划；④为迭代特定的特征进行设计；⑤编码、测试和集成这些特征。FDD 类似于增量软件开发方法。它也类似于 XP，只不过代码所有权分配给了个人而不是团队。FDD 强调软件的整体架构方法，这有助于在第一次就正确地构建功能，而不是强调持续重构。

敏捷方法有更多的变化。并且，总会有重量级、基于计划的软件工程方法及敏捷方法闪耀的地方。敏捷和基于计划的方法的组合产生了一些新的方法，众多实践者也在不断定义新的方法，这些方法主要基于主流的组织业务需求，用以平衡重量级和轻量级方法所需的特征。这些业务需求（通常由一些项目干系人代表）应该而且确实推动了选择使用一种软件工程方法而不是另一种软件工程方法，或者根据软件工程方法组合的最佳特性来构建一个新方法。

习题 2

1. 软件工程有哪些建模的原则？具体说明其含义。
2. 软件工程存在哪些常见的模型？它们分别有什么特点？
3. 软件工程中主要的模型分析技术有哪些？
4. 具体说明常用的软件工程方法包括哪些？

第3章 软件需求

软件需求知识领域涉及软件需求的获取、分析、规范和验证,以及在整个软件生命周期中对需求的管理。研究人员和行业从业者普遍认为,当与需求相关的活动执行不力时,软件项目是非常脆弱的。软件需求表达了对软件产品的需求和约束,有助于解决某些现实问题。

软件需求过程通过列出流程操作的资源和约束条件,并对其进行配置,提供需求流程的高级概述,以防范某些开发模型(如瀑布模型)隐含的风险。软件需求过程使用基于软件产品的结构(系统需求、软件需求、原型、用例等),如果要成功执行,必须作为一个复杂和紧密耦合的活动过程(顺序和并发),而不能被视为在一个软件开发项目中的离散且一次性的活动。

本章的章节结构如图 3-1 所示,将从基本概念、需求获取、软件需求分析、软件需求规格说明、软件需求确认、软件需求管理和软件需求工具 7 个方面介绍软件需求。

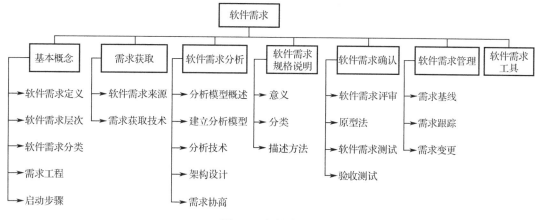

图 3-1 章节结构图

3.1 基本概念

3.1.1 软件需求定义

IEEE 软件工程标准词汇表中定义需求为:

(1)用户为了解决问题或达到某些目标所需要的条件或能力。

(2)系统或系统部件为了满足合同、标准、规范或其他正式文档所规定的要求而需要具备的条件或能力。

(3)对(1)或(2)的一个条件或一种能力的一种文档化表述。

IEEE 的定义中同时包括了用户的观点(1)和开发者的观点(2),它强调了"需求"的两个不可分割的方面:需求是以用户为中心的,是与问题相联系的;需求要被清晰、明确地写在文档中。

从最基本的角度来说，软件需求是为了解决现实世界的某些问题而必须被某种东西展示出来的一种属性。它可能旨在使某个人的部分任务自动化以支持组织的业务流程，纠正现有软件的缺点，或者控制设备——仅列举可能的软件解决方案的部分问题。用户、业务流程及设备的运行方式通常很复杂。因此，对特定软件的需求通常是来自一个组织不同级别的不同人员的需求和来自软件将在其中运行的环境的需求的复杂组合。

所有软件需求的一个基本属性是，它们可以作为一个单独的特性以功能需求或者系统级别上的非功能需求的形式来进行确认。确认某些软件需求可能是困难且代价昂贵的。例如，对于呼叫中心的吞吐量要求的确认可能需要开发仿真软件。软件需求、软件测试和质量人员必须确保这些需求能够在可用的资源约束范围内得到确认。

除行为属性之外，软件需求还有其他属性。常见的例子包括在有限资源的情况下进行权衡的优先级评级，以及使软件项目进度得以监控的状态值检测。通常，软件需求被唯一地标识，这使得它们可以在软件的整个生命周期中进行软件配置管理。

3.1.2 软件需求层次

软件需求有三种不同的层次：业务需求、用户需求和功能需求。此外，每个系统都包含某种类别的非功能需求。图 3-2 展示了软件需求的三种不同层次间的关系及相关的交付文档。

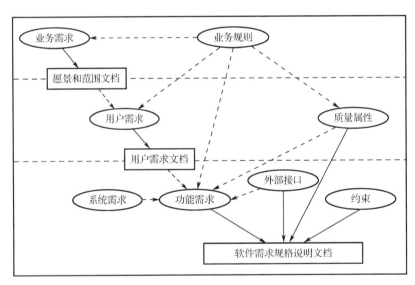

图 3-2 软件需求关系图

1. 业务需求

业务需求描述组织为什么要执行系统（组织希望获得的业务收益）。其关注点在于组织或者提出系统要求的用户有哪些业务目标。我们假设有家航空公司打算把机场的柜台工作人员成本降低 25%，为此，人们通常想到的解决方案是建一个自助服务终端，供乘客在机场自行办理登机手续。

软件项目的出资方、目标用户、实际用户的管理层、市场部门或者产品规划部门一般都会有业务需求。人们喜欢将业务需求记录在愿景或范围文档之中。还有一些战略性指导文档有时也会用于此目标，包括项目图表、业务实例及市场（或者营销）需求文档。

2. 用户需求

用户需求描述了用户使用软件产品必须完成的目标或者任务，并且这个软件产品要能够为用户提供价值。用户需求还包括对用户满意度最为关键的软件产品特性或特征的描述。用例、用户故事及事件响应表都是用户需求的表示方式。在理想状态下，这种信息由实际用户代表提供。用户需求表达的是，用户希望通过系统来完成哪些具体工作。通过机场自助服务终端"办理登机手续"是"用例"的典型例子。如果将其写为"用户故事"，同样的用户需求可能是这样的："作为一名乘客，我想办理登机手续，以便能够登机。"还有一点不能忘记，即大多数软件项目都有若干个用户类别和其他干系人，还必须获取他们的需求。

3. 功能需求

功能需求说的是软件产品在特定条件下所展示出来的行为，主要描述开发人员需要实现的功能以便用户能够完成自己的任务（用户需求），进而满足业务需求。可见，这三种需求环环相扣，对软件项目的成功至关重要。人们经常将功能需求记录为传统意义上的"应当"句式："乘客应当能够随时打印自己已经办好登机手续的所有航段的登机牌"，或者"如果乘客没有指定座位偏好，航班预订系统就应当为他分配座位"。

图 3-2 显示了三种主要的软件需求交付文档：愿景和范围文档、用户需求文档和软件需求规格说明文档。无须为每个软件项目都创建这三种独立的需求交付文档，但将这类需求信息融合在一起（特别是对于小型软件项目），还是有必要的。然而，还要注意这三种需求交付文档包含着不同的信息，要在软件项目的不同点进行开发，涉及的开发人员也可能不同，目的和目标受众也可能不同。

3.1.3 软件需求分类

软件需求分类可以有多个维度。

1. 功能需求和非功能需求

根据需求是否有效，可以将需求分为功能需求和非功能需求。

功能需求是和系统主要工作相关的需求，即：在不考虑物理约束的情况下，用户希望系统能够执行的活动，这些活动可以帮助用户完成任务。功能需求主要表现为系统和环境之间的行为交互。功能需求是系统中最常用和最重要的需求，同时也是最为复杂的需求。功能需求是一个软件产品得以存在的原因，是系统能够解决用户问题和产生价值的基础，也是整个软件开发工作的基础。

非功能需求包括性能需求、质量属性、对外接口、约束这 4 个类别。其中，质量属性对系统成败的影响极大，因此在某些情况下，非功能需求又被用来特指质量属性。性能需求是系统整体或其组成部分应该拥有的性能特征。质量属性体现了系统完成工作的质量，即系统需要在一个"好的程度"上实现非功能需求，包括可靠性、可用性、安全性、可维护性、可移植性、易用性。对外接口是系统和环境中其他系统之间需要建立的接口，包括硬件接口、软件接口和数据库接口等。约束是进行系统构造时需要遵守的约束。

2. 产品需求和过程需求

根据需求是产品的还是过程的，将需求分为产品需求和过程需求。对过程的需求可能会约束合同的选择、要采用的软件过程或要遵守的标准。

产品需求是要开发的软件的需求或约束（如"软件应确保学生在注册课程之前满足所有前置条件"）。过程需求本质上是对软件开发的约束（如"软件应该使用 RUP 过程开发"）。

某些软件需求会产生隐式的过程需求。确认技术的选择就是一个例子。另一个例子是使用非常严格的分析技术（如正式的规范方法）来减少可能导致软件不可靠的故障。过程需求也可由开发组织、客户或第三方（如安全监管机构）直接强制执行。

3．紧急需求

一些需求是软件的紧急属性，即单个组件无法解决这个需求，而需要所有的软件组件相互操作。例如，呼叫中心的吞吐量取决于电话系统、信息系统和运营商在实际操作条件下如何互动。紧急属性非常依赖于系统架构。

4．量化需求

软件需求规格说明应尽量清楚、明确，并在适当情况下进行量化。重要的是，避免模糊和无法确认的需求，即取决于主观判断解释的需求（如"软件应该是可靠的""软件应该是用户友好的"）。这对于非功能需求尤为重要。量化需求规格说明的两个例子如下：呼叫中心的吞吐量必须提高 20%；系统运行过程中，1 小时之内产生致命错误的概率要小于 1×10^{-8}。吞吐量需求处于非常高的位置，需要用于获取许多详细的需求。

5．系统需求和软件需求

系统需求中，"系统"是指元素通过相互作用来实现既定的目标，这些元素包括由国际软件和系统工程委员会（International Council on Software and Systems Engineering，INCOSE）定义的硬件、软件、固件、人员、信息、技术、设施、服务和其他支持元素。

系统需求是整个系统的需求。在包含所有软件组件的系统中，软件需求来源于系统需求。

以有限的方式定义"用户需求"，作为系统客户或最终用户的需求。系统需求包括用户需求、其他干系人（如监管机构）的需求，以及非可识别人力资源的需求。

6．需求优先级

优先级越高，满足软件总体目标的需求就越重要。通常按固定点等级进行分类，如强制的、高度期望的、可取或可选的。优先级通常与开发和实施的成本平衡。

7．需求的范围

需求的范围是指需求对软件和软件组件的影响程度。某些需求，特别是某些非功能需求，具有全局范围，因为它们的满意度不能分配给离散组件。因此，具有全局范围的需求可能会强烈地影响软件架构和许多组件的设计，而具有局部范围的需求可能会提供许多设计选择，并且对其他需求的满意度几乎没有影响。

8．波动性或稳定性

一些需求会在软件的生命周期中发生变化，甚至在开发过程中也会发生变化。如果可以对需求发生变化的可能性进行一些估计，这将非常有用。例如，在银行应用程序中，计算和计入客户账户利息的功能需求可能比支持特定类型的免税账户的需求更稳定。前者反映了银行业领域的一个基本特征(可以赚取利息)，而后者可能会因政府立法的变化而过时。标记潜在的不稳定需求可以帮助软件工程师建立容错性更好的设计。

3.1.4 需求工程

需求工程是指致力于不断理解软件需求的大量任务和技术。从软件过程的角度来看，需求工程是一个软件工程动作，开始于沟通并持续到建模活动。它必须适应软件过程、软件项目、软件产品和人员的需要。需求工程在设计和构建之间建立起联系的桥梁，把我们带到软件项目之上更高的层次：允许团队检查将要进行的软件工作的内容；必须提交设计和构建的特定要求；完成指导工作顺序的优先级定义；将会影响随后设计的信息、功能和行为。

需求工程包括 7 项明确的任务：起始、获取、细化、协商、规格说明、确认和管理。这些任务可能会并行发生，并且要全部适应软件项目的要求。

1. 起始

如何开始一个软件项目？有没有一个独立的事件能够成为新的基于计算机的系统或产品的催化剂？需求会随时间的推移而发展吗？这些问题没有确定的答案。在某些情况下，一次偶然的交谈就可能导致大量的软件工程工作。但是多数软件项目都是在确定了商业要求或发现了潜在的新市场、新服务后才开始的。业务领域的干系人（如业务管理员、市场人员、产品管理人员）定义业务用例，确定市场的宽度和深度，进行粗略的可行性分析，并确定项目范围的工作说明。所有这些信息都取决于变更，但是应该充分地与软件工程组织及时进行讨论。在项目起始阶段，要建立基本的理解，包括：存在什么问题？谁需要解决问题？所期望的解决方案的性质是什么？干系人和开发人员之间达成初步交流合作的效果如何？

2. 获取

软件系统或软件产品的目标是什么？想要实现什么？软件系统和软件产品如何满足业务的要求？最终软件系统或软件产品如何用于日常工作？这些问题看上去非常简单，但实际上并非如此。

获取阶段最重要的是建立目标。软件工程师的工作就是与干系人约定，鼓励他们诚实地分享目标。一旦抓住目标，就应该建立优化机制，并（为满足干系人的目标）建立潜在架构的合理性设计。

范围问题发生在系统边界不清楚的情况下，或用户的说明带有不必要的技术细节，这些细节可能会导致混淆而不是澄清系统的整体目标。理解问题一般发生在用户并不完全确定自己需要什么的情况下，包括：对其计算环境的能力和限制所知甚少，对问题域没有完整的认识，与需求工程师在沟通上存在问题，忽略了那些他们认为是"明显的"信息，确定的需求和其他用户的需求相冲突，需求规格说明有歧义或不可测试。易变问题一般发生在需求随时间推移而变更的情况下。为了帮助解决这些问题，需求工程师必须以有组织的方式开展需求收集活动。

3. 细化

在起始和获取阶段获得的信息将在细化阶段进行扩展和提炼。该任务的核心是开发一个精确的需求模型，用以说明软件的功能、特征和信息的各个方面。

细化是由一系列的用户场景建模和求精任务驱动的。这些用户场景描述了如何让最终用户和其他参与者与系统进行交互。解析每个用户场景以便提取分析类——最终用户可见的业务域实体。应该定义每个类的属性，确定每个类所需要的服务，确定类之间的关联和协作关系，并完成各种补充图。

4．协商

业务资源有限，而用户却提出了过高的要求，这是常有的事。另一个相当常见的现象是，不同的用户提出了相互冲突的需求，并坚持"我们的特殊要求是至关重要的"。

需求工程必须通过协商来调整冲突。应该让用户和其他干系人对各自的需求进行排序，然后按优先级讨论冲突。使用迭代的方法给需求排序，评估每项需求的成本和风险，处理内部冲突，删除、组合或修改需求，以便参与各方均能达到一定的满意度。

5．规格说明

在基于计算机的系统（和软件）的环境下，术语"规格说明"对不同的人有不同的含义。规格说明可以是一份写好的文档、一套图形化的模型、一个形式化的数学模型、一组使用场景、一个原型或上述各项的任意组合。

有人建议应该开发一个"标准模板"并将之用于规格说明。他们认为这样将促使以一致的从而也更易于理解的方式来表示需求。然而，在开发规格说明时保持灵活性也是必要的。对大型系统而言，文档最好采用自然语言和图形化模型来编写。而对于技术环节明确的较小软件产品或软件系统，使用场景可能就足够了。

6．确认

在确认这一步将对需求工程的工作产品进行质量评估。需求确认要检查规格说明，并保证以下内容：已无歧义地说明了所有的系统需求；已检测出不一致性、疏忽和错误，并予以纠正；工作产品符合为过程、项目和产品建立的标准。

正式的技术评审是最主要的需求确认机制。确认需求的评审小组应包括软件工程师、用户和其他干系人。他们负责检查系统规格说明，查找内容或解释方面的错误，以及可能需要进一步澄清的地方、丢失的信息、不一致性（这是构造大型软件产品或软件系统时将会遇到的主要问题）、冲突的需求或不可实现的（不能达到的）需求。

7．管理

对于基于计算机的系统，其需求会变更，而且变更的需求将贯穿于系统的整个生命周期。需求管理是用于帮助项目组在项目进展中标识、控制和跟踪需求及需求变更的一组活动。

3.1.5 启动步骤

软件需求的过程往往是跨学科的，用户可能位于不同的城市或国家，可能对于自己想要什么仅有模糊的想法，可能对于将要构建的系统存在有冲突的意见，另外，他们的知识领域可能与需求工程师不同，技术知识可能有限，而且只有有限的时间与需求工程师进行沟通。需求工程师需要在干系人的领域和软件工程领域之间进行调解。

本节将要讨论启动需求工程所必需的步骤，以便理解软件需求，使得软件项目自始至终走向成功解决方案的方向。

1. **确认干系人**

干系人定义为"直接或间接地从正在开发的系统中获益的人"。可以确定如下几个容易理解的干系人：业务运行管理人员、产品管理人员、市场营销人员、内部和外部客户、最终用户、顾问、产品工程师、软件工程师、支持和维护工程师及其他人员。每个干系人对系统都有不同的考虑，在系统成功开发后所能获得的利益也不同，同样，在系统开发失败时所面临的风险也是不同的。

下面具体介绍典型的干系人。

- 用户：包括操作该软件的人员。它通常是一个涉及具有不同角色和要求的人的不同性质的群体。
- 客户：包括委托软件或代表软件目标市场的人员。
- 市场分析师：大众市场产品不会有委托客户，因此通常需要市场分析师来确定市场需求并充当代理客户。
- 监管机构：许多应用领域，如银行和公共交通，都会受到监管。这些领域的软件必须符合监管机构的要求。
- 软件工程师：这些人合法地从开发软件中获利，例如，重用其他软件产品中的组件或从其他软件产品中重用组件。如果在这种情况下，某个特定软件产品的客户有特定需求，会影响组件重用的可能性，那么软件工程师必须仔细权衡自己的利益与客户的利益。具体需求，特别是约束，可能会对软件项目成本或交付产生重大影响。因为它们要么与软件工程师的技能组合得很好，要么很差。应确定此类需求之间的重要权衡。

在开始阶段，需求工程师应该创建一个人员列表，列出那些有助于获取需求的人员。最初的人员列表将随着接触的干系人人数的变化而变更。

完全满足每个干系人的需求是不可能的。软件工程师的工作是协商主要干系人可接受的权衡、预算、技术、监管和其他限制。其前置条件是确定所有干系人，分析其"利益"的性质，并引出他们的需求。

2. **识别多重观点**

因为存在很多不同的干系人，所以系统需求调研也将从很多不同的视角开展。例如，市场销售部门关心能激发潜在市场的、有助于新系统销售的功能和特性；业务经理关注应该在预算内实现的产品特性，并且这些产品特性应该满足已规定的市场限制；最终用户可能希望系统的功能是他们所熟悉的，并且易于学习和使用；软件工程师可能关注非技术背景的干系人看不到的软件基础设施，使其能够支持更多的适于销售的功能和特性；支持和维护工程师可能关注软件的可维护性。

这些参与者（以及其他人）中的每个人都将为需求工程贡献信息。当从多个角度收集信息时，所形成的需求可能存在不一致性或者相互矛盾。需求工程师的工作就是把所有干系人提供的信息（包括不一致的或矛盾的需求）进行分类。分类的方法应该便于决策制订者为系统选择一个内部一致的需求集合。

获取需求的过程存在很多困难：项目目标不清晰，干系人的优先级不同，未被提及的假设，相关利益者解释的含义不同，很难用一种方式对陈述的需求进行确认。有效需求工程的目标是去除或尽力减少这些问题的发生。

3. 协同合作

需求工程师的工作是标识公共区域（所有干系人都同意的需求）和矛盾区域（或不一致区域，即某个干系人提出的需求与其他干系人的需求相矛盾）。当然，后一种矛盾区域的解决更有挑战性，这需要协同合作。

协同合作并不意味着必须由委员会定义需求。在很多情况下，干系人的协同合作是提供他们各自关于需求的观点，而一个有力的"项目领导者"（如业务经理或高级技术员）可能要对删减哪些需求做出最终判断。

4. 首次提问

在软件项目开始时的提问应该是"与环境无关的"。第一组与环境无关的问题集中于客户和其他干系人及整体目标和收益。例如，需求工程师可能会问：

- 谁是这项工作的最初请求者？
- 谁将使用该解决方案？
- 成功的解决方案将带来什么样的经济收益？
- 对于这个解决方案你还需要其他资源吗？

这些问题有助于识别所有对构建软件感兴趣的干系人。此外，问题还确认了某个成功实现的可度量收益，以及定制软件开发的可选方案。

下一组问题有助于软件开发组更好地理解问题，并允许客户表达其对解决方案的看法：

- 如何描述由某个成功的解决方案产生的"良好"的输出特征？
- 该解决方案强调要解决什么问题？
- 能向我们展示（或描述）解决方案使用的商业环境吗？
- 存在会影响解决方案的特殊性能问题或约束吗？

最后一组问题即元问题，关注沟通活动本身的效率。下面给出了元问题的简单列表：

- 你是回答这些问题的合适人选吗？你的回答是"正式的"吗？
- 我的提问和你想解决的问题相关吗？
- 我的问题是否太多了？
- 还有其他人员可以提供更多的信息吗？
- 还有我应该问的其他问题吗？

这些问题（和其他问题）将有助于"打破坚冰"，并有助于交流的开始，而且这样的交流对成功获取需求至关重要。但是，会议形式的问与答（Q&A）并非一定会取得成功的好方法。事实上，Q&A 会议应该仅仅用于首次接触，然后应该用问题求解、协商和规格说明等需求获取方式来取代它。

3.2 需求获取

需求获取涉及软件需求的来源，以及软件工程师如何收集它们。这是建立对软件需要解决问题的理解的第一阶段。这在根本上是一种人类活动，是干系人的确定和开发团队与客户之间建立关系的方式。

良好的需求获取过程的基本原则之一是各干系人之间进行有效沟通。这种沟通在不同的时间点与不同的干系人一起贯穿整个软件开发生命周期。在开发开始之前，需求工程师可能会成为沟通的渠道。他们必须在客户（及其他干系人）的领域和软件工程师的技术世界之间进行调解。在不同抽象级别上，一组内部一致的模型有助于客户和软件工程师之间的通信。

需求获取的一个关键要素是了解项目范围。这包括对所指定的软件及其目的进行描述，并对可交付成果进行优先排序，以确保客户最重要的业务需求首先得到满足。这就最大限度地减少了需求工程师花费时间来获取不太重要的需求，或者那些在软件交付时不再相关的需求的风险。另一方面，描述必须具有可伸缩性和可扩展性，才能接受第一个正式列表中没有表示的、与递归方法中设想的前一个需求兼容的进一步的需求。

需求获取是软件需求开发的核心，这是为软件确定干系人的需要和约束的过程。需求获取不等同于"收集需求"，也不是简单地把客户所说的全部记录下来。需求获取是一个综合协作和分析的过程，其活动包括收集、发现、提炼和定义。需求获取的目的是发现业务需求、用户需求、功能需求和非功能需求，还有一些其他类型的信息。需求获取可能是软件开发各个方面中关键的、最有挑战性的、最易出错和最需要密集沟通的。

让客户专心参与需求获取过程，能够为软件项目赢得支持和认同。如果你是需求工程师，请尽量试着理解客户在陈述需求时的思维过程。通过研究客户执行任务所做决策的过程，来提炼出潜在的逻辑。要保证每个人都明白系统为什么必须要执行那些特定的功能。要对大家提出的需求仔细进行甄别，那些过时、无效的业务过程或规则，都不应该纳入新的系统中。

需求工程师必须营造一种环境，以便对正在拟定的软件产品进行彻底和全面的探索。为了使用业务方面的词汇，不能强迫客户理解技术术语。将重要的程序术语编入一个词汇表，不能想当然地认为所有参与方对软件产品定义的理解都是一致的。客户必须明白一点，对可能的功能进行讨论并不代表必须将其纳入软件产品之中。分析优先级、可行性和约束都是实际行动，与头脑风暴和设想可能性是两码事。干系人要尽早对其单纯的愿望清单进行优先级排序，应避免定义的软件项目过于冗余，以至于永远无法交付任何有用的东西。

软件需求开发的目的是使各干系人对需求达成共识。当开发人员了解了这些需求之后，他们就能探索出解决问题的可选方案。参与需求获取的人员要沉得住气，避免在理解问题本质之前就开始设计系统。否则，随着需求定义的逐步清晰，设计返工将不可避免。要强调用户任务而非用户界面，关注真正的用户需求而非口头诉求，避免团队过早陷入设计细节中。

如图 3-3 所示，需求工程本质上是一个不断循环的过程。首先获取一些信息，对获知的信息进行研究，然后写出一些软件需求规格说明，在此过程中可能还会发现一些遗漏的信息，需要再次对软件需求进行获取，如此反复。别妄想只通过几次需求获取工作就可以宣告需求获取胜利结束并可以采取下一步行动了。

图 3-3　需求工程循环图

3.2.1　软件需求来源

软件需求在典型软件中有许多来源，必须识别和评估所有的来源。本节旨在提高对各种软件需求来源及其管理框架的认识，主要内容如下。

- 目标:"目标"(有时称为"业务关注"或"关键成功因素")一词是指软件的整体高层次目标。目标提供了软件的动机,但通常是模棱两可的。软件工程师需要特别注意评估目标的价值(相对于优先级)和成本。可行性研究是一种成本相对较低的方法。
- 领域知识:软件工程师需要获取或掌握有关应用领域的知识。领域知识提供了需求获取必需的背景知识。在知识领域中,模仿本体论是一个很好的方法。应用程序域中的相关概念之间的关系应该被识别出来。
- 干系人:许多软件已经被证明是不能令人满意的,因为它强调了一组干系人的要求,而牺牲了其他干系人的要求。因此,交付的软件很难使用,或颠覆了客户组织的文化或政治结构。软件工程师需要识别、管理和平衡许多不同类型的干系人的"观点"。
- 业务规则:定义或约束框架的某些方面或业务本身行为的语句。例如,"学生如果还未完成学费缴纳,则不能在下学期进行课程注册"是一个业务规则的例子,这将是大学课程注册软件的需求来源。
- 运行环境:需求来自软件运行的环境。例如,这些限制可能是实时软件中的时序约束或业务环境中的性能约束。这些需求必须积极解决,因为它们可能会极大地影响软件的可行性和成本,并限制设计选择。
- 组织环境:通常,业务流程需要软件的支持,而业务流程的选择可能受组织结构、文化和内部政治的制约。软件工程师需要对这些因素敏感,因为一般来说,新的软件不应该强制对业务流程进行计划外的更改。

3.2.2 需求获取技术

一旦确定了软件需求来源,软件工程师就可以开始从中获取软件需求信息。软件工程师需要认识到这样一个事实:需求很少是现成的。这就需要利用需求获取技术。

需求获取技术包括引导活动(期间与干系人互动以获取需求)和独立活动(期间独立工作以发现信息)。引导活动主要聚焦于发现业务需求和用户需求。为了发掘用户需要使用系统完成的任务,与用户直接合作是必要的。而为了获取业务需求,你要与诸如项目发起方等干系人协同工作。独立活动的技巧是对用户提交的需求进行补充,并揭示出最终用户都没有注意到的必要功能。大多数项目都会综合使用引导活动和独立活动。它们分别为需求提供不同的探索方式,甚至可能揭示出完全不同的需求。

常用的需求获取技术介绍如下。

1. 访谈

要想找出软件用户的需求,最常见的方法是对他进行提问。对于商业产品和信息系统而言,访谈是一种传统的需求获取来源,适于所有软件开发方法。大多数需求工程师都会引导一些个人或者小团体形式的访谈,以这种方式来获取项目的需求。敏捷项目会广泛使用访谈机制,让用户直接参与进来。相比需求工作坊这样的大型需求研讨活动,访谈更容易安排和引导。

如果你对某个应用领域不太了解,进行专家访谈可以迅速提升自己,也可以通过这种方式来准备用于其他访谈或工作坊的需求草案和模型。如果能与受访者建立起融洽的关系,采用一对一或者小范围讨论而不是更大型的工作坊形式，会使他们感觉更安全（特别是针对敏感主题），更有利于他们分享想法。相比大团队设置，一对一或者小型访谈更能让用户主动参与软件项目或者检查现有需求。另外，如果想从没有多少时间与你见面的主管那里获取业务需求，最佳方式就是访谈。

下面是针对访谈的一些建议。这些实用技巧对召开需求工作坊也同样适用。

- 建立融洽的关系。在做访谈之前，如果对方还不认识你，你要先进行自我介绍，然后检查会议日程，提醒参与者会议的目标，并解决他们提出的基本问题或顾虑。
- 不脱离范围。在任何需求获取会议上，都要将讨论聚焦在会议的主题上。即使谈话对象只有一个人或一个小组，访谈也有可能会跑题。
- 提前准备好问题和稻草人（某种假设）模型。在准备访谈时，尽可能提前将诸如问题清单这样的材料拟定出来，以规范谈话内容。参与者可以从你拟定的材料中找到思考问题的出发点。
- 提出看法。有创造力的需求工程师不会只是简单地将用户所说的内容记录下来，而是会在获取活动中提出观点和替代选项。有时用户并不清楚开发人员能提供什么样的功能；而当你提出能使系统更有价值的功能时，他们会欢欣鼓舞。当用户不能真正表达其需求的时候，你可以观察他们的工作，并提出一些建设性的方案以提升他们的工作效率。需求工程师要摆脱思想的羁绊，以防一叶障目。
- 主动倾听。要锻炼主动倾听的技巧（身体前倾，表现出耐心，给出语言反馈，不清楚就问）和释义的技巧（复述谈话者信息的主要内容，证明你对他表述的信息是充分理解）。

2. 工作坊

工作坊能鼓励干系人在定义需求时精诚合作。Ellen Gottesdiener 对需求工作坊如此定义："一种结构性的会议，会议中有经过仔细甄选的干系人群体和内容专家，大家协同定义、创造、精炼并对代表用户需求的交付物（比如模型和文件）达成最终意见。"工作坊也是一种引导会，成员包括众多干系人和正式角色，例如引导师和记录员。工作坊通常包括各种类型的干系人，如用户、开发人员和测试人员。工作坊的目的就是要从众多的干系人中兼容并蓄，获取需求。和个体逐一对话相比，团队工作对于解决分歧更高效。同样，如果由于时间条件的限制需要快速获取需求，工作坊也能发挥作用。

"引导是带领人们朝着一致目标而努力奋斗的艺术，其引导方式注重鼓励所有人参与、自主和生产效率"。在规划工作坊、选择参与者并指导他们获得圆满成果方面，需求工程师作为引导师起着关键的作用。如果团队准备用新方法来进行需求获取，可以考虑设置外围引导师或者第二位需求工程师来引导工作坊的开始部分。这样，需求工程师才能全身心投入讨论之中。如果只有一位需求工程师，同时还要作为引导师，那么他在作为引导师讲话及在参加讨论时就需要精力特别集中。可以另外设置记录员帮助记下讨论中的要点问题。

工作坊可能是资源密集型的，有时要求大量参与者一次性抽出几天时间。要想不浪费时间，就必须仔细规划会议，而要想少浪费时间，就要在工作坊开始前就准备好材料。例如，可以先自己起草用例，然后让团队进行评审。

下面是进行提高工作坊效率所需要的一些技巧，但其中很多技巧也适用于访谈。

- 建立和执行基本规则。工作坊参与者应当遵守一些基本规则，例如，准时开始和结束；休息过后马上回来；将电子设备调为静音；一次只针对一个话题；每个人都发挥自己的作用；对事而不对人。规则设定之后，要确保参与者都能遵从。

- 为所有团队成员设定角色。引导师必须要保证参与者能完成下列任务：做记录、专注、坚守范围、遵守基本规则，并保证每个人都能听得清楚。记录员记录当时的情况，另外一个人看着钟表。
- 准备会议日程。每个工作坊都需要有清晰的计划。应该提前制订计划和工作坊会议日程，然后传达给参与者，让他们知道会议的目标和预期的结果并做相应的准备。
- 坚守范围。参照业务需求，确定参与者所提出的用户需求是否符合目前的项目范围。让每次工作坊都能针对会议目标进行适当级别的总结。参与者很容易在需求讨论时纠结于细枝末节。这些讨论耗费了大量的时间，而这些宝贵时间本应该留给参与者更深入地理解用户需求。引导师必须定期提醒需求获取活动的参与者不要偏离主题。
- 将条目放入"停车场"供日后考虑。在讨论中，会出现一系列偶然但又很重要的信息：质量属性、业务规则、用户界面构思等。应该将此类信息放入挂图（停车场）中，这样既不会丢失信息，还能显示出对提出这些信息的人的尊重。不要被跑题的讨论细节分散注意力，除非它们真的能让你折服。"停车场"内的问题在下次会议中如何处理，必须要记录下来。
- 时间盒式的讨论。为每个讨论话题分配一个固定的时间段。虽然讨论也可能稍后再结束，但时间盒可以使参与者避免在第一个主题上耗费过多的时间而完全忽视其他重要的主题。在完成时间盒式的讨论时，要总结现在，展望未来，这个主题才算结束。
- 保持团队的小规模还要吸纳正确的干系人。小团队的工作速度比大团队的快。如果参与者中有五六个活跃分子，大家七嘴八舌，唇枪舌剑，这个会议基本上都会跑题。可以尝试多个并行会议，探索不同客户的需求。工作坊参与者包括：产品代言人和其他用户代表，可能还有主题专家、需求工程师、开发人员和测试人员。知识、经验和决策权是参加获取工作坊的人必须具备的前提条件。
- 使每个参与者都保持专注。有时，某些参与者会对讨论无动于衷，他们消极的理由五花八门：可能因为其他参与者感觉不到这些人的意见有什么特别之处，所以对这些人的意见也不怎么认真对待；也可能因为已经退出会议的干系人欺软怕硬，只尊重那些咄咄逼人的参与者或者刚愎自用的需求工程师。引导师必须懂肢体语言（缺乏眼神的交流、坐立不安、叹气、不停看表），搞清楚为什么有些人会掉队，并尽量将他拉回来。如果用电话会议进行引导活动，还会有视觉死角，因此要仔细倾听，注意谁没有参与进来，以及人们说话时的语调。可以直接问一下那些闷葫芦："针对讨论，你们有什么想法要和大家分享吗？"引导师必须确保听到每个人的声音。

3. 焦点小组

焦点小组就是一组用户代表，他们会参加有人引导的需求获取活动，对软件产品的功能和质量需求提出建议和看法。焦点小组会议必须进行互动，让所有用户都有机会表达自己的诉求。焦点小组有助于探知用户的态度、感觉、偏好和需要。如果正在开发商业产品，并且无法与最终用户在公司中直接接触，这种小组的作用就特别明显。

很多时候，都会有大量不同类型的用户供你筛选，因此要仔细选择焦点小组成员。这些成员要么用过软件产品的以前版本，要么用过与现在开发软件产品类似的产品；要么选择同样类型的一群用户（针对不同用户类组织多个焦点小组），要么选择能代表所有用户群的一组人，使其有广泛的代表性。

需要注意的是：焦点小组必须有人引导；要使成员聚焦主题，但又不能影响成员表达观点；要对会议进行记录，以便回去仔细听一听大家的观点；别指望从焦点小组中获得大量分析，只会得到很多主观反馈，但随着需求的开发，可以对这些反馈进行更深入的评估和排序；焦点小组的参与者对需求通常没有决策权。

前面提到的工作坊技巧同样也适用于焦点小组。

4．观察

如果让用户描述他们的工作方式，他们表达起来可能很吃力，细节会有遗漏或者不准确。因为任务复杂，他们很难记住每项细节。还有一种情况就是，用户对所执行的任务太熟悉了，反而无法将其所做的所有任务都清晰地表达出来。他们的工作已经形成惯性，甚至都不用思考。有时，只要留心观察用户如何准确完成任务，就能学到很多。

观察人是很耗时的，因此不适合所有用户或所有任务。为了不干扰用户日常的工作安排，要将每次观察活动时间限制在两小时以内。选择重要或高风险任务，以及若干个用户类别来进行观察。如果在敏捷项目中使用观察技巧，就只要求用户演示与眼前下一个迭代相关的具体任务。

需求工程师在任务环境下观察用户的工作流程时，可以借此机会确认从其他资源那里收集到的信息，为访谈确定新主题，发现现有系统中的问题，并找出办法让新系统更好地支持工作流程。需求工程师必须对观察到的用户活动进行提炼和总结，保证捕获到的需求能够从整体上应用于该类用户，而不是只针对个体。经验丰富的需求工程师往往还能够提出一些建议，改善用户的现有业务过程。

观察时可以保持沉默，也可以与大家互动。当用户很忙，不可以受到干扰时，适合采取沉默式观察。而在互动式观察过程中，需求工程师可以打断用户手头的任务并提出问题。这有助于迅速了解用户做决策的原因，还有助于了解用户行动时的心理状态。将观察到的内容记录下来，以便在会后做深入分析。如果政策允许，还可以考虑进行视频记录，日后可以再次回忆，重新梳理。

5．问卷调查

问卷调查是一种针对大群体用户进行调查并了解其需要的方式。这种方式花费不高，是从大规模用户群获取信息的理想选择，并且很容易进行跨区域管理。问卷调查的分析结果可以作为一种输入，用于其他获取技术。例如，可以用问卷调查来找出用户认为现有系统有哪些不足，然后根据这个结果在工作坊上与决策者讨论优先级别。还可以用问卷调查来检测用户对商业产品的反馈。

对于问卷调查来说，最大的挑战就是问题的设计。针对如何设计问卷调查有很多技巧。
- 提供的答案选项要涵盖所有可能的反馈。
- 选择答案既要互斥（在数字范围内不重叠），又要穷尽（列举所有可能的选项，为未考虑到的地方留出空白以便加以补充）。

- 列出的问题不能暗示有"正确"答案。
- 如果使用了比例,则在整个问卷调查中保持其一致性。
- 如果想将问卷调查的结果用于统计分析,则使用封闭式问题,要有两个或以上的具体答案。开放式问题允许用户按照自己的意愿来回答,因此很难用它来寻找共性答案。
- 在问卷调查的设计和管理方面,可以咨询专家的意见,保证针对正确的人群提出正确的问题。
- 在发放问卷调查之前,一定要进行测试,不要事后才发现问题措辞模糊或者忽略了重要问题。
- 对于人们不愿意回答的问题,不要穷追不舍。

6. 场景

场景可以为引导用户提出需求提供所需的上下文环境。它们允许需求工程师通过"假设"和"这是如何完成的"问题来提供一个关于用户任务的问题框架。最常见的场景类型是用例描述。一些场景符号(如用例图)在建模软件中很常见。

7. 原型

这种技术是弄清楚不明确的需求的有效工具。需求工程师采取与场景类似的方式,通过为用户提供一个例子(上下文环境),使用户能够更好地理解他们需要提供哪些信息。有各种各样的原型技术,从屏幕设计的纸张模型,到软件产品的 Beta 测试版本等。低保真原型通常是首选的,以避免干系人"锚定"较高质量原型的次要偶然特征,进而限制设计的灵活性。

8. 用户故事

这种技术通常用于敏捷方法,以用户术语实现其所需功能的简短、高级描述。一个典型的用户故事以这样的形式描述:作为一个<角色>,我想要<目标值/愿望>,这样就可以产生<效益>。用户故事旨在包含足够的信息,以便开发人员合理估计实现它的代价。这样做的目的是避免在一些项目中经常发生的一些浪费:详细的需求被提前收集,但在工作开始之前就失效了。在实现用户故事之前,用户必须编写适当的验收过程,以确定用户故事的目标是否已经实现。

9. 其他技术

存在一系列支持需求获取的技术,包括分析竞争对手的产品,应用数据挖掘技术,使用领域知识来源或客户请求数据库等。

3.3 软件需求分析

软件需求分析的目的是检测和解决需求之间的冲突,发现软件的边界,以及了解它必须如何与其组织和操作环境进行交互。传统的软件需求分析观点是,将其简化为使用多种分析方法之一的概念建模,例如结构化分析方法。虽然概念建模很重要,但我们应该首先对需求进行分类,以帮助在需求和建立这些需求过程(需求协商)之间提供信息。同时,必须注意准确地描述需求，使需求能够得到确认，其执行情况得到核实，并估算其成本。

软件需求分析的根本任务有如下两条：

① 建立分析模型，达成开发者和用户对需求信息的共同理解。分析可以将复杂系统分解成简单的部分并明确它们之间的联系，确定本质特征，并抛弃次要特征。这样，分析就可以抽取出信息的本质含义，帮助开发者准确理解用户的意图，与用户达成对信息内容的共同理解。分析的活动主要包括识别、定义和结构化，其目的是获取某个可以转换为知识的事物的信息。这种分析活动被称为建模——建立软件需求分析模型。

② 依据共同的理解，发挥创造性，创建软件解决方案。分析可以将一个问题分解成独立的、更简单和易于管理的子问题来帮助寻找解决方案。分析可以帮助开发者建立问题的定义，并确定被定义的事物之间的逻辑关系。这些逻辑关系可以形成信息的推理，进而可以被用来确认解决方案的正确性。

3.3.1 分析模型概述

模型是对复杂系统的简化和抽象，它关注特定的组元和组元之间的关系，同时忽略与组元无关的次要信息。那么，软件需求分析中的模型应该关注什么样的组元，应该对需求获取的信息进行怎样的简化和抽象呢？

1. 计算世界与计算模型

因为软件需求分析的最终目的是建立问题的解决方案，因此，一个显然的选择是使用软件的构建单位作为模型的组元，将软件构建单位之间的关系作为组元之间的关系，对获取的信息进行建模，如图3-4所示。

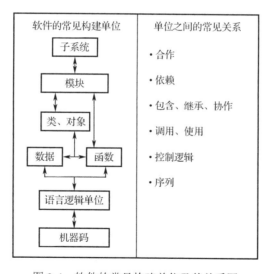

图3-4 软件的常见构建单位及其关系图

基于软件的构建单位及它们之间的关系建立的模型是软件工程中常用的一种模型，用来说明软件逻辑上的构建方式和实现方式。这种模型使用的组元及其关系都是软件的元素，所以它是来自软件（计算世界）的模型，称为计算模型。

但是，来自计算世界的计算模型并不适合进行软件需求分析中的建模，因为计算模型的形式化特征不适用于需求工程阶段。

计算世界是基于计算科学建立的,具有形式化的特征。计算模型对信息的描述具有明确化、准确化和确定化的特征。但是在需求阶段,考虑的重点是软件需要解决的问题,缺乏和软件实现相关的技术细节,因此,需求阶段还无法建立一个形式化的计算模型。而且,需求阶段仅仅要求描述软件的解决方案,而不是软件的构建方式和实现方式。

实践中的情况也一再表明,具有形式化特征的计算模型是用户所无法理解的,所以基于它建立的模型是开发者的理解模型,但不是用户和开发者的共同理解模型。

2. 问题世界与业务模型

既然计算世界的计算模型不合适用来进行分析建模,那么另一个可以考虑的方案是使用问题域中的重要概念作为模型的组元,使用概念之间的业务联系作为组元之间的关系,建立需求信息的模型描述。

这种模型的元素全部来自问题域,并使用了业务描述的方式,所以可以认为它们是来自问题世界的业务模型。

业务模型既可以抽取出需求信息最重要和最本质的内容,又可以达成用户和开发者的共同理解,似乎是一个不错的建模选择。但是,问题世界的非形式化特征却使得它同样也不适合进行需求建模。

问题世界是复杂的。第一,问题世界包含大量的事物,具有巨量的分解和组合。第二,问题世界中的事物是无法完全描述的,因为从不同的角度出发会有不同的观察结论。第三,问题世界中充满了歧义、模糊和模棱两可的描述方式。上述三点会使业务模糊的元素(即业务概念和业务联系)在选取和定义上具有不准确、不确定和模糊化的非形式化特征。这些特征都是软件世界所不允许的,即使添加了实现的技术细节信息也是无法实现的,所以它不足以用于描述一个有效的软件解决方案。

3. 分析模型

既然计算模型和业务模型都不适合进行需求信息的分析建模,于是人们就采用了一种介于二者之间的模型——分析模型。

分析模型使用了计算模型的组元形式,以对象、类、函数、过程、属性等作为模型的基本元素。这样,分析模型在描述软件的解决方案时,就有了比业务模型更加严谨和适用的描述方式。

同时,分析模型在组元的表现上采用了业务模型的表现方式,使用业务概念、业务联系和问题域语言来表现组元的语义。这样的分析模型利于同时被用户和开发者所理解,建立他们之间的共同理解。

分析模型是半形式化的,不再像计算模型那么严谨,不再具有形式化的特征,这使得它可以更适应需求阶段的建模要求。而且,软件需求分析的半形式化特征还使得它可以比业务模型更严格、更好地进行软件解决方案的描述。也就是说,在软件需求分析仅仅需要描述解决方案,不需要探索实现细节的情况下,分析模型尤为适用。

上述三种模型的一个区别示例如图 3-5 所示。

在实际的软件生产中,业务模型并不存在,没有用户会在请求需求工程师的帮助之前,利用模型的方式把业务情况进行严格和准确的描述。需求工程师也不会在创建分析模型之前先行建立一个有效的业务模型,因为这样会耗费太多的时间和精力。常见的情况是,需求工程师直接依据需求获取的信息建立分析模型。也就是说,在建立分析模型的过程中,内附有建立业务模型的思想，只是不会显式地建立一个明确的业务模型。

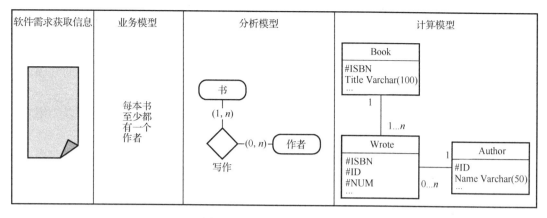

图 3-5　三种模型的区别示例

附加一句，计算模型可以看成软件实现之前的构建草案，它其实就是软件的设计模型。对分析模型添加实现的技术细节，进行处理和转换之后，就可以得到软件的设计模型。这个过程就是软件工程师熟知的软件设计活动。

3.3.2　建立分析模型

开发真实问题的模型是软件需求分析的关键。其目的是帮助了解问题发生的情况，以及解决问题的办法。因此，概念模型包括来自问题域的实体模型，需要反映它们在现实世界中的关系和依赖关系。常见的模型包括用例图、数据流模型、状态模型、基于目标的模型、用户交互、对象模型和数据模型等。其中许多建模表达都是统一建模语言（Unified Modeling Language，UML）的一部分。例如，用例图通常用于将参与者（外部环境中的用户或系统）与内部行为分离的场景，其中每个用例都是系统的一个功能。

建立分析模型的任务集中体现在软件需求分析的需求建模子活动当中，其过程如图 3-6 所示。

图 3-6　软件需求建模过程示意图

软件需求分析的关键是为真实世界的问题建立模型，即问题域建模。这样做，一方面是为了更好地理解所获取的信息内容，更好地理解问题域信息和用户的准确想法，建立用户和开发者对软件需求的共同理解。另一方面，问题域和解系统是通过共享知识互相影响的，因此需要建立问题域的模型，发现共享知识，以进一步依据它们建立软件的解决方案。例如，实体模型通常是由来自问题域的概念模型组成的，反映了它们在问题域中的联系与依赖关系。

因为复杂系统的建模工作需要用多视点方法来完成，所以在进行问题域建模时可能需要多种类型的模型，如过程模型、实体关系模型、对象模型（领域模型）、状态机模型、行为模型和用例模型等。具体模型类别的选择要视问题域的情况来确定，一般有下列影响因素。

问题域的特性：不同类型的问题域有不同类型的分析要求，例如，实时的应用处理会要求建立控制流和状态模型，信息系统应用会要求建立数据模型。

需求工程师的技能：用户可能会要求使用其喜欢的建模语言和方法，或者禁止使用其不熟悉的建模语言和方法。

方法和工具的可用性：尽管适合描述特定的问题，但是培训和工具不支持的建模语言和方法可能不会被广泛接受。

理解了用户的真实需求并拥有了问题域知识的支持之后，需求工程师就可以为用户的需求创建软件的解决方案了。

解决方案也需要以模型的形式描述出来，即进行解决方案建模。模型能简化对系统特性的推理。"良好的表示法通过解除所有不必要的脑力劳动，使人们能够将精力集中在更为高级的问题上，有效地提高我们的思维能力"。也就是说，通过模型，人们能够知道应该注意什么和忽略什么，这样就可以基于模型对解决方案进行推理和逻辑确认，从而及早确定解决方案的正确性。

当然，在实践中，软件需求建模并不是严格分为如图 3-6 所示的三个顺序进行的子活动。通常做法是，先依据获取的问题域信息建立初步模型；然后分析用户需求，对模型进行调整，得到一个中间形式的模型；最后对调整后的模型进行逻辑和推理确认，如果符合预期的期望，那么它就是最终的解决方案模型，否则，继续对其反复执行调整和确认任务，直到它符合预期为止。

为获取笔录的内容进行建模和分析之后，可以得到对问题域和用户需求的正确理解。这样，在需求工程的三个主要任务（第一，研究问题背景，描述问题域特性 E；第二，进行需求开发，确定期望效果 R；第三，构建解系统，描述解决方案 S，使 E 和 S 的联合作用效果符合需求 R:E,S|→R）中，完成了前两个。

这三个任务中，最后一个任务才是最终的目标。前两个任务的完成都是对第三个任务的铺垫。因为只有在确定 E 和 R 的情况下，才能确定 S。但是，根据问题域特性和解决方案推测期望效果是简单的推理过程，即 E,S|→R 是简单的，而根据问题域特性和期望效果构建解决方案的过程是困难的，E,R ⇒ S 是一个创造性的过程。

软件工程是一个建立解系统机器，以帮助现实世界中的用户解决特定问题。建立解系统机器的过程被视为一种设计活动，根据问题域特性 E 和期望效果 R 创建解决方案 S 的过程是整个设计活动中的一个局部的子设计活动。

在创建解决方案的创造性活动中，需求工程师的个人灵感有着非常重要和关键的作用。在目前看来，灵感是无法解释的，也是无法学习和重复的，它主要归因于个体的智力因素。

当然，在创建解决方案的创造性活动中，科学性因素也有着重要的作用。而且这些因素是个体可以加以学习和塑造的，是可以人为提高的。一个优秀的需求工程师需要努力地学习和实践，为自己储备充足的知识基础。

这些科学性因素分为外因和内因两类。外因是指个体所无法影响和控制的因素，包括以下几个方面。

- 问题背景，即问题域的特征。解决方案的创造必须符合问题域特性，所以需求工程师应该掌握一定的问题域特征知识，这一点可以通过问题域建模来实现。在较高层次上讲，软件可以按照应用的特点分为嵌入式、网络和信息系统等不同类型。不同的需求工程师会因为各自的知识储备而长于不同的软件类型。
- 需求。解决方案是为了满足需求而创建的,所以需求工程师要深刻理解用户需求,尤其是要仔细确定其可行性和可适应程度。
- 技术和方法。在研究和实践中,人们已经总结出了一些好的技术和方法,如 UML 等。它们是已经被总结和固化的有效手段,它们内化的思想和方法可以帮助需求工程师更好地创建解决方案。

内因是指依赖于个体自身的因素,包括以下几个方面。
- 技术背景。指个人已经掌握的技术和方法。这些技术和方法越适合问题域的处理,需求工程师就越能创建好的解决方案。相反,如果需求工程师如果没有掌握有效的技术和方法,就很难创建有效的解决方案。
- 知识背景。如果需求工程师能够掌握技术和方法之外的很多知识(如数学、数据库和分析模式等),也会对他们的创造性活动有所帮助。
- 经验/习惯。需求工程师的实践经验和习惯也会对他们的创造性活动有很大的影响。这些实践经验和习惯有针对应用领域的,也有技术上的,还有纯属个人喜好的。需求工程师需要经常参与实践,并注意保持好的习惯。

依照上述想法,软件需求分析中创建解决方案的创造性活动描述如图 3-7 所示。

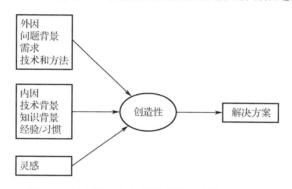

图 3-7 创建解决方案的创造性活动描述示意图

综上所述,一个优秀的需求工程师应该做很多必要的功课。一方面要认真读书,扩展知识范围,了解各种技术、方法和其他知识,熟悉嵌入式、网络、信息系统等领域的特点;另一方面也要加强实践,通过实际的参与来积累经验,养成良好的分析习惯,强化对技术、方法及其他知识的灵活运用能力。

在有限的课堂教学和教材中能够得以传授的仅仅是成熟的技术和方法,而这些显然是远远不能满足创造性活动需要的。因此,读者在认真学习本书之后仍然对建模和分析工作感到晦涩或茫然是正常的,因为还有更多的课堂与教材之外的工作需要进行。软件需求分析不是一件简单的任务,它包含有创造性的活动,需要进行很多储备。

3.3.3 分析技术

在长期研究和发展中产生了很多软件需求分析技术,其中一些经常使用,经受了实践和应用的检验,被证明可以很好地完成软件需求的建模和分析工作。这些技术简单介绍如下。

(1)上下文图。描述系统和环境外部实体之间的界限和联系。它从现实世界的角度说明了系统的边界和环境,并确定了所有的输入/输出。

(2)数据流图。从数据传递和加工的角度,描述系统从输入到输出的功能处理过程。它运用功能分解的方法,用层次结构化处理复杂的问题。

(3)实体关系图。描述系统中的数据对象及其关系,并定义系统中使用、处理和产生的所有数据。

(4)功能/实体矩阵。建立数据流图和实体关系图之间的关联关系,说明数据流图的过程对实体关系图的实体的使用情况。

(5)功能分解图。以功能分解的方式描述功能之间的层次结构关系。

(6)过程依赖图。描述过程之间的依赖关系。

(7)用例图。描述用户与系统的交互。从交互的角度说明系统的边界和功能范围。

(8)类图。描述应用领域中重要的概念及概念之间的关系。它描述了系统的静态结构。

(9)顺序图。描述系统中一次交互的行为过程,说明在交互中的对象协作关系。

(10)活动图。描述复杂业务或复杂任务的处理流程。说明处理流程中的行为走向、数据走向和职责协作。

(11)状态图。描述系统、系统的子部分或对象在其整个生命周期内的状态变化和行为过程。

(12)对象约束语言。描述规则限制,为类图、顺序图、活动图和状态图等其他面向对象的模型语言添加具有丰富语义的规则定义。

(13)微规格说明。对底层详细功能和过程的描述,为每个原始过程而写,捕获每个原始过程中执行的数据转换。

(14)数据字典。定义概念、术语或者数据元素的结构。

(15)对象角色模型。依照不同对象角色,分析现实世界的一种建模方法。它以事实对象为基础,描述对事实对象的复杂规则约束。

(16)实体生命历史。建立系统中数据实体和重要事件之间的联系,说明实体在生命存续期间产生或响应的事件。

(17)事件/实体矩阵。建立系统中数据实体和重要事件之间的联系,说明事件对实体的使用情况和实体在事件中的参与情况。

(18)业务过程模型。描述复杂业务的处理流程,说明处理流程中的行为走向、数据走向和职责协作。

(19)Petri网。基于严格数学基础(图论)的建模技术,以事件和状态转换为视角,描述系统的行为,特别适合描述具有下列特点的行为:并发、异步、分布式、并行、不确定、随机等。

3.3.4 架构设计

在某些时候,必须导出解决方案的架构。架构设计将软件需求过程与软件设计结合在一起,将两个任务完全分离是不可能的。在许多情况下,软件工程师同时扮演软件架构师的角色,因为分析和详细说明需求的过程要求确定负责满足这些需求的架构/设计组件。这就是需求分配——分配给确定负责满足需求的架构组件。

需求分配对于详细分析需求很重要。因此,当将一组需求分配给一个组件时,就可以进一步分析和挖掘组件与其他组件交互的更深层需求,以满足其已分配的需求。在大型项目中，分配能促进每个子系统的新一轮分析。例如，可以为制动硬件（机械与液压组件）和防抱死制动系统（ABS）分配对汽车的特定制动性能的要求（制动距离，在差的驾驶条件下的安全性，应用的平稳性，所需的踏板压力等）。只有在确定了对防抱死制动系统的需求，以及分配给它的需求后，才能使用 ABS、制动硬件和紧急属性（如汽车重量）的能力来确定详细的 ABS 软件要求。

3.3.5 需求协商

另一个术语是"冲突解决"。这涉及解决发生冲突的需求问题。例如，在需求相互不兼容的两个干系人之间、需求和资源之间，或者在功能需求和非功能需求之间发生冲突。在大多数情况下，软件工程师做出单方面决定是不明智的，因此有必要与干系人协商，就适当的变更达成共识。出于合同原因，这些决定可以追溯回客户通常是很重要的，我们将其划分到软件需求分析主题。因为问题是作为分析的结果出现的，同样也可以将其视为需求确认主题。

需求优先级排序是必要的，不仅是作为过滤重要需求的手段，而且也是为了解决冲突和实施分阶段交付计划，这意味着做出复杂的决策，需要详细的领域知识和良好的评估技能。然而，往往很难获得能够作为此类决策基础的有效信息。此外，需求通常相互依赖，因此优先级是相对的。需求优先级排序可以遵循成本价值方法，该方法涉及干系人的分析，定义了实现需求给他们带来的利益或总价值，而不是对未实施特定需求的处罚。它还涉及软件工程师的分析，相对于其他需求，在一个尺度中估计每个需求的实现成本。另一种称为"层次分析法"的需求优先级排序方法，比较所有唯一的需求对，以确定两者中哪一个具有更高的优先级和优先程度。

3.4 软件需求规格说明

需求获取活动收集了信息，软件需求分析活动更深入地理解了信息并建立了能够满足用户需求的软件方案。在经过需求获取活动和软件需求分析活动互相交织的处理之后，软件的干系人和需求工程师应该已经就软件的需求和方案达成了共识。为了保证软件开发的成功，这种共识还需要完整地传递给开发人员，这就是"软件需求规格说明"。软件需求规格说明通常是指可以系统地审查、评估和批准的文档的生成。对于复杂的软件系统，特别是涉及实质性组件的系统，会产生两种不同类型的文档：用户文档和开发文档。

软件需求规格说明活动就是将需求及软件方案进行定义和文档化，从而将信息有效地传递给开发人员的需求工程活动。软件需求规格说明活动的内容如图 3-8 所示。首先，需要选择软件需求规格说明文档模板。现存可用的软件需求规格说明文档模板有很多，称为标准模板。标准模板可以很好地帮助需求工程师进行文档内容的组织，但是这些模板并不能不加修改地用于各种项目。所以需求工程师在选择了标准模板之后，还需要依据自身项目的特点对其进行调整，最终产生目标软件需求规格说明的文档模板。

之后，需求工程师就可以利用写作技巧，将软件需求分析活动产生的系统模型和系统需求中所含的知识逐一填写到目标软件需求规格说明的文档模板之中，产生软件需求规格说明文档。

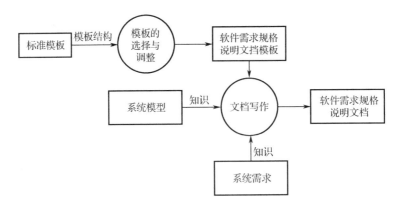

图 3-8 软件需求规格说明活动的内容

3.4.1 意义

在一个复杂软件系统的开发中,编写软件需求规格说明文档的必要性是显而易见的。

一方面,清晰、明确、结构化的文档可以将软件系统的需求信息和解决方案更好地传递给所有开发者。设计人员、程序员、测试人员及用户使用手册的文档编写人员在后续的开发活动中都需要了解软件系统的需求信息和为此而设定的解决方案。文档可以一致、重复地将这些信息传递给所有开发者,而且其效果是个体间聊天、讨论等其他渠道无法达到的。当然,即使最详细的软件需求规格说明文档也不能取代项目中其他的交流渠道,因此保留其他渠道的畅通仍然是重要的。

另一方面,文档可以拓展人们的知识记忆能力。在复杂的软件系统中,信息的含量超过了任何一个人所能够掌握的。书面的文档能够弥补人们记忆能力的不足,而且不会像人类的记忆一样慢慢褪去。

除必要性外,编写软件需求规格说明文档还具有以下好处:

① 软件需求规格说明文档可以成为各方人员之间有关软件系统的协议基准。开发人员和客户可以使用它作为合同协议的重要部分,干系人也可以利用它在相互间达成一致。

② 软件需求规格说明文档可以成为项目开发活动的一个重要依据。它可以作为软件估算和项目进度安排的基础,也可以作为开发人员判断设计、测试等工作的进行是否正确的依据。

③ 在软件需求规格说明文档的编写过程中,可以尽早发现和减少可能的需求错误,从而减少项目的返工,降低项目的工作量。

④ 软件需求规格说明文档可以成为有效的智力资产。这个智力资产可以帮助新加入的团队成员更快地融入项目,有助于更好地将软件产品移交给新客户,也可以帮助开发人员更好地完成其他类似项目或后续增强项目。

3.4.2 分类

在需求开发的过程中可能会产生很多种不同类型的需求规格说明文档,如图 3-9 所示。

1. 用户文档

该文档(有时称为用户需求文档)记录系统需求。它从领域的角度定义了高级别的系统需求。它包括系统用户/客户的代表,因此它的内容必须是基于领域的。该文档列出了系统需求,包括系统的总体目标、目标环境的背景信息,以及约束、假设和需求的说明。它可能包括用于说明系统上下文、使用场景和主要域实体及更多的概念模型。

对业务需求的定义和文档化产生了愿景和范围文档，对用户需求的定义和文档化产生了用户需求文档，它的一种常见形式是用例文档。愿景和范围文档、用户需求文档都属于用户文档，因为无论是在内容的写作上还是在使用的目标上，重点都是用户的现实世界。如果用户需要进行开发招标，那么招标工作也通常是基于用户需求文档进行的。

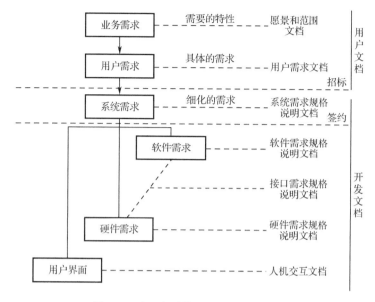

图 3-9 不同类型的需求规格说明文档

2．开发文档

在得到用户需求之后，需求工程师可以为其建立包括硬件、软件和人力在内的从整个系统角度出发的解决方案，并将它们描述为系统需求规格说明文档。系统需求规格说明文档涉及的内容比较广泛，包括需求、软件体系结构设计方案、维护方案……所以系统需求规格说明文档的内容往往较为抽象，具有概括性的特点。大多数系统开发项目都是以系统规格说明文档为基础签约的。

软件需求规格说明文档是对整个系统功能分配给软件部分的详细描述。硬件需求规格说明文档是对整个系统功能中分配给硬件部分的详细描述。接口需求规格说明文档是对整个系统中需要软、硬件协同实现部分的详细描述。人机交互文档是对整个系统功能中需要进行人机交互部分的详细描述。也就是说，对系统需求规格说明文档内容的细化和详细说明会产生软件需求规格说明文档、硬件需求规格说明文档、接口需求规格说明文档和人机交互文档。所以，系统需求规格说明文档通常被认为是这几个文档更高层次的文档，它们一起被用于系统开发，都是开发文档。

3.4.3 描述方法

软件需求规格说明为客户和承包商或供应商之间就软件产品要做什么及不应该做什么达成协议奠定了基础。软件需求规格说明允许在设计开始之前对需求进行严格的评估，并减少以后的重新设计；它还应该为估算产品成本、风险和时间表提供基础。组织还可以使用软件需求规格说明文档作为软件开发有效的确认和确认计划的基础。同时，软件需求规格说明为将软件产品转移到新用户或软件平台上及软件功能增强提供了依据。

软件需求通常是用自然语言编写的，但是在软件需求规格说明中，这可以由正式的或高级的描述来补充。与自然语言相比，软件体系结构的特定需求和方面的描述比自然语言更精确和更准确。需求工程师在描述软件需求规格说明时，需要使用一些语言手段。

信息的描述语言可以分为三类。

① 非形式化语言，即自然语言。自然语言具有复杂的规则和多样化的表达方式，所以它的表达能力最为强大。而且自然语言是属于普通人的语言，每个人都熟知其规则、表达方式和特点，所以非常利于用户的理解。但同时自然语言也具有松散、模糊、歧义、凌乱等缺点，这使得它无法被计算机所理解，它所描述的信息内容也无法准确地映射为计算机行为。

② 半形式化语言。半形式化语言是介于自然语言和形式化语言之间的描述语言，如数据流图、UML 等图形语言。一方面，半形式化语言具有严格的语法，定义方式比自然语言更加严格，这使得它可以避免自然语言模糊、松散、歧义、凌乱等缺点。另一方面，半形式化语言具有丰富的语义，使用规则比形式化语言更复杂和多样，这使得它具有比形式化方法更强的表达能力。但是，丰富的语义使半形式化语言的语法无法严格到可以等价于数学方法的程度，所以它描述的信息还需要进行额外的处理才能够被计算机所理解或者准确地映射为计算机行为。同时，严格的语法限制也使半形式化语言的表达能力无法达到自然语言的程度。而且因为具有独特的语法和语义，半形式化语言对普通用户而言无异于一门全新的语言，它所描述的信息很难被用户所理解。

③ 形式化语言。这是基于数学的语言，如 VDM 和 Z 语言等，具有数学的表示法特性。使用形式化语言描述的信息内容是可以进行逻辑一致性推导和证明的，所以它能够保证信息的正确性。而且形式化的信息描述能够被计算机所理解，它所描述的信息内容可以准确地映射为计算机行为。但是形式化语言描述的信息要求读者具备谓词演算方面的知识，这对普通的用户而言显然要求过高，以至于大多数用户无法读懂以形式化语言描述的信息。形式化语言所能描述的内容也是有限的，具体的有限性因形式化语言的不同而各异。

为了实现复杂的规则、多样的表达方法和强大的表达能力，自然语言采用了以文本为主的描述方式。形式化语言也使用了以文本为主的描述方式，但是它所使用的文本都是经过严格选择和限定的，代表着特定的数学符号。和它们不同的是，半形式化语言采用了以图形为主的描述方式。这是因为：

- 半形式化语言的语法限制使得它用于信息描述的基本元素是有限的，这个有限性使它以限定文本或限定图形符号为描述方式成为可能。
- 半形式化语言追求表达语义的丰富性，而在这一点上图形符号是胜过文本的，所以人们倾向于选择使用图形符号的描述方式。

因为三类语言的特性区别，所以在进行软件需求规格说明的描述时，用户倾向于自然语言，因为其他两类语言难以理解，而开发人员倾向于使用半形式化语言和形式化语言，因为自然语言的表达不够严格和准确。实际上，形式化语言在实践中的应用很少，因为软件需求规格说明对语言的语义和表达能力有着较高的要求，而这恰恰是形式化语言有所欠缺的。

为了让软件需求规格说明文档的内容能够同时满足用户和开发人员的需要，需求工程师在实践中更多地会综合使用自然语言、半形式化语言和形式化语言。例如，为半形式化语言和形式化语言添加自然语言的注释，或者分别使用自然语言和半形式化语言（或者形式化语言）重复描述同样的信息，或者使用半形式化语言和形式化语言描述概要与抽象信息，然后再用自然语言进行详细信息的描述。

3.5 软件需求确认

软件需求规格说明文档需要经过确认。确认软件需求可以确保软件工程师已经理解了这些需求，此外，还必须确认软件需求规格说明文档是否符合公司标准，因此其可读性、一致性和完整性也很重要。如果文件化的公司标准或术语与广泛接受的标准不一致，则应就两者之间的映射达成一致并添加到文档中。

不同的干系人，包括用户和开发人员的代表，应该审查软件需求规格说明文档。软件需求规格说明文档应遵循与软件生命周期过程的其他可交付项相同的配置管理要求。

在软件需求过程中明确安排一个或多个软件需求确认的点是正常的。其目的是在资源投入满足需求之前解决任何问题。软件需求确认涉及软件需求规格说明文档检查，以确保定义正确的软件（即用户期望的软件）的过程。

3.5.1 软件需求评审

评审，是指由作者之外的其他人来检查产品问题。在系统确认中，评审是主要的静态分析手段，所以软件需求评审也是软件需求确认的一种主要方法。原则上，每条需求都应该进行评审。

整个软件需求评审过程可以分为 6 个阶段，如图 3-10 所示。

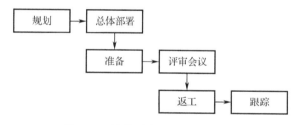

图 3-10 软件需求评审过程示意图

① 规划阶段。作者和仲裁者共同制订评审计划，决定评审会议的次数，安排每次评审会议的时间、地点、参与人员和评审内容等。进行评审的小组人员组成很重要（例如，应该为用户驱动的项目包括至少一名用户代表）。

② 总体部署阶段。作者和仲裁者向所有参与评审会议的人员描述带评审材料的内容、评审的目标，以及一些假设，并分发文档。

③ 准备阶段。评审人员独立执行检查任务。在检查过程中，他们可能会被要求使用检查清单、场景等检查方法。检查中发现的问题会被记录下来，以准备开会讨论或者提交给收集人员。

④ 评审会议阶段。通过会议讨论，对发现的错误进行识别、确认、分类。在评审会议结束时，还可以根据评审发现的问题严重程度来确定需求规格说明文档是可以在修正后接受，还是需要在修正后再次进行评审。

⑤ 返工阶段。作者修改发现的缺陷。

⑥ 跟踪阶段。仲裁者要确认所有发现的问题都得到了解决，所有发现的错误都得到了修正。仲裁者还要判断修正后的需求规格说明文档是否已满足评审的结束标准，如果不满足就需要再次进行评审。

在评审的结束标准问题上，建议如下：
① 在评审期间，评审人员提出的所有问题都已解决。
② 文档和相关工作产品中的所有修改都已正确完成。
③ 修正过的文档已经进行了拼写检查。
④ 所有标识为待确定的问题都已经解决，或者已经对每个待确定问题的解决过程计划、解决的目标日期和由谁来解决等编制文档。
⑤ 文档已经在项目的配置管理系统中登记。

在评审中发现问题是整个评审过程的关键。为了更好地发现问题，需要使用一些检查方法来系统化地帮助和引导评审人员。常见的检查方法如下：
① 自由方法，没有为评审人员提供系统化的引导。
② 检查清单方法，以通用的检查清单来引导评审过程。
③ 缺陷方法，用于需求文档，根据缺陷的分类来组织和检查场景。
④ 功能点方法，按照功能点来组织和检查场景。
⑤ 视角方法，按照不同类型干系人的视角来组织和检查场景。
⑥ 场景方法，对每个场景，都利用一系列的问题或者细节要求来引导检查过程。缺陷、功能点、视角都是场景方法的一个特例。
⑦ 逐步提升方法，净室软件开发中的一种方法。评审人员描述一些独立代码段的功能，然后将描述的范围逐步扩大，描述的功能抽象逐步提高，直至评审人员描述了整个评审对象。

在实践中，自由方法和检查清单方法是使用最为广泛的两种方法。其中，检查清单方法在易于操作的同时又具有一定的引导作用，可以帮助评审人员找出问题和缺陷。为此，很多实践者都依据自己的经验判断给出了建议的检查清单列表。

场景方法也是需求评审当中常用的一种检查方法。一些场景提出了评审人员必须回答的一些关键性问题，另一些场景则指导评审人员执行工作产品的具体任务。为不同的评审人员提供不同的场景能够帮助发现相互正交的缺陷集，这样，多个评审人员就能够以很少的冗余达到更大的增值。场景方法能够比自由方法和检查清单方法找出更多的错误，后两种方法的效果基本相同。

在实践中，评审有多种不同的类型，它们在不同的程度上遵守评审过程，有的非常严格，有的非常灵活，如图3-11所示。

图3-11 评审类型图

审查是最为严格的评审方式，它严格遵守整个评审过程。通常，审查还会收集评审过程中的数据，并改进自身的评审过程。

小组评审是"轻型审查"。和严格的审查相比，它的总体会议和跟踪审查步骤被简化或者省略了，一些评审人员的角色也可能会被合并。

走查是指由作者向同事介绍产品，并希望他们给出意见。评审人员很少参与审查问题的跟踪和修正，也很少需要进行耗时的事先准备工作。

轮查是指作者同时请多个同事分别进行产品的检查。评审人员可能在各自的检查当中互相沟通，但是最终参与会议讨论的可能只是一部分甚至少数评审人员。

临时评审是最不正式的评审，它只是作者临时起意（如工作中碰到了问题）发起的评审活动。

3.5.2 原型法

原型法通常是软件工程师对软件需求的解释及新要求的一种手段。和其他类似的技术一样，在这个过程中，也有一系列合适的原型确认技术和检测点。它的优点是，可以使解释软件工程师的假设变得更容易，并在必要时就错误的原因给出有用的反馈。例如，相比通过文本描述或图形模型，通过动画原型可以更好地理解用户界面的动态行为。在原型完成后，需求的波动性非常低，因为干系人和软件工程师之间意见一致。然而，原型法也有一些缺点：用户的注意力可能被外观问题或原型的质量问题从核心底层功能转移到别处；原型可能是进化的，也可能是废弃的。

原型法以试探性方式逐步逼近解决方案。它使需求更加真实，用例更加鲜活，使我们能够进一步理解需求。原型法通过对新系统建模或者给用户提供一个粗糙的新系统，激发用户思考并引导出需求。原型法的早期反馈可以帮助干系人对系统需求达成共识，从而减小用户满意度降低的风险。

原型法能够实现三个主要目标，并且在最开始的时候就必须明确。

- 明确、完成及确认需求。作为一种需求工具，原型法能够辅助我们取得共识、查找错误和遗漏，以及评估需求的准确性和质量。用户通过对原型进行评估，能够指出需求中存在的问题，还能够发现被忽略的需求，使我们在构建实际产品之前，能够以低成本方式加以改正。对于系统中不容易理解的或风险较大或复杂的部分，原型法特别有效。
- 探究设计的选择方案。原型法用作设计工具，能够使干系人探究不同的用户交互技术，设想最终产品，优化系统的易用性，以及评估潜在的技术方法。借助于设计方案，原型法能够表示需求的可行性。在构建实际解决方案之前，原型法可以帮助我们确认开发人员已经理解了需求。
- 创建一个可以演变为成品的部分系统。作为结构化工具，原型是对部分产品功能的实现。通过一系列小规模的开发周期，它将演变为完整的产品。要想把原型法作为产品演变的安全方法，有一个条件从一开始就需要时刻注意，原型要最终发布并需要进行设计。

创建原型的主要原因是在开发过程中尽早解决不确定的问题，因此不必为整个产品创建原型。可以把重点放在高风险的或一直不确定的功能上，以此来决定对系统中哪些部分进行建模，以及希望从原型评估中了解哪些内容。对于有歧义的及不完整的需求，原型能帮助我们发现问题并解决问题。用户、管理人员及其他提供实物非技术相关的干系人发现，在产品规范说明的编写和设计阶段，原型能够提供实物供他们思考。对于创建的每个原型，需要确保知道并能讲出创建它的原因，希望从中了解什么，以及评估后下一步要采取什么行动。

由于有误解的风险，因此在"原型"这个词之前加上一些描述很重要，这可以使项目参与人员明白创建一类或者其他类别原型的原因和时机。创建的每个原型都将展现以下三种属性的综合特征。

- 范围。实物模型原型重点关注的是用户体验，而概念证明原型探究的是提议方式和方法的技术合理性。
- 未来用途。一次性原型在产生反馈信息以后会被抛弃，演进型原型则通过一系列的迭代发展成为最终产品。
- 形式。纸上原型是画在纸上、白板上或者画图工具中的草图，电子原型由只针对部分解决方案的可工作软件组成。

3.5.3 软件需求测试

在软件需求开发完成之后，测试人员就作为软件需求规格说明文档的读者开始执行测试计划。测试计划的重要活动就是依据软件需求设计测试用例，这些测试用例将在软件实现之后的功能测试当中得到执行。实际上，在为软件需求设计测试用例的过程中可能发现软件需求规格说明文档中的很多缺陷和问题。因此，为软件需求开发测试用例也可以被看成一个有效的需求确认方法。

在这种软件需求确认方法下，要求为每条需求都开发测试用例。通常，一条需求的满足可能需要很多个测试用例才能完全体现出来。同时，一个测试用例可能会被用来测试多条需求。如果无法为某条需求定义完备的测试用例，那么它可能存在模糊、信息遗漏、不正确等缺陷。

当然，无法定义测试用例的需求也并非是绝对有问题的。下列需求通常无法定义测试用例。

① 排斥性需求。这种需求要求特定的行为绝对不会发生，例如，需求可能会要求系统故障不能导致数据库的崩溃。不能发生的行为是无法观测的，也是无法穷举测试的，所以很难为它们定义测试用例。

② 非功能需求，如可靠性、可用性等。对这些需求的测试往往都涉及大数据集的处理，不适合需求确认阶段。

当然，如果要使用开发测试用例的方法来进行需求确认，那么测试的计划工作不一定非要等到整个软件需求规格说明文档完全确定下来之后才进行。早期的测试用例开发可以在软件需求规格说明文档产生之后但未完全确定之前就进行，甚至可以在软件需求已经确定但还没有文档化的时候就可以进行。

3.5.4 验收测试

软件需求的一个基本属性是，应该能够确认成品是否满足它。无法确认的需求实际上只是"愿望"。因此，一个重要的任务是计划如何确认每条需求。在大多数情况下，设计验收测试的依据是最终用户通常如何使用系统进行业务。对于需求，识别和设计验收测试可能很困难。要进行确认，首先必须对需求进行分析和分解，使需求能够定量地表达出来。用户手册是验收测试的重要依据。

用户手册的编制是以软件需求规格说明文档为重要工作依据的，同时也可能发现软件需求规格说明文档中的问题和缺陷。

用户手册主要包含以下内容。

① 对软件系统功能和实现的描述。对这部分信息的描述可以帮助进行功能需求的确认。

② 系统没有实现的功能部分。在分阶段的开发中，对系统没有实现的功能的描述能够帮助进行项目范围的确认。

③ 问题和故障的解决。对这部分信息的描述可以帮助进行异常流程需求的确认。

④ 系统的安装和启动。对这部分信息的描述可以帮助进行环境与约束需求的确认。

通常，用户手册的编制是在系统实现之后再开始进行的。但是如果需要使用用户手册贬值的方法进行软件需求确认，那么一部分手册编制工作可能需要尽早开展。

3.6 软件需求管理

在软件需求开发活动之后，需求基线应该成为后续软件开发的工作基础和黏合剂：
- 项目管理者根据需求安排、监控和管理项目计划。
- 开发者依据需求开发相应的产品功能和特性。
- 测试人员按照需求执行系统测试和验收测试。
- 客户依照需求验收最终产品。
- 维护人员参考需求执行产品的演化。

也就是说，需求的影响力将贯穿于整个后续的产品生命周期，而不是单纯地存在于需求开发阶段。软件需求规格说明文档要在产品生命周期的各个阶段都扮演重要角色，发挥重要作用。很多后续的开发工作都应该以软件需求规格说明文档的内容为标准和目标来进行。

因此，在软件需求开发结束之后，还需要有一种力量来保证后续的系统开发活动依照需求的基线展开，从而保障系统的质量（质量就是对需求的依从性）。软件需求管理就是这样的管理活动，它在软件需求开发之后的产品生命周期中保证需求作用的有效发挥。

软件需求管理的作用有以下几个方面：

① 增强了项目干系人对复杂产品特性在细节和相互依赖关系方面的理解。软件需求管理将需求基线纳入了项目的知识管理，能够帮助项目干系人更好地获得并理解这些知识，从而增强了项目干系人对需求（尤其是复杂需求）的掌握。

② 增进了项目干系人之间的交流。软件需求管理为项目干系人提供了一个共同的需求理解，从而方便了项目干系人之间的交流，减少了可能的误解和交流偏差。

③ 减少了工作量的浪费，提高了生产力。软件需求管理能够更加有效地处理需求的变更，减少因此产生的返工工作，从而提高了生产力。

④ 准确反映项目的状态，帮助进行更好的项目决策。软件需求管理收集的需求跟踪信息能够更加准确地反映项目的进展情况，从而帮助项目管理者更好地掌握项目状态，做出更加符合实际情况的合理决策。

⑤ 改变项目文化，使需求的作用得到重视和有效发挥。软件需求管理可以为项目干系人带来很多的好处，使项目干系人认识到需求在项目工作中的重要性，并依照需求开展工作。

3.6.1 需求基线

作为软件需求开发的结果,最终的软件需求应该被明确和固定下来(如写入软件需求规格说明文档),传递给其他的项目工作人员。需求基线就是被明确和固定下来的需求集合,是项目团队需要在某一特定产品版本中实现的特征和需求集合。

图 3-12 需求基线示意图

基线定义为:已经通过正式评审和批准的规格说明文档或产品。它可以作为进一步开发的基础,并且只有通过正式的变更控制过程才能修改它。所以,需求基线的特性如图 3-12 所示。

建立需求基线之后,项目干系人各方就可以对产品的功能和特性有一致的理解,并以此为基础开展工作,朝着共同的目标努力。

需求基线是需求开发过程的成果总结,它需要在后续的产品生命周期中持续发挥作用。因此,需求基线要以一种持续、恒定和易于项目干系人访问的方式存在。通常的做法是,将需求基线编写成正式的文档,纳入配置管理。

需求基线在建立之后,并非是一成不变的。产品开发当中,以及产品使用之后,用户等干系人仍然会提出需求的变更,这些变更都要及时、一致地反映到需求基线上。当然,这种变更是应该受到控制的。

软件需求是需求基线的关键内容,但是需求基线所应该包含的内容绝不仅仅是软件需求自身,还要包括很多和软件需求相关的描述信息,它们将为软件需求在项目中有效地发挥作用提供信息支持。

重要的需求描述信息包括:

- 标识符,为后续的项目工作提供一个共同的交流参照。
- 当前版本号,保证项目的各项工作都建立在最新的一致需求基础之上。
- 源头,在需要进一步深入理解或改变需求时,可以回溯到需求的源头。
- 理由,提供需求产生的背景知识。
- 优先级,后续的项目工作可以参照优先级进行安排和调度。
- 状态,交流和具体需求相关的项目工作状况。
- 成本、工作量、风险、可变性,为需求的设计和实现提供参考信息,驱动设计和实现工作。

除上述信息之外,其他常用的需求描述信息还包括:

- 需求创建的日期。
- 与需求相关的项目工作人员,包括需求的作者、设计者、实现者和测试者等。
- 需求设计的子系统和产品版本号。
- 需求的验收和确认标准。

当然,并不是所有上述的需求描述信息都要收集,实际的项目应该根据需要选择和维护一个最小的属性集。这些属性集为具体需求提供了充分的背景和上下文参考信息,它们应该是所有项目干系人都易于访问的,以帮助需求管理更好地在项目工作中发挥需求的有效作用。

需求描述信息的收集、存储和维护是一个烦琐的工作,所以必要的情况下,可以使用专门的需求管理工具作为辅助手段。

需求基线的内容是项目的共享资产和工作基础,它应该统一管理。随着项目的深入,需求的修改会逐渐增加,而且有些需求可能会被多次修改,导致产生多个版本。在这种情况下,一方面要合理控制对需求的修改;另一方面也要维持需求多版本情况下的正确使用,让项目的各方人员都能及时得到最新的需求版本,在正确的基础上开展工作。

上述情况就要求将需求基线纳入配置管理。它的主要工作如下。

① 标识配置项。设置需求的 ID 属性,唯一地标识每条需求。常用的标识方法有三种:一是递增数值;二是层次式数值编码;三是层次式命名编码。在这三种标识方法中,递增数值最为简单,但是最不利于软件需求规格说明文档的修改。层次式命名编码最为烦琐,但最有利于软件需求规格说明文档的修改。层次式数值编码的特性介于二者之间。

② 版本控制。为每条刚纳入配置管理的需求赋予一个初始的版本号,并在需求发生变更时更新需求的版本号,维护需求的多个版本。通常,初始的版本号为 1.0,随着每次变更,版本号按着 1.1,1.2,…的方式递增。除每条单独的需求需要进行版本控制之外,软件需求规格说明文档等相关的需求文档也需要进行版本控制。需求文档的版本并不依赖于它所包含的需求条目,但是每个需求文档的版本号都应该与其所包含的需求条目的版本号之间建立明确的对应关系。

③ 变更控制。当已经纳入配置管理中的需求发生变化时,需要依据变更控制过程进行妥善处理。

④ 访问审计。配置管理的需求基线应该是易于被项目干系人访问的,但这并不意味着需求基线是可以随便访问的。每次的访问都应该经过正式的登入和退出过程,并且应该对访问的情况进行记录和审计。

⑤ 状态报告。配置管理工作还应该定期发表需求基线的状态报告,反映需求基线的成熟度(变化的幅度越大,成熟度越低)、稳定性(改变的次数越多,稳定性越差)等相关信息。

配置管理最有用的方法是使用配置管理工具或专门的需求管理工具来辅助进行工作。

需求基线是需求开发阶段之后各种项目工作的基础,它也能很好地反映各种项目工作的进展状况,进而反映整个项目的实际进展状况。这是通过维护需求基线内所有需求的状态实现的。

需求的状态可以分为若干类别,如表 3-1 所示,每种类别都反映了与具体需求相关的项目工作的进展状况。因此,只要在项目进展中及时和准确地维护需求基线内的需求状态,就可以得到项目进展状况的准确反映。

表 3-1 需求状态类别表

状 态	定 义
已提议	该需求已被有相应权限的人提出
已批准	该需求已经被分析,它对项目的影响已进行了评估,并且已经被分配到某一特定版本的基线中。关键干系人已同意包含这一需求,软件开发团队已承诺实现这一需求
已实现	实现这一需求的系统组件已经完成了设计和实现。这一需求已经被跟踪到相关的设计元素和实现元素
已确认	已在集成产品中确认了这一需求的功能实现是正确的。这一需求已经被跟踪到相关的测试用例。这一需求目前可以被认为是已完成的
已删除	已批准的需求被从需求基线中删除了。要解释清楚为什么要删除这一需求,以及是谁决定删除的
已否决	需求已被提议,但并不在下一版本中实现它。要解释清楚为什么要否决这一需求,以及是谁决定否决的

3.6.2 需求跟踪

在实际的软件系统开发中，业务和技术都在不断变化，软件的开发过程或者演化过程中发生与需求基线不一致和偏离的风险越来越大。为了避免这种现象，并控制软件开发的质量、成本和时间，人们提出了需求跟踪的方法。需求跟踪是一种有效的控制手段，它能够在干系人的需求变化中协调系统的演化，保持各项开发工作对需求的一致性。

需求跟踪是指以软件需求规格说明文档为基线，在向前和向后两个方向上描述需求并跟踪需求的变化。它分为前向跟踪和后向跟踪两种。

1. 前向跟踪

前向跟踪是指被定义到软件需求规格说明文档之前的需求演化过程。它包括以下两种联系。

（1）向前跟踪到需求

说明干系人的需要和目标产生了哪些软件需求。这样，一方面可以确定软件需求规格说明文档的内容是否完备地体现了所有的干系人的需要和目标；另一方面，如果在项目开发过程中或者开发结束后，干系人提出的需要、目标或者技术设想发生变化，就能够快速地确定需要做出变更的相关需求。

（2）从需求向后回溯

说明软件需求来源于哪些干系人的需要和目标。这种联系可以帮助找到软件需求的源头，发现不必要的需求。而且，在涉及软件需求的变更时，还可以利用这种联系进行需求变化的确认。

2. 后向跟踪

后向跟踪是指被定义到软件需求规格说明文档之后的需求演化过程。它也包括两种联系。

（1）从需求向前跟踪

说明软件需求是如何被后续的开发过程支持和实现的。这种联系可以帮助确定软件需求所要求的全部职责都被正确地分配给了相应的系统组件。在需求发生变化时，这种联系也可以帮助评估变化的影响范围。

（2）回溯到需求的跟踪

说明各种系统开发的产品是出于什么原因（软件需求）而被开发出来的。这种联系可以帮助发现开发工作中的镀金行为（没有需求原因的工作）。而且在对具体开发产品进行确认或者改变时，这种联系所反映出来的原因也应该是一种重要的参考。

需求跟踪意味着每条需求都从它最初的出现源头就被描述和理解，而且这种理解过程应该贯穿于需求开发过程、后续的系统开发过程，以及持续的精化和迭代过程。需求跟踪是对项目中需求知识的统一化管理和使用。

忽视需求的跟踪性，或者对跟踪关系捕捉得不充分，会降低系统的质量，引起返工，增加项目的成本和时间。在没有对项目的需求知识进行有效管理的情况下，还常常会出现错误的决策、误解和错误的信息交流。如果有个人离开项目，对需求知识有效管理的缺乏还会导致知识的缺失。

需求跟踪的实现是一个需要进行大量手工劳动的任务，需要组织提供支持。在系统开发和维护的过程中，一定要随时更新这些联系链信息。如果跟踪信息已经过时，就可能再也无法重建这些信息了。已过时的跟踪信息会浪费开发人员和维护人员的时间，因为这些数据会使他们误入歧途。

但即使面对这些问题，实现需求跟踪仍然是一件非常值得的工作，因为需求跟踪可以给项目带来很大的帮助。需求跟踪的用途可以总结为以下几点。

① 需求的后向跟踪可以帮助项目管理者：
- 评估需求变更的影响；
- 尽早发现需求之间的冲突，避免未预料的产品延期；
- 收集没有被实现的需求，并估计这些需求需要的工作量；
- 发现可以复用的已有组件，从而降低新系统开发的时间和精力；
- 明确需求的实现进度，跟踪项目的状态。

② 需求的后向跟踪可以帮助用户：
- 评价针对用户需求的产品的质量；
- 可以确认成本上没有（昂贵的）镀金浪费；
- 确认验收测试的有效性；
- 确认开发者的关注点始终保持在需求的实现上。

③ 需求跟踪中针对具体需求的设计方案选择、设计假设条件及设计结果等信息可以帮助设计人员：
- 确认设计方案是否正确地满足了需求；
- 评估需求变更对设计的影响；
- 在设计完成很久之后仍然可以理解设计的原始思路；
- 评估技术变化带来的影响；
- 实现系统组件的复用。

④ 需求跟踪信息还可以帮助维护人员：
- 评估某条需求变化时对其他需求的影响；
- 评估需求变化时对实现的影响；
- 评估未变化需求对实现变更的允许度。

因此，虽然需求跟踪的实现会增加开发费用，但是它也是一种重要的知识资产，在许多方面都能给项目带来长期利益，进而减少产品生命周期内的整体费用。而且，如果在开发过程中注意进行跟踪信息的收集，那么实现需求跟踪也不需要做太多的工作。但是，如果在整个系统完成之后再来整理跟踪信息，就需要付出较大的代价，而且无法体现需求跟踪所能带来的诸多好处。

需求跟踪的实现是在项目开发过程中点滴积累而成的，不是在项目结束后一蹴而就的。所以，要实现有效的需求跟踪，就要建立一个有效的需求跟踪过程。

需求跟踪的建立需要考虑下列因素：

① 认识到需求跟踪的重要性，明确需求跟踪需要解决的问题。需求跟踪是项目开发工作的一部分，可以很好地反映和再现项目的工作，而不是单纯为了满足一些标准和用户的要求。

② 说明需求跟踪过程的目标。需求跟踪要捕获产品组件、工作环境及过程环境等多层次的信息，而不是简单的产品组件之间的实现和依赖联系。

③ 明确需要捕获的跟踪联系。要清晰地说明为了实现目标而需要采集的数据信息。

④ 组织提供资源支持和技术支持。有效的需求跟踪过程要反映在开发组织的文化氛围中。组织应该提供实现需求跟踪所需要的时间、人力和资金，还应该提供相关的辅助工具，必要时可以考虑自行开发工具。

⑤ 制订有效的过程策略。要将需求跟踪过程与实际的项目开发工作结合起来，将其作为项目开发工作的一部分。项目管理者应该规定由哪些人在什么情况下收集怎样的数据信息。这样，就可以在项目的正常工作中有效捕获跟踪联系信息。

⑥ 方便需求跟踪信息的使用。为用户、项目管理者及开发者等项目干系人提供便利的使用途径，让需求跟踪信息有效地发挥作用。一方面，项目管理者应该规定在哪些情况下需求跟踪信息应该被使用；另一方面，可以制订一些手册和规章帮助进行需求跟踪信息的使用。

3.6.3 需求变更

需求开发是一个获取、明确并定义需求的过程，但需求并不是在需求开发结束之后就是恒定不变的。在产品开发和实现过程中或者在产品递交之后，用户也常常提出需求的变化要求，这会给开发工作带来额外的烦恼，增加工作量。尤其是在软件规模日益复杂的情况下，需求变更带来的影响越发明显。

为了解决需求变化给项目带来的影响，"冻结需求"的方法曾经被很多开发者付诸实施。但是，这种处理措施是武断和不合理的。要正确地处理需求变化，首先要认识到，在很多情况下，需求的变化是正当且不可避免的。这些情况包括：

① 问题发生了变化。软件被创建的目的在于解决用户的问题。可是随着时间的推移，形势可能会发生变化，导致用户的问题也发生了变化。原来的问题可以因为各种原因不解自破，或者用户将原来的主要问题降为次要问题，等等。所有这些都意味着软件需求应该发生变化，否则开发的软件将会减少甚至失去服务用户的作用。

② 环境发生了变化。软件是通过与其周围环境进行交互的方式来解决用户的问题的。这样，如果软件的环境发生了变化（如法律变化和业务变化等），那么即使用户的问题依旧，软件需求也应该发生改变。否则，最终的软件将不能像设想的那样有效地解决用户的问题，因为旧有的模式已经无法和新的环境形成有效交互。

③ 需求基线存在缺陷。需求开发的理想结果当然是建立一个完全无缺陷的需求基线，但这是不可能的。因为需求工程的复杂性，需求开发得到的需求基线总是会或多或少地遗留下一些缺陷。当这些缺陷在开发或使用中暴露出来时，必须予以及时的解决。

此外，在实践中，下述因素也常常会导致需求的变化：

① 用户变动。在开发和使用过程中，软件产品的用户可能发生人员的更替，新的用户可能会提出与原有用户不同的要求。在软件维护期间和比较长的软件开发周期中往往会发生这类变化。

② 用户对软件的认识变化。随着对软件开发和使用的直接参与，用户会对软件领域有越来越多的了解，这时他们往往会提出越来越多、越来越具体的要求，其中就夹杂着对原有需求的修改要求。在一个全新的领域或者为一个没有软件经验的企业开发软件时，这种情况非常常见。

③ 相关产品的出现。在产品开发的过程中，可能会有竞争产品、类似产品或者需要交互的其他产品等相关产品出现，这时往往会需要开发者根据抽取到的相关产品的新知识，

变更原有软件需求和开发计划。

需求的变更是正当且不可避免的,在需求开发之后冻结需求是不恰当的做法。但是需求的变更又可能会给项目带来很大的负面影响,因此随意变更需求也是不恰当的做法。正确的做法是,在形成需求基线之后,进行需求的变更控制。

需求变更控制就是以可控、一致的方式进行需求基线中需求的变更处理,包括对需求变更的评估、协调、批准或拒绝、实现和确认。需求变更控制并不是要限制甚至拒绝需求的变更,它是以一种可控制的严格的过程方式来执行需求的变更。

通过需求变更控制,项目负责人可以在面对需求的变更时做出周全的业务决策。这些决策在控制产品生命周期成本的同时,还可以提供最高的用户价值和业务价值。

需求变更控制的典型过程如图 3-13 所示。

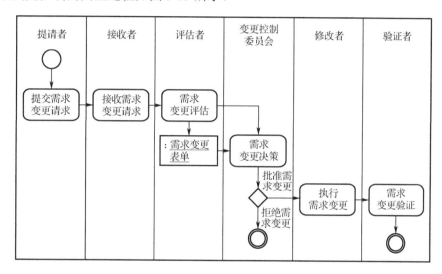

图 3-13 需求变更控制的典型过程

需求变更控制过程可能会涉及多种类型的项目干系人,他们各自在过程中的作用如表 3-2 所示。

表 3-2 需求变更控制角色表

角 色	职 责 描 述
提请者	提交需求变更请求的人,一般为客户和用户
接收者	接收提请者需求变更请求的人
评估者	负责分析需求变更请求影响范围的人,可以是技术人员、客户、市场人员或者集这几个角色于一身
变更控制委员会	决定批准或者拒绝需求变更请求的团体
修改者	负责实现需求变更的人,一般为开发者
确认者	负责确认需求变更是否已正确实现的人,一般为质量保障人员

在需求基线建立之后,提请者需要以正式的渠道提请需求的变更请求,例如,通过双方建立的协商机制,或者联系开发人员、项目管理人员、市场人员、技术支持人员等。

提交的需求变更请求都会被交给请求的接收者,可能会以书面的形式,也可能会以电子文档的格式。接收者收到请求之后会给每个请求分配一个唯一的标识标签。

下一步是评估需求变化可能带来的影响。项目团队可能会指定固定的评估人员来执行评估。需求变更评估的内容包括：
- 利用需求跟踪信息确定需求变更的影响范围，包括需要修改的系统组件、文档、模型等。
- 依据需求依赖信息确定需求变更将会带来的冲突和连锁反应，确定解决方法。
- 评估需求变更请求的优先级和潜在风险。
- 明确执行需求变更需要执行的任务，估算需求变更所需要的工作量和资源。
- 评价需求变更可能给项目计划带来的影响。

需求变更评估的内容要以正式文档的方式固定下来，并提交给变更控制委员会。

变更控制委员会依据需求变更评估的信息做出批准或者拒绝需求变更的决定。变更控制委员会是在项目中成立的一个团队，它的职责是评价需求的变更请求，做出批准或者请求拒绝变更的决定，并确保已批准需求变更的实现。变更控制委员会可能由来自下列部门的人员组成：项目或程序管理部门、产品管理或需求分析部分、开发部门、测试或质量保障部门、市场或客户代表、编写用户文档的部门、技术支持或帮助部门、配置管理部门。

经过变更控制委员会批准的需求变更请求会被通知给所有需要修改工作产品的团队成员，由他们完成需求变更的修改工作。可能会受到影响的工作产品包括需求规格说明、设计规格说明、模型、用户界面、代码、测试文档和用户手册等。

为了确保需求变更涉及的各个部分都得到了正确的修改，通常还需要执行确认工作，例如，同级评审。确认完成之后，修改者才可以将修改后的工作产品付诸使用，并重新定义需求基线以反映这一变更。

3.7 软件需求工具

处理软件需求的工具大致分为两类：软件需求建模工具和软件需求管理工具。

软件需求建模工具用于需求收集、需求建模、需求管理和需求确认。通常，需求工程工具的工作机制表现为：创建大量的图形化模型（如 UML）用以描述系统的信息、功能和行为。软件需求建模工具通常支持一系列活动，包括文档、跟踪和变更管理，并且对实践产生重大影响。事实上，只有在工具支持下，需求追踪和变更管理才能变得切实可行。

代表性的软件需求管理工具简介如下。

（1）Volere 需求资源网站

该网站（http://www.volere.co.uk/tools.htm）提供了全面的软件需求工具列表，包括需求管理和需求建模工具。

（2）EasyRM

该工具由 Cybernetic Intelligence GmbH 开发（https://visuresolutions.com/requirements-engineering）。EasyRM 是一套灵活完整的需求生命周期解决方案，支持需求捕获、分析、规格说明、确认、管理和复用。

（3）Rational RequisitePro

该工具由 Rational 公司开发（https://www.ibm.com/cn-zh/products/category/technology/software-development）。它允许用户建立需求数据库，表述需求之间的关系，并且组织、排序和跟踪需求。

软件需求建模可以使用 UML 语言开发基于场景的模型、基于类的模型和行为模型，支持构建需求分析模型所需要的全部 UML 图,并为所有图件执行一致性和正确性检查。

代表性的软件需求建模工具简介如下。

(1) ArgoUML

这是一种开源工具(http://argouml.tigris.org)。

(2) Rational Rose

该工具由 Rational 公司开发(https://www.ibm.com/cn-zh/products/category/technology/software-development)。

(3) UML Studio

该工具由 PragSoft 公司开发(http://www.pragsoft.com)。

习题 3

1. 什么是软件需求?软件需求包含哪些内容?
2. 什么是需求获取?存在哪些常用的需求获取技术?
3. 什么是软件需求建模?软件需求分析技术包括哪些?
4. 什么是软件需求规格说明?软件需求规格说明通常包含哪些内容?
5. 为什么要进行软件需求确认?软件需求确认包含哪些过程?
6. 常用的软件需求工具可以分为哪几类?分别包括哪些工具?

第4章 软 件 设 计

软件设计是指"定义系统或组件的体系结构、组件、接口和其他特征的过程"和"过程的结果"。作为一个过程,软件设计是分析软件需求的软件工程生命周期活动,目的是对软件的内部结构进行描述,作为软件构建的基础。软件设计(结果)描述了软件体系结构,即如何将软件分解和组织成组件,以及这些组件之间的接口。它还应该详细描述组件,使其能够构建软件。

软件设计在软件开发中起着重要的作用:在软件设计过程中,软件工程师会生成各种模型,形成一种待实现的解决方案蓝图。可以分析和评估这些模型,以确定它们是否满足我们的各种需求。还可以检查和评估替代解决方案和折中方案。最后,可以使用生成的模型来计划后续的开发活动,并将它们作为输入、构建和测试的起点。

在标准的软件生命周期过程列表中,如 ISO/IEC/IEEE 12207 标准中,软件设计包含介于软件需求分析和软件构建之间的两项活动。

- 软件架构设计(有时称为顶层设计):开发软件的顶级结构和组织,并确定各种组件。
- 软件详细设计:详细说明每个组件的情况,以便于构建。

本章的章节结构如图 4-1 所示,将从软件设计基础、软件架构设计、用户界面设计、软件设计质量分析和评估、软件设计符号、软件设计策略和方法、软件设计工具 7 个方面介绍软件设计。

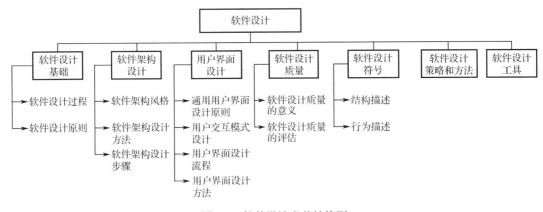

图 4-1 软件设计章节结构图

4.1 软件设计基础

软件设计是软件开发过程中至关重要的部分,它的结果直接影响最终的软件质量。在软件发展的早期,软件设计曾被狭隘地认为是"编程序"或"写代码",致使软件设计的方法学采用一般工程设计的衡量标准,缺乏深度和各种量化的性质。后来发展出了结构化开发方法、面向对象开发方法、基于构件的开发方法,它们存在一些共性的方面,如概念、过程和原则等。

软件设计主要针对需求分析过程中得到的软件需求规格说明文档，综合考虑各种制约因素，探求切实可行的解决方案并最终给出相应的逻辑表示，包括文档、模型等。软件设计受到资源和技术两个方面的制约。其中，资源制约是指在目标软件开发过程中可以获取的时间、人力、财力、开发辅助工具等有限；技术制约主要是指待开发的目标软件可以使用的方法、技术和平台具有一定的约束。

软件设计的最终目标是获取能够满足软件需求的、明确的、可行的、高质量的软件解决方案。软件设计首先要以软件需求为基础，在设计中所做的任何努力和得到的结果都是为了最终满足软件需求规格说明文档中提出的功能和性能要求。"明确"指软件设计模型易于理解，软件构造者在解决方案实现过程中，无须再对影响软件功能和质量的技术进行抉择或权衡。"可行"指在可用的技术平台和软件项目的可用资源下，采用预定的程序设计语言或构造技术可以完整地实现该设计模型。"高质量"指设计模型不仅要给出功能需求的实现方案，而且要使该方案适应非功能需求的约束；设计模型要尽量优化，以确保依照设计模型构造出来的目标软件产品（在排除软件构造阶段引入的影响因素后）能够表现出良好的软件质量属性，尤其是正确性、有效性、可靠性和可修改性。

软件设计在开发过程中具有重要的意义，对最终开发出满足需求的高质量软件起关键作用。在各种软件开发过程模型中，软件设计都是必不可少的，并且还可以再进行细化，例如，划分为概要设计、详细设计等。随着编程技术、软件复用技术和软件开发环境的发展，目前编码实现在软件开发中已不再被认为是非常困难和低效的事情，在整个开发工作量和成本中所占比例越来越少。反之，由于软件变得更加庞大和复杂，软件需求分析和软件设计越来越受到重视，开发人员在这些活动中所花的精力越来越多。一个经过良好设计的软件，可能在非常短的时间内就能够实现并交付；而如果软件设计得较差，那么无论在编码实现中花费多大的代价，其最终的质量也很可能达不到要求。软件设计在整个软件开发过程中的重要性主要体现在以下5个方面。

① 软件设计是对软件需求的直观体现。在需求工程中获取并定义了软件需求之后，最重要的是软件如何设计才能够满足这些需求，而该目标则需要通过软件设计来达到。软件设计综合考虑软件在功能、性能、运行环境等方面的要求，最终描述了如何构造一个软件才能够满足上述要求。因此，最终软件在交付后能否达到用户的要求，软件设计是至关重要的。

② 软件设计为软件实现提供直接依据。软件设计结果应该具体描述软件的结构、重要场景的执行过程、一些关键的算法、数据模型的定义，以及并发、数据库访问等机制的实现等，而软件实现活动将按照设计结果进行编码或复用已有框架、模块。因此，最终软件实际上是遵循软件设计来执行的。

③ 软件设计将综合考虑软件的各种约束条件并给出相应方案。软件开发并不仅仅是实现功能需求，还要考虑各种各样的约束，例如，对系统响应时间、传输效率等性能方面的要求，软件实际运行环境规定的硬件平台、操作系统，软件开发时间、成本的约束等。这些相关约束可以在软件需求中定义，但都需要在软件设计中进行考虑和权衡，并采用合适的解决方案。

④ 软件设计的质量将决定最终软件系统的质量。最终的软件不仅要求正确运行，还希望具有较高的可靠性、灵活性、健壮性、可移植性、可维护性等，这是高质量软件的要求。

而软件设计的结果对这些质量要素具有重要的影响，例如，软件设计中的高内聚、低耦合将决定最终软件具有良好结构，通过良好的分层和接口设计提高可维护性和可移植性等。事实上，人们在实践中越来越重视软件设计的高质量。

⑤ 及早发现软件设计中存在的错误将极大减少软件修复和维护所需的成本。在软件工程领域目前公认的一个事实是，在软件开发晚期甚至运行时发现错误，其修复成本比在早期发现错误并修复要高得多，并且可能带来极大的损失。因此，为了降低整个软件开发和维护成本，减少软件设计中的错误非常重要，这可能需要采用设计验证、模拟、评审等各种保证设计正确性的方法。

软件设计与其他领域的设计具有一些共同的特征。在设计中首先要有一个产生最终人工制品的规划，该规划要能够获得预期的目标并满足一定的约束。然后，就需要一个实施该规划的创造性过程。在该过程中，设计者需要运用相关的科学原理、技术手段和自身的想象力，最终解决该设计问题。结合各个领域中设计的共性，对软件设计的一些特征总结如下。

① 软件设计的开端是出现某些新的问题需要用软件来解决，这些需要促使设计工作的开始，并成为整个设计工作最初的基础。

② 软件设计的结果是给出一个解决方案，它能够用来实现所需的、可以解决问题的软件，解决方案的描述可能是文字、图形，甚至是数学符号、公式等组成的文档或模型。

③ 软件设计包含一系列的转换过程，即把一种描述或模型转换为另一种描述或模型。转换后的形态可能更加具体，或更接近于实现。

④ 产生新的想法对软件设计非常重要，因为设计也是一个创造性的过程。不同的问题或需求总会存在各自的特点，即使同样的问题在不同时期和不同环境下也会存在区别，因此设计不会是一成不变的。

⑤ 软件设计的过程是不断解决问题和实施决策的过程，因为整个设计就是解决一个大的问题，在设计过程中将会分解成众多小问题。设计者需要依次解决这些小的问题，并在出现多种方案或策略时进行决策，选择其中最合适的。

⑥ 软件设计也是一个满足各种约束的过程，因为软件可能在性能、运行环境、开发时间、成本、人员技术水平等各个方面存在约束，设计必须在满足这些约束的情况下给出最佳的设计方案。

⑦ 大多数的软件设计是一个不断演化的过程，因为需求在一开始很可能是不完整或不精确的，在设计过程中还会不断发生变化并逐步稳定下来，因此设计要根据需求的变化而不断演化。

一个设计人员必须深刻理解软件设计所具有的上述特征，才能在设计过程中自如地应对出现的各种情况，最终形成满足各种要求的高质量设计方案。

软件设计最重要的是提供一种解决方案，用于描述如何实现一个满足需求的软件。作为一个完整的软件设计方案，它应该包含以下组成要素。

① 目标描述。解决方案需要清楚地描述它要解决的问题和将要达到的目标。

② 设计约束。设计目标的获得通常要限制在某些约束的范围内，这些约束定义了要解决问题的解空间。

③ 产品描述。设计活动的结果必须以一种对被设计的产品进行描述的方式呈现出来。

④ 设计原理。工程化的设计活动必须以一定的科学原理和技术手段为基础，它们将表

明问题可以通过该设计得到合理的解决。

⑤ 开发规划。工程化的设计活动不仅需要让人知道该设计能解决问题，还需要让人们了解该设计在实际开发中是可行的，以及如何实现该设计。

⑥ 使用描述。软件经常在某些特定条件下才能被可靠、高效地使用，并达到最初的设计目标。因此，描述软件如何使用非常重要。

上面是从传统的设计观点看，软件设计应该包含哪些要素。软件设计过程实际上就是逐渐形成这些要素的过程，而不同的软件开发方法可能会通过不同的方式和技术来达到该目标。一个良好的软件设计结果应该包含对上述要素的准确描述。

4.1.1 软件设计过程

通常认为，软件设计是一个两步的过程：
① 架构设计（也称为高级设计和顶层设计）描述了软件如何组织到组件中。
② 详细设计描述了这些组件的期望行为。

这两个过程的输出是一组模型和产品，记录了已经采用的主要决策，并解释了每个重要决策的基本原理。通过记录基本原理，增强了软件产品的长期可维护性。

软件设计是软件开发过程的一部分，在传统瀑布式模型中，设计被看作一个阶段，而在螺旋或迭代模型中，可能存在多个设计阶段。但不论选择哪种开发模型，设计本身都是一个过程，其中包含多种设计活动。

设计者一般不可能一次就完成一个完整的设计，软件设计可能是一个多次反复的过程，在设计过程中需要不断添加设计要素和设计细节，并对先前的设计方案进行修改。所以，软件设计一般都可以被看作迭代的过程。

在软件设计中，迭代有两层含义。第一层含义是，针对给定的需求模型，通过多次从抽象到具体的设计过程，得出足够精细的设计模型以供软件实现之用，见图 4-2 中第一层迭代。在此迭代过程中，抽象级别逐次降低，细节不断丰富。迭代式设计的另一层含义是，软件需求经常是不完整或不断变化的，对不完整的需求展开上述第一层含义下的迭代式设计，结果模型交由软件实现人员构建目标软件产品的原型或中间产品；在需求模型发生变化并更新完成后，第一层含义的设计过程再随之展开，直至获得最终的目标软件产品，见图 4-2 中第二层迭代。由于现代软件的需求经常发生变化，因此该过程是迭代式软件开发中典型的设计过程。

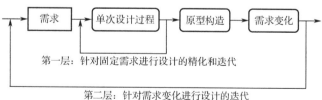

图 4-2 软件设计迭代示意图

设计过程包括在不同抽象层次上开发系统的多个模型，也就是说，设计描述要经过不同的设计阶段来实现。软件设计也可以看作将需求规格说明逐步转换为可直接供软件代码实现使用的设计规格说明的过程。从工程管理的角度，软件设计可分为概要设计和详细设计。概要设计根据需求确定软件和数据的总体框架，详细设计则将其进一步精化成软件的算法表示和数据结构。而在技术上，概要设计和详细设计又由若干活动组成，主要包括架构设计、界面设计等。在实践中，还有一些特定的设计活动，如数据库设计、类设计、接口设计、构件设计等。

但对于目前采用的很多软件开发方法，如面向对象方法，其设计过程从概念逐步精化到实现模型，并且不断进行迭代，设计过程很难用概要设计和详细设计进行明确区分。这些设计活动的顺序在很大程度和开发的系统及采用的软件开发方法相关。此外，在设计过程中还包括对设计进行计划、评审等不可缺少的活动。综上所述，我们给出软件设计一般过程，如图 4-3 所示。

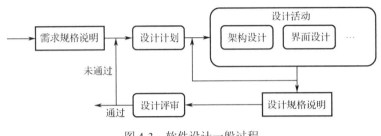

图 4-3　软件设计一般过程

在如图 4-3 所示的软件设计一般过程中，各个活动以需求阶段产生的需求规格说明为基础，首先对整个设计过程进行计划，然后实施具体的设计活动。这些设计活动本身可能是一个不断迭代和精化的过程。在设计活动完成后，应该形成设计规格说明。然后对设计过程和设计规格说明进行评审，如果评审未通过，则再次修订设计计划并对软件设计进行改进；如果评审通过，则进入后续实现阶段。

4.1.2　软件设计原则

软件设计原则对不同的软件设计方法和理念提供了基础的关键概念。软件设计原则介绍如下。

1. 抽象与逐步求精

抽象是"一个对象的视图，它专注于与特定目的相关的信息，而忽略了信息的其余部分"。软件设计的困难随着问题的规模和复杂性的增大而不断增大。抽象是管理、控制复杂性的基本策略。"抽象"是一个心理学概念，它要求人们将注意力集中在某一层次上考虑问题，而忽略那些低层次的细节。使用抽象技术便于人们用"问题域"本来的概念和术语描述问题，而无须过早地转换为那些不熟悉的结构。软件设计过程应当是在不同抽象级别考虑、处理问题的过程。最初，应在最高抽象级别上，用面向问题域的语言叙述"问题"，概括"问题解"的形式；而后不断地具体化，不断地用更接近计算机域的语言描述问题；最后，在最低抽象级别上给出可直接实现的"问题解"，即程序。

软件过程的每一步都对较高一级抽象的解进行一次具体化的描述。在系统定义阶段，软件系统被描述为基于计算机的大系统的一个组成部分；在需求分析阶段，软件用问题域约定的习惯用语表达；从概要设计过渡到详细设计时，抽象级别再一次降低；编码完成后则达到了抽象的最低级。在上述由高级抽象到低级抽象的转换过程中，伴随着一连串的过程抽象和数据抽象。过程抽象把完成一个特定功能的动作序列抽象为一个过程名和参数表，以后通过指定过程名和实际参数调用此过程；数据抽象把一个数据对象的定义（或描述）抽象为一个数据类型名，用此类型名可定义多个具有相同性质的数据对象。

"逐步求精"是与"抽象"密切相关的一个概念,可视为一种早期的自顶向下设计策略。其主要思想是,针对某个功能的宏观描述用逐步求精的方法不断地分解,逐步确立过程细节,直至该功能用程序设计语言描述的算法实现为止。因为求精的每一步都是用更为详细的描述代替上一层次的抽象描述,所以在整个设计过程中产生的具有不同详细程度的各种描述组成了系统的层次结构。层次结构的上一层是下一层的抽象,下一层是上一层的求精。在过程求精的同时自然伴随着数据的求精。无论是过程还是数据,每个求精步骤都蕴含着某些设计决策,因此设计人员必须掌握一些基本的准则和各种可能的候选方法。

在软件设计过程中,抽象与逐步求精一般结合起来使用。在建立了较高层次的抽象模型后,对其进行求精得到更加具体的抽象模型,然后再不断进行求精,由此一直到达最终的软件实现。该过程在面向对象软件开发过程中更加直观,因为面向对象的概念层抽象与最终由类组成的系统实现具有自然的映射关系,其开发过程可以从概念建模逐步精化为最终的软件实现。

2. 模块化与信息隐藏

在计算机软件领域,模块化的概念已被推崇了近 40 年。软件体系结构体现了模块化思想,即把软件划分为可独立命名和访问的部件,每个部件称为一个模块,当把所有模块组装到一起后就获得了满足问题需要的一个解。有人认为,"模块化是软件中能使程序获得理性管理的一个属性"。因为,完全由一个模块构成的程序,其存在控制路径错综复杂、引用的跨度过大、变量的数量众多等问题,使人们对软件的理解非常困难。

对人类求解问题的实验研究表明,把两个问题组合起来进行求解的复杂度往往要比分别对两个问题进行求解的复杂度之和更大,这也意味着所需的成本或资源也相应更多。这个结论导致所谓"分治法",即将一个复杂问题分割成若干个可管理的小问题后,更易于求解。模块化正是以此为依据的。这是否意味着可以把软件无限制地细分下去,从而使所需工作量越来越少呢?事实上,如果分割过度,其他因素将开始发挥作用,反而导致开发效率的降低。图 4-4 说明,对于一个给定的问题,当模块数增加时,每个模块的成本确实减少了,但模块接口所需的代价随之增加,致使软件总成本的发展趋势按照模块数增长呈现为抛物线型。如果模块数为 M 时将获得最小总成本,那么模块数应在 M 附近选择,就能避免模块分割过度或不足。

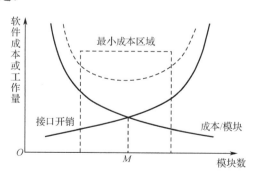

图 4-4 模块数量与软件成本图

在考虑模块化时,恰当地定义模块范围或大小非常重要,这与所采用的设计方法密切相关。下面几条标准可以用来评价所采用的设计方法的效果,并能体现最终系统中模块划分的有效性及模块化系统的能力。

（1）模块可分解性。如果一种设计方法提供了将问题分解成子问题的系统化机制，它就能降低整个系统的复杂性，从而实现一种有效的模块化解决方案。

（2）模块可组装性。如果一种设计方法使已有的（可复用的）设计组件能被组装成新系统，它就能提供一种不用从头开始的模块化解决方案。

（3）模块可理解性。如果一个模块可以作为一个独立单元（不用参考其他模块）被理解，它就易于构造和修改。

（4）模块连续性。如果系统需求的微小变化只导致对单个模块，而不是整个系统的修改，修改引起的副作用就会被最小化。

（5）模块保护。如果模块内出现异常情况，其影响只局限于模块内部，则错误引起的副作用就会被最小化。

模块化使开发活动更加简单的一个重要因素是模块的信息隐藏，即一个模块的开发人员不必看到其他模块的内部，只需知道其接口即可。这使得每个模块的开发人员所要处理的复杂性显著降低。为了达到信息隐藏的目的，模块应该被设计为其所含信息（过程和数据）对于那些不需要这些信息的模块不可访问；每个模块只完成一个相对独立的特定功能；模块之间仅仅交换那些为完成系统功能必须交换的信息。总而言之，模块应该独立。显然，模块独立的概念是模块化、抽象、信息隐藏和局部化等诸多概念的直接结果。

采用信息隐藏原理指导模块设计的好处十分明显：它不仅支持模块的并行开发，而且还可减少测试和后期维护的工作量。因为测试和维护阶段不可避免地要修改设计和代码，模块对大多数数据和过程处理细节的隐藏可以减少错误向外传播。此外，欲扩充系统功能也只需要"插入"新模块，原有的多数模块无须改动，提高了系统的灵活性和可扩展性。

3．内聚与耦合

为了提高模块化设计的有效性，很显然，每个模块应该相对独立，其功能应该相对单一，而模块之间的接口应该尽可能简单。这可以用内聚和耦合这两个概念来刻画。内聚是一个模块内部各成分之间关联程度的度量，耦合是模块之间关联程度的度量。软件的模块化设计应追求高内聚、低耦合。

（1）内聚

内聚是前述信息隐藏和局部化概念的自然扩展，它标志着一个模块内部各成分之间彼此结合的紧密程度。内聚按其高低程度可分为不同等级，内聚程度越高越好。内聚程度最低的是偶然性内聚。所谓"偶然性内聚"，是指一个模块内部各成分为完成一组功能而组合在一起，它们之间即使有关系，也很松散。常见的偶然性内聚情形是，当程序员写完一个程序后发现有一组语句多处出现，于是为节省内存便将这组语句单独组成一个模块。如果一个模块完成的多个任务逻辑上相关，则称之为"逻辑性内聚"。如果一个模块包含的多个任务必须在同一时间段内执行（例如一个初始化模块），则称之为"时序内聚"。上述三种内聚形式通常认为是低等级内聚。

中等级内聚有两种形式，即"过程性内聚"和"通信性内聚"。过程性内聚是指模块内部各成分彼此相关，并且必须按特定的顺序执行；通信性内聚是指，模块内部各成分都将对数据结构的同一个区域进行操作以达通信的目的。

高等级内聚亦有两种形式，即"顺序性内聚"和"功能性内聚"。如果一个模块内部的各处理成分均与同一个功能相关，且这些处理必须顺序执行，则称之为顺序性内聚；如果模块内部所有成分形成一个整体，完成单个功能，则称之为功能性内聚。功能性内聚是最高程度的内聚形式。设计软件时，设计人员应该能够识别内聚程度的高低，并通过修改设计尽可能提高模块内聚程度，从而获得较高的模块独立性。

（2）耦合

耦合是对软件结构中模块之间关联程度的一种度量。耦合的强弱取决于模块之间接口的复杂性，进入或调用模块的位置，以及通过接口传送的数据量等。与内聚程度正好相反，在设计软件时应追求尽可能松散耦合的系统，因为对这类系统中任意一个模块的设计、测试和维护都是相对独立的。由于模块之间联系较少，错误在模块之间传播的可能性也随之变小。模块之间的耦合程度直接影响系统的可理解性、可测试性、可靠性和可维护性。耦合也可以分为不同等级。

如果两个模块中任意一个都不依赖对方能独立工作，则称这两个模块为"非直接耦合"，这类耦合的耦合程度最低。

如果两个模块间通过参数交换信息，而信息仅限于数据，则称这两个模块为"数据耦合"。此时若传递的信息中含有控制信息，则耦合程度上升为"控制耦合"。一般的软件系统中都存在数据耦合，它是完成大多数功能所必需的；但控制耦合通常会增加系统的复杂性，有时适当分解模块可以消除控制耦合。介于数据耦合与控制耦合之间的是"特征耦合"。

当若干模块均与同一个外部环境关联（例如，I/O 处理使所有 I/O 模块与特定的设备、格式和通信协议相关联）时，它们之间便存在"外部耦合"。外部耦合尽管需要，但应限制在少数几个模块上。

当若干模块通过全局的数据环境相互作用时，它们之间存在"公共耦合"。全局数据环境中可能含有全局变量、公用区、内存公共覆盖区、任何存储介质上的文件、物理设备等。

最高耦合程度是"内容耦合"。出现内容耦合的情形包括：一个模块使用另一个模块内部的数据或控制信息；一个模块直接转移到另一个模块内部等。

一般来说，设计软件时应尽量使用数据耦合，减少控制耦合，限制外部耦合和公共耦合，杜绝内容耦合。值得指出的是，模块化设计的思想适用于任何软件系统的设计。当某些软件系统（如实时和嵌入式软件），由于不能容忍子程序调用引起的时间开销而必须以整个软件的形式出现时，软件设计仍然应该以模块化设计的思想为指导，直至编码时再改用内嵌式方法。这样，源程序中虽不含明显的模块，但却能得到模块化设计所带来的大部分好处。

对于内聚和耦合，也有一些对其进行量化的研究，可以在实践中进行参考。对于面向对象软件，一些简单的量化指标也可以在一定程度上体现软件设计的内聚程度和耦合程度，例如：

- 类的耦合程度。一个类的耦合程度定义为与它耦合的其他类的数目（包括调用其他类的一个方法、使用其他类的一个实例变量等）。一个类越独立，它在应用中就越容易被重用。为了提高模块化和封装性，类之间的耦合程度应尽可能低。一个类的耦合程度越高，它对软件其他部分变更的敏感度就越高，维护起来也就越困难。
- 方法内聚缺乏程度。其定义为，不访问相同成员变量的方法对（及两个方法）的数目减去访问相同成员变量的方法对的数目。相似方法的数量越多，类的内聚程度就越高。如果一个类中没有任何两个方法都对一个变量进行访问，它们就没有相似性，该类的内聚程度将会很低。人们希望一个类中的方法能够内聚，因为它提高了封装性；而缺乏内聚意味着它可以被分割为两个或更多的类。

4．封装和信息隐藏

封装和信息隐藏意味着对抽象的内部细节进行分组和打包，并将这些细节转化为外部实体。可以把"封装"和"信息隐藏"视为同一个概念的两种表述。信息隐藏是目的，封装是达到这个目的的技术。封装可以被定义为对对象的内部数据表现形式和实现细节进行隐藏。要想访问封装过的对象中的数据，只有使用已定义的操作这一种办法。通过封装可以强制实施信息隐藏，达到提高可复用性、可维护性的目的。

5．接口和实现分离

组件需要通过指定一个公共接口（客户端知道）来定义，该接口与组件的实现细节是分开的。客户端不应该依赖它不需要的接口。一个类对另一个类的依赖应该建立在最小的接口上。在实际应用中，开发者不希望调用者可以看到类内部的实现（如有多少个私有数据，它们是什么类型，名字是什么等）。除接口之外，任何类的改变都不应引起调用者的重新编译。解决这些问题的方法就是恰当地将实现隐藏起来。

6．充分性、完整性和原始性

实现充分性和完整性意味着确保一个软件组件能够抓住抽象的所有重要特征，而原始性意味着软件设计应该基于易于实现的模式。

7．关注点分离

关注点分离是指对只与"特定概念、目标"（关注点）相关联的软件组成部分进行"标识、封装和操纵"的能力，即标识、封装和操纵关注点的能力。关注点分离是面向对象程序设计的核心概念。关注点分离使得解决特定领域问题的代码从业务逻辑中独立出来，使得业务逻辑的代码中不再含有针对特定领域问题代码的调用（将针对特定领域问题代码抽象化成较少的代码，如将代码封装成函数或类），业务逻辑同特定领域问题的关系通过侧面来封装、维护，这样原本分散在整个应用程序中的变动就可以很好地被管理起来。

4.2 软件架构设计

从严格意义上说，软件架构是"对系统进行推理所需的一组结构，其中包括软件元素、元素之间的关系及两者的属性"。然而，在20世纪90年代中期，软件架构开始成为一门更广泛的学科，涉及对软件结构和架构的研究。这就产生了许多关于不同抽象级别的软件设计的有趣概念。其中一些概念在架构设计（如架构风格）和详细设计（如设计模式）中可能很有用。这些设计概念也可以用来设计一系列的程序（也称为产品线）。这些概念中的大多数都可以看作试图描述并重用设计知识。

软件架构设计类似于建筑工程的总体规划。很难想象，在楼房的总体框架（即楼层数、房间数、房间布局等信息）尚未确定之前，就考虑诸如下水道布局、电路布局等细节。软件的总体结构应该在考虑每个模块的细节之前就确定下来。软件架构设计的目标是建立软件系统的架构，有时也称"顶层架构"。这种架构既要明确定义软件各子系统、关键构件、关键类的职责划分及协作关系，同时也要描绘它们在物理运行环境下的部署模型；此外，还必须针对软件系统全局性、基础性的技术问题给出技术解决方案,这种方案往往构成了目标软件系统架构的技术基础设施。

自顶向下、逐步精化是一种广泛采用、行之有效的软件设计原则,软件设计往往始于架构设计。因为架构设计对整个目标软件系统起着初始塑形的作用,它对软件需求的实现,包括功能需求,以及性能、可扩展性、可维护性等非功能需求的实现,都具有决定性意义。

为了更好地设计软件架构,必须了解软件体系结构风格、设计模式等相关知识,以便有效地借鉴和复用全世界众多软件架构师在长期实践过程中积累的宝贵设计经验与方案。

在对软件架构进行评价时,几个概念比较常用。一个软件的深度和宽度分别说明其控制的层数和跨度,一个模块的"扇出率"指该模块直接控制的其他模块数,一个模块的"扇入率"指能直接控制该模块的模块数,如图4-5所示。

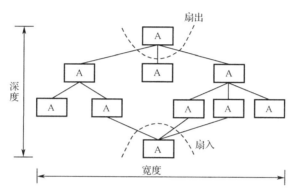

图 4-5 软件架构相关概念示意图

此外,软件架构中还有两个重要的特性,即可见域和连通域。模块的可见域是指该模块可直接或间接引用的一组模块;而模块的连通域仅包括该模块可直接引用的模块。

软件架构设计需要考虑以下 4 点。

① 适用性。即架构是否满足软件的"功能需求"和"非功能需求"。高质量的架构设计应该设计出恰好满足客户需求的软件,并且使开发方和客户方获取最大的利益,而不是不惜代价设计出最先进的软件。

② 架构稳定性。设计阶段的后续设计活动都是在架构确定之后开展的,因此架构应在一定的时间内保持稳定。此外,应当分析和判断哪些需求是稳定不变的,哪些需求是可能变动的。对于容易变化的需求要考虑整个架构如何稳定地应对变化。

③ 可扩展性。可扩展性越好,表示软件适应"变化"的能力越强。需求变化必将导致修改(或扩展)软件的功能。现代软件的规模和复杂性越来越高,如果软件的可扩展性比较差,那么修改的代价会很高。

④ 可复用性。由经验可知,通常在一个新版本系统中,大部分的内容是成熟的,只有小部分内容是创新的。要使架构具有良好的可复用性,应当分析应用领域的共性问题,然后设计出一种通用的架构模式,这样的架构才容易被复用。

4.2.1 软件架构风格

软件架构风格是"元素和关系类型的专门化,以及关于如何使用它们的一组约束"。软件架构是一种高层设计,它是体现软件的组件、组件之间的相互关系,以及管理其设计和演变的原理与方针的结构。架构模式是对元素和关系类型及一组对其使用方式的限制的描述。

软件架构风格是描述某一特定应用方式中系统组织方式的惯用模式,为设计人员的交流提供了公共的模型、符号和术语表示,促进了设计的复用甚至最终的代码复用。架构模式是对设计模式的扩展,描述了软件系统基本的结构化组织方案,可以作为具体架构的模板。在实际使用中,架构风格和模式常常混用。一般而言,在软件架构领域,风格和模式不进行区分,统称为软件架构风格。软件开发中常用的设计模式也是对设计经验的一种总结和描述,以便于复用,但设计模式一般比软件架构风格的层次更低。架构风格描述了软件总体框架的结构,而设计模式则针对单一的问题提供解决方案。设计模式更加接近于提供通用的实现方案,尽管实现可以不依赖于具体语言;而架构风格则需要综合考虑整个系统各方面的需求。因此,一个架构设计在继续精化过程中可能会用到多种设计模式来解决其包含的子问题。

4.2.2 软件架构设计方法

软件架构设计方法是指通过一系列的设计活动,获得满足系统功能需求,并且符合一定非功能需求约束的软件架构设计模型。目前存在多种软件架构设计方法,它们的侧重点有所不同。例如,有的方法关注功能特性,有的方法以非功能特性或质量要素为核心设计架构;有的方法关注于如何复用一些已有的设计经验,有的方法关注特定领域的软件架构设计;等等。同时,人们也认识到,软件架构设计也应该从不同视点来考虑。但是,在实际应用过程中,这些软件架构设计方法并不是绝对互斥的,根据需要,有可能综合运用不同软件架构设计方法的思想,得到最终所需的设计结果。下面对几种主要的软件架构设计方法的思想进行简要介绍。

1. 软件架构的多视图建模

架构设计中的一个困难是,一个大规模系统的架构通常非常复杂,不同角色的人员关注架构的不同方面。一种处理方式就是采用多视图模型。视图代表软件体系结构的一个方面,显示软件系统的特定属性。其中一个比较著名的是"4+1"模型,如图4-6所示。

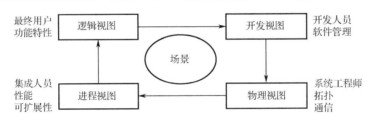

图4-6 "4+1"模型

在该模型中,包含逻辑视图、进程视图、开发视图、物理视图和场景,这几种视图从不同侧面描述软件的架构,具体说明如下。

① 逻辑视图。该视图关注功能需求,即系统应该为最终用户提供什么服务。它与应用领域紧密相关。在该视图中,系统功能映射到概念构件和连接件上。该视图针对最终用户的关注点,通常使用领域术语,与软件和硬件的细节无关。如果采用面向对象设计方法,该视图将是一种对象模型。

② 进程视图。该视图捕获设计中关于并发和同步的内容,重视一些非功能需求,如性能、可扩展性等,定义了运行实体和它们的属性。进程视图也有构件和连接件,构件可以

是任务,连接件可以是消息、远程过程调用、事件广播等。该视图的主要用户是系统设计人员和集成人员。

③ 开发视图。该视图主要描述软件在开发环境中的静态结构。开发人员和项目经理对此都会感兴趣。该视图的构件和连接件分别映射到子系统或模块上,关注点是在软件开发环境中软件模块的组织。软件可以被打包为子系统,并按层次进行组织。

④ 物理视图。该视图描述软件到硬件的映射关系,反映了软件的分布特征。它把不同的软件元素,如进程和任务等,映射到不同的物理节点上,并关注物理环境的拓扑结构及节点间的通信。

⑤ 场景。可以使用一组重要场景,也就是用例的实例,把上述 4 种视图紧密地联系起来。场景通常是最重要的需求,一方面作为设计中发现架构元素的驱动器,另一方面在设计完成后,充当确认和验证的依据。

"4+1"模型的提出者给出了一组建模符号,用来对这几种视图进行描述。但显然可以看到,上述几种视图都可以采用 UML 进行建模。

2. 基于评估与转换的软件架构设计

基于评估与转换的软件架构设计主要针对功能特性,它基于一种人们最常用的开发思路:针对功能要求设计架构,对设计结果进行评审,如果不满足要求则进行改进,一直迭代到满足要求为止。基于评估与转换的软件架构设计的大致过程如图 4-7 所示。

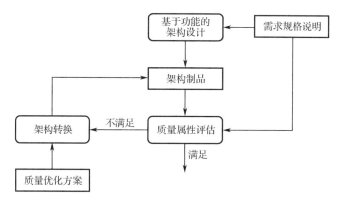

图 4-7 基于评估与转换的软件架构设计的大致过程

从图 4-7 可以看出,对设计出的架构的质量属性进行评估,以及在不满足要求时的架构转换是至关重要的,因此被称为基于评估与转换的软件架构设计。该设计方法对架构的评估提出了以下 4 种方式。

① 基于场景的评估。为了评价特定质量属性,可以开发一组场景对需求进行具体化,通过对场景的定制来有针对性地评价质量属性。实践表明,基于场景的评估方式非常有效。

② 仿真。模拟对架构进行实现,它是对基于场景方法的补充,特别是评估非功能需求方面,如性能、容错等。仿真方法要求架构的主要元素被实现,而其他元素可以被模拟为环境。

③ 数学建模。数学模型使得可以对架构设计模型进行静态评估。高性能计算、高可靠系统、实时系统等领域已有一些数学模型能用来评价质量属性。

④ 基于经验的推理。该方式基于早期经验和逻辑推断来评价质量属性。有经验的软件工程师和设计人员具有敏锐的洞察力,这种能力在架构设计中非常有用。与其他方式不同,

该方式更多地依赖于直觉和经验等主观因素。

如果架构的质量属性评估结果不满足需求规格说明的要求，设计人员就需要分析架构设计并寻找原因，然后决定是改变假定的评估环境（即修改评估）还是修改架构设计。对架构进行转换可以通过下述三种方式：

① 使用合适的架构风格和模式，或者设计模式来改进架构设计。

② 把非功能需求转化为功能解决方案，该功能解决方案可以与问题域无关，但应该满足质量属性的要求。

③ 采用"分而治之"的方式，把系统级的质量需求分配到子系统或模块中，或者把质量需求分解为多个与功能相关的质量需求。分解后的质量需求能够比较容易得到满足。

可以看出，基于评估与转换的软件架构设计方法是一种迭代式开发方法，能够很容易地与迭代式软件开发过程结合起来。

3．模式驱动的软件架构设计

总结、记录并复用软件经验是软件工程的重要目标之一。软件架构也强调对软件设计经验的总结和复用，所采用的主要手段为软件架构风格和模式、领域特定的软件架构和软件产品线。这里首先介绍如何基于架构风格和模式，采用模式驱动的方法来设计软件架构。

模式驱动的软件架构设计的大致过程如图 4-8 所示。在设计软件架构时，应该首先对要开发的系统的总体特征进行初步分析，然后搜索存在哪些可复用的软件架构风格。根据被开发的系统特征，选择一种最合适的软件架构风格。如果无法找到合适的软件架构风格，则进入自行设计软件架构的活动，由设计人员根据需求和经验来设计软件的架构。即使找到合适的软件架构风格，在很多情况下也不一定完全适用，但可以作为参考，然后进行适应性改造，得到能够满足要求的结果，并以此为基础来进行设计。最终得到软件架构设计模型后，可以对其进行总结和抽象，扩充到软件架构风格库中，供以后类似的系统开发复用。

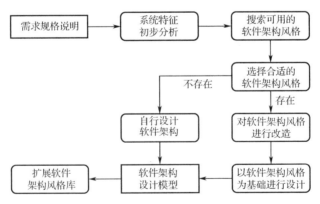

图 4-8　模式驱动的软件架构设计的大致过程

为了能够快速找到与系统开发相适用的软件架构风格，设计人员应该全面了解各种软件架构风格。图 4-9 对常用架构风格进行分类。例如，管道和过滤器风格属于数据流架构，而分层风格属于调用与返回架构，黑板风格属于以数据为中心的架构。

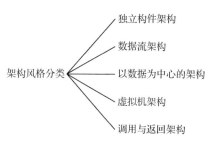

图 4-9 软件架构分类图

4．领域特定的软件架构设计

前面介绍的架构风格是通用的模型，它们可以被用于许多不同类型的应用。除这些通用的模型以外，对于特别的应用可能还需要特别的架构模型。软件复用的研究与实践表明，特定领域的软件复用活动相对更容易取得成功。鉴于特定领域的应用具有相似的特征，因而经过严格设计，并将直觉的成分减到最小程度，可以有效地实现复用。领域特定的软件架构是领域工程的核心部分。领域工程分析应用领域的共同特征和可变特征，对刻画这些特征的对象和操作进行选择和抽象，形成领域模型，并进一步生成领域特定的软件架构。领域特定的软件架构借鉴领域中已经成熟的软件架构，实现解决方案在某个领域内的复用。虽然这些系统实例的细节会有不同，但共同的软件架构在开发新系统时是能够复用的。

领域特定的软件架构应该包括多种组成要素，例如，领域模型、参考需求、参考架构、相应的支持环境、设施、实例、精化和评估的方法与过程等，以促进领域特定的软件架构在领域中的复用。领域特定的软件架构也可以分为以下两种类型。

① 类模型。类模型是从许多实际系统中抽象出来的一般模型，它们封装这些系统的主要特征。例如，在实时系统中，对不同系统类型可能有多种架构模型，如数据采集系统的类模型、监控系统的类模型等。类模型的一个最著名的例子是编译器模型，大量的编译器几乎都基于同一种软件架构。

② 参考模型。参考模型是更抽象的且描述了一大类系统的模型。它是对设计者有关某类系统的一般结构的指导。不同于一般的架构模型反映的是已存在的系统的架构，参考模型通常源于对这个应用领域的研究，它代表了一个理想化的软件架构，包含了系统应该具有的所有特征。非常有名的一种参考模型就是 OSI 的七层参考模型。

已有很多领域特定的软件架构，例如，电信软件架构、信息系统参考架构、CASE 环境架构、CAD 软件参考模型、机场信息系统架构等。

5．软件产品线

软件产品线是软件复用发展的一个更高阶段，它并不仅仅局限于以前人们在软件复用中考虑的对函数、模块、类、架构甚至子系统的重用。因此，软件产品线已经超出了软件架构设计方法的范畴。软件产品线指一组具有公共的、可管理特征（系统需求）的软件系统，这些系统满足特定的市场需求或者任务领域需求，并且按照预定义的方式基于公共的核心资产集合开发得到。软件产品线最早由卡耐基·梅隆大学的软件工程研究所提出，并被迄今为止的实践证明是可行的，可以有效地提高生产率、缩短产品上市时间、提高质量和客户满意度。

软件产品线主要由两部分组成：核心资产库和产品集合。核心资产库是软件产品线的基础，它是领域工程所有成果的集合，对支持产品开发的可复用资源进行管理。核心资产库包括软件产品线中所有产品共享的架构、可复用的软件构件、与软件构件相关的测试计划、测试用例,以及领域模型、领域范围定义和所有的需求描述、设计文档等。各种性能模型和度量准则、日程安排、预算、工作计划、过程描述、通信协议描述、用户界面描述等也在核心资产库中进行管理。其中,产品线架构和软件构件是核心资产库中用于构建产品的最重要部分。

软件产品线的基本活动包括核心资产开发、产品开发和管理。核心资产开发是指如何获得核心资产,可以通过自己构建、直接购买、委托加工等各种方式。产品开发是软件产品线的目标,核心资产开发只是达到该目标的一种手段。管理在成功的软件产品线实践中起着关键的作用,如为各个活动合理分配资源、协调监督、设置适当的组织机构等。在该模型中,循环重复是软件产品线开发过程的特征,也是核心资产开发、产品开发,以及对其进行管理的特征。核心资产开发与产品开发没有先后之分,管理活动协调整个软件产品线开发过程的各个活动,对软件产品线的成败负责。

在一个软件产品线中,新产品通过以下步骤形成:
① 从公共资产库中选取合适的构件。
② 使用预定义的变化机制进行裁剪,如参数化、继承等。
③ 必要时增加新的构件。
④ 在整个软件产品线范围内共同的架构指导下,进行构件组装,形成系统。

6. 其他软件架构设计方法

(1)基于目标图推理的架构设计方法。功能需求和非功能需求皆被表达为要达到的目标,特别是把非功能需求表达为通常没有清晰的评价标准的"软"目标;用目标图说明目标之间的关系,包括非功能目标之间的关系,都要在目标图中显式地表示出来;然后说明已知的解决方案是如何达到目标的,把设计目标转化为解决方案。

(2)基于属性的架构设计方法。基于属性的架构风格是对通常架构风格描述的一种扩充。每个基于属性的架构风格只同一个基于特定质量属性的推理框架关联。对于复杂软件系统的若干重要质量属性,如性能、可靠性、安全性等,已经存在较为成熟的分析模型。基于属性的架构风格是质量属性刻画的内容与分析模型的组合,将反复出现的针对质量属性的重要问题和典型的解决方案相结合。

此外,一些常用的软件开发方法学中也包含了软件架构的设计,例如,面向数据流的软件开发方法、面向对象的软件开发方法、面向方面的软件开发方法,以及正处于研究阶段、很有发展前景的面向主体的软件开发方法。在这些具有系统过程的软件开发方法中,架构设计是一个不可避免的过程。它们也都有自己的设计方式。但这并不排斥前面讲到的软件架构设计方法,反之,如果能把这些架构设计方法开发方法学结合起来,将能够起到良好的效果。

4.2.3 软件架构设计步骤

软件架构设计应该在需求规格说明已准备就绪,并且软件设计计划已经制订后开始实施,其设计过程可以由如图4-10所示的步骤组成。软件架构设计过程的输入为软件需求规格说明和软件设计计划,最终输出为软件架构设计文档,中间包括8个步骤。其中前4个步骤可能需要反复迭代进行,而设计并发机制的步骤在系统不包含并发特征的情况下可以跳过。下面对这些步骤进行简要介绍。

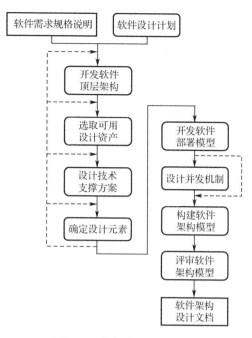

图 4-10 软件架构设计过程

1. 开发软件顶层架构

参考业界已有的软件架构风格,结合当前软件项目的特殊要求,尤其是非功能需求,选取合适的风格。选取结果不一定仅为某种风格,可以在主风格的基础上融入其他风格的特色。风格选定之后,架构师必须基于软件需求进一步明确架构中每个部件的职责、特征,各部件之间的通信及协作关系。为了直观地表现软件的顶层架构,可以采用 UML 包图表示顶层架构的组成,以及架构中子系统、构件之间的通信及协作关系。

2. 选取可用设计资产

设计资产包括相同或相关业务领域中的模块、子系统、构件、框架、类库、应用软件系统、设计模式等。"可用"设计资产是指在当前项目中可供直接复用或借鉴的设计资产。例如,针对网上购物系统,可以直接使用相关金融组织提供的系统或服务接口完成顾客网上支付功能。对于必须与当前软件系统交互的外部系统(软件或者物理设备),必须清晰地定义它们与当前软件系统之间的交互接口,包括数据交换的格式、互操作协议等。对于那些虽不能直接使用,但具有复用潜力的设计资产,架构师应考虑采用适配器、接口重构等方法将其引入当前软件系统的架构之中。

3. 设计技术支撑方案

在许多软件项目中,应用功能往往需要一组技术支撑机制为其提供服务。例如,对分布式应用软件(包括电子商务应用、企业信息系统等),需要数据持久存储服务、安全控制服务、分布式事务管理服务、可靠消息服务等。这些技术支撑设施并非业务需求的直接组成部分,但形态各异的业务处理功能全部依赖于它们提供的公共技术服务。技术支撑方案应该为软件多个用例的实现提供技术服务,所以它应该成为整个目标软件系统中全局性的公共技术平台。当用户需求发生变化时,技术支撑方案应具有良好的稳定性。这就要软件设计者选用开放性和可扩充性较好的技术支撑方案。如果目标软件系统的顶层架构采用分层方式，那么技术支撑方案应该位于层次结构中的较低层次。

4．确定设计元素

设计元素包括子系统、构件、设计类三种。本步骤以用例分析中提取的分析类和界面设计中给出的界面类为基础，以软件需求的实现为目标，探索如何将分析类和界面类组织为设计元素并进一步研究这些设计元素之间的职责如何划分，它们之间如何协同工作。本步骤只需要确定设计元素的职责和相互协作关系即可，并不需要给出设计元素的内部结构和实现途径，此项工作留待架构设计之后的子系统设计、构件设计等活动完成。由于设计元素的设置并无可供机械遵循的定式，因此架构师必须使用设计模式和自己的设计经验。确定设计元素的主要过程如下。

① 确定子系统及其接口。每个子系统都在目标软件系统的运作过程中明确地承担部分软件求解职责，并定义多个服务提供接口和多个服务请求接口。

② 确定构件及其接口。构件的规模一般小于子系统，其内聚程度应该高于子系统。构件及其接口的定义应该追求高度可复用性的目标。

③ 确定关键设计类。在架构设计的过程中，并不需要标识所有的设计类，只要关注关键的设计类，即对于软件需求的实现具有比较重要的作用或作为已有设计元素之间交互的重要"桥梁"的那些类。

④ 整合设计元素。对到当前为止设计的架构、技术支持方案、设计元素等进行整合，给出架构的完整逻辑视图。

5．开发软件部署模型

软件部署模型负责展示软件中各子系统、构件在哪些计算节点上运行，以及这些节点之间的网络连接方式。它反映了软件系统的网络运行环境和物理分布状况。对于单机软件，软件系统全都部署于一台计算设备之上，这种软件的部署模型非常简单，不需要单独示出。但是，现今及未来的绝大多数应用软件均为网络分布式软件，有必要在设计之初即勾勒出其部署模型，以利于后续的设计、编码、测试和维护。

6．设计并发机制

并发是提高软件效率的重要手段。不仅如此，当用户界面与业务逻辑处理位于同一台计算机时，并发也是系统在进行耗时很长的业务处理时，使用户界面保持活跃并与用户及时交互的唯一方法。本步骤的主要工作是，针对目标软件系统的性能需求（包括界面的灵敏性需求），将一些可以并行执行的操作序列划分成不同的任务，明确这些任务在并发执行过程中可能的同步点，并研究并发任务在目标软件系统所基于的计算平台上的实现方法。

7．构建软件架构模型

本步骤对前述步骤的工作成果进行整理、改进，以正式文档的形式完整地描述目标软件系统的架构模型。该文档主要包含以下内容。

① 引言。描述本文档的目的、内容提要、引用的参考文档（例如，需求规格说明文档、有关软件架构风格的技术文献等）。

② 架构概述。宏观地描述软件系统中各子系统、构件、设计类的职责和协作关系，设

计软件架构时遵循的主要原则，关键的设计决策及其依据，本文档所定义的软件架构的特色、优势及可能的缺陷。

③ 需求视图。概述或引用对软件架构有重要影响的功能需求和非功能需求，必要时说明它们与软件架构或设计决策之间的关系。

④ 逻辑视图。详细阐述软件系统的分解情况，其中各子系统、构件、关键设计类的职责及协作关系。可以采用扩展的 UML 包图描述软件系统的分解情况，以及各设计元素之间的静态逻辑关系。

⑤ 进程视图。描述软件系统中的并发处理及必要的同步措施。

⑥ 实施视图。描述在软件系统的后续开发过程中各类文档、程序代码的组织结构，如 Java 包、目录树等。

⑦ 部署视图。描述软件系统的部署模型。

⑧ 应用指南。描述在后续的设计过程中使用本文档所定义的软件架构的重要注意事项，以便扬长避短，切实满足需求规格说明文档中的功能需求和非功能需求，避免软件架构的缺陷损害目标软件系统的质量。

本步骤并非简单地将前面描述的软件架构设计步骤的结果汇集成文档，还应将有关的软件需求分解成设计元素或其操作，它们将成为设计元素的实现约束。必要时，在软件需求与架构中的主要的设计元素或设计元素集之间建立追溯关系。

8．评审软件架构模型

软件架构对后续的设计与开发至关重要，因此应该进行评审，一方面发现软件架构模型中可能存在的缺陷，另一方面使相关人员能够达成一致。参与软件架构模型评审的人员包括项目负责人、需求工程师、架构师，以及参与子系统设计、模块设计、类设计等后续设计活动的软件设计人员等。评审的主要关注点如下：

① 软件架构是否能够满足软件需求，以及怎样满足软件需求。这里的软件需求包括功能需求与非功能需求。

② 当异常或者临界条件出现时，软件架构是否能够以令人满意的方式运作。

③ 软件架构的详略程度是否恰当：既不会过于细化而束缚后续设计的自由度，也不会过于粗放而放任后续设计背离软件需求，或者使后续设计无所适从。

④ 架构是否存在可行性方面的风险。

当软件架构模型通过评审后，设计过程就可以进入后续更加详细和具体的阶段。

4.3 用户界面设计

用户界面设计是软件设计过程中必不可少的一部分。界面设计应确保人机交互为机器的有效运行和控制提供保证。要使软件充分发挥其潜力，界面的设计应与预期用户的技能、经验和期望相匹配。

界面设计的目标是，为用户使用目标软件系统以实现其所有业务需求而提供友好的人机交互界面。界面设计是提高软件易用性的关键环节，而软件易用性几乎又是所有具有人机交互界面的软件系统的关键质量要素。一个使用起来困难的界面，轻者会造成用户操作失误；重者，用户将直接拒绝使用该软件系统，而不管系统的功能如何。如果信息的表达方式是混乱的或是容易误解的，那么用户可能会误解信息的含义，他们进行的一系列操作就有可能破坏数据,甚至导致灾难性的系统失败。因此,必须重视界面设计,反复推敲,精益求精。

界面设计需要考虑以下因素,其中前 8 点主要针对界面的易用性,而后两点主要针对界面的美观性。

① 适用于软件功能。软件的功能需要通过界面来展现。界面一定要适合软件的功能,并且与软件功能具有较高的融洽程度。

② 易学习(易理解性)。界面上呈现的所有元素,包括文本信息、数据表示、状态呈现、菜单、按钮、超链接等,应贴近用户的业务领域,并且具有简洁、明确、自然、直观等特性。软件应该容易学习,这样用户就可以迅速开始使用该软件。

③ 一致性。为降低用户的记忆负担,界面应在整个软件系统范围内保持显示风格、操作方式的一致性并符合业界规范。

④ 灵敏性。界面必须在合理的时间内对用户操作做出响应,对耗时较长的内部处理过程必须提供及时的进度反馈,保持用户与界面间不间断的双向沟通。

⑤ 容错性。界面设计应以降低用户的误操作概率为目标,但必须容忍用户的误操作,即对所有可能造成损害的动作,必须在用户确认后才进行;允许用户对尽可能多的界面操作反悔;在用户误操作后,界面应该提供允许用户从错误中恢复的机制。

⑥ 人性化。在适当的时机出现用户恰好需要的帮助信息或建议;在任何情况下,用户均能容易地理解软件系统的当前状态和响应信息,并能清晰地了解自己的操作行为的前因后果,不会因界面跳转而迷失;当出现错误时,界面应该提供有意义的反馈,并向用户提供与上下文相关的帮助。

⑦ 国际化。由于软件可能被掌握不同语言的用户使用,尤其在当前基于网络的软件为主流的情况下,软件应该能让用户选择界面语言,并能符合不同国家和区域的语言特点。

⑧ 个性化。用户可能对软件中的某些功能感兴趣,或希望自己定制过程和布局,因此界面设计应考虑到用户根据个性进行定制的情况。界面应该为不同类型的用户和具有不同功能的用户提供适当的交互机制。

⑨ 合理的布局。界面的布局应当符合逻辑,最好能够与工作流程吻合。此外,界面的布局应当整洁(整齐、清爽),使用户感觉舒适、自然。

⑩ 和谐的色彩。界面是否美观,很重要的一个方面是该界面的布局和色彩搭配。掌握一些界面色彩的设计原则无疑是非常有益的。

4.3.1 通用用户界面设计原则

在如今的软件系统中,虽然图形用户界面、窗口、图标和鼠标已经解决了大部分的界面问题,但我们还会经常碰到一些界面,它们难以学习和使用、令人困惑、与直觉相悖并且不可容忍。然而,这样的界面还有可能是开发人员在花费大量的时间和精力后开发出来的,所以界面中的问题并不是开发者有意造成的。

界面设计不仅是技术问题,而且还需要研究人的因素。谁是用户?用户如何学习与一个新的计算机辅助系统交互?用户如何解释系统产生的信息?用户对系统的期望是什么?这些都是在界面设计中必须回答的问题。

细致的界面设计是整个软件设计过程中一个很重要的部分,它对于软件系统发挥其所有潜力非常重要。界面必须能够符合软件用户的技巧、经验和期望。好的界面设计对于系统可靠性也非常关键，因为许多用户错误实际上是由于界面没有充分考虑实际用户的能力和工作环境造成的。没有设计良好的界面意味着用户将可能体验不到系统的某些特征，然后用户将有可能犯错，并且感觉系统没有帮助自己完成所预期的工作。

在做出界面的设计决定时，设计人员必须考虑软件使用者的体力和智力。这里不详细讨论人的问题，而只给出一些设计人员必须考虑的重要因素。

① 人只有有限的短暂记忆能力，通常人只能够瞬时记忆 7 条左右信息。因此，如果同时为用户展示太多的信息，他们可能无法接收所有的信息。

② 人都会犯错，特别是在必须处理大量信息或承受压力的情况下。当系统出错或出现警告信息时，同样也会加大系统用户的压力，从而提高了用户出现操作错误的概率。

③ 人的生理特征不同。例如，一些人的视力和听力比其他人好；一些人是色盲；一些人比别人的身体控制能力更好，等等。因此，设计人员不能够只为自己设计，而必须保证所有用户都能够使用系统。

④ 人有不同的交互和喜好。例如，某些人喜欢图片，而另外一些人则喜欢文字；某些人觉得直接的控制是很自然的，但是另外一些人则偏好基于命令的交互风格。

人的因素是表 4-1 中设计原则的基础。这些设计原则能够应用于所有的界面设计中，而且还可以根据具体的组织和系统类型来进一步细化。

表 4-1　设计原则

原　　则	描　　述
用户熟悉程度	界面应该采用经常使用系统的用户所熟悉的术语和概念
一致性	界面必须一致，在任何可能的情况下，相同的操作应该以同样的方式被激活
使惊讶最小化	尽量避免使用户对系统的行为感到惊讶
可恢复性	界面应该为用户提供错误恢复机制
用户帮助	界面应该在错误发生时提供有意义的反馈，并且提供上下文相关的用户帮助系统
用户多样性	界面应该为不同类型的用户提供恰当的交互方式

"用户熟悉程度"这一条原则建议，不能因为某个界面容易实现而强制用户来适应它。界面应该使用用户熟悉的术语，并且系统操作的对象应该与用户的工作环境直接相关。

"一致性"原则意味着系统命令和菜单格式应该统一，输入参数应该以同样的方式传递给所有的命令，并且命令的标注也应该类似。一致的界面可以减少用户的学习时间，使得在一个命令或应用程序中学习的知识在系统的其他部分或相关的应用程序中也同样适用。跨应用程序的界面一致性也非常重要，在不同应用程序中具有类似含义的命令应该尽量地以同一种方式表示。如果同样的键盘命令在不同的系统中有着不同的含义，那么错误就会很容易发生。例如，在文字处理软件中，通常使用 Ctrl+B 组合键来突出显示文字，但在"画图"软件中，Ctrl+B 组合键意味着把选中的对象放到另外对象的后面。如果在"画图"软件中想突出显示图形中的文字，却误使用 Ctrl+B 组合键，就会造成文字消失在包含它的对象之后。

"使惊讶最小化"原则是因为人可能由于系统的非预期行为而受到刺激。随着系统的使用，用户会有自己关于系统应该如何工作的预期。界面设计人员应该保证相同的动作在相同的情况下将产生同等的效果。界面的意外通常是由多种界面模式造成，系统可能存在多种工作模式，例如，视图模式和编辑模式，不同的命令效果取决于相应的界面模式。因此，在设计界面时,包含提示用户当前工作模式的标识非常重要。

"可恢复性"原则也非常重要。用户在使用系统的过程中不可避免地会犯一些错误。设计应该使失误的程度降到最低,例如使用菜单可以避免使用键盘的输入错误,但失误并不能完全被消除。因此,应该包含允许用户从失误中恢复的界面设计,可以有如下三种。

① 有害动作的确认。如果用户执行了一个具有潜在破坏性的动作,系统在执行动作之前应该要求用户对其进行确认。

② 提供恢复机制。恢复机制能够在动作发生之后使系统恢复到之前的某个状态。由于用户并不能总是在错误发生后就马上意识到,因此多层恢复比较有用。

③ 检查点机制。检查点机制能够周期性地保存系统状态,然后允许系统从最后一个检查点重新开始。当有错误发生时,用户能够回到上一个状态重新开始。

"用户帮助"原则要求界面必须包括用户帮助设施,这些设施需要整合到系统中,而且还要提供不同程度的帮助和建议,包括从如何开始等基本信息到系统设施的全面描述。

"用户多样性"原则认为,许多交互式系统可能存在不同类型的用户,一些是偶然用户,而其他一些可能是每天都使用系统的熟练用户。对于偶然用户,可能需要能够提供指导和帮助的界面,但熟练用户却需要快捷的使用方式,从而能够尽快地使用系统。此外,用户可能会受制于不同类型的生理缺陷,如果可以,界面也应该能够处理这些问题。

4.3.2 用户交互模式设计

整个用户界面的分析和设计过程从系统功能模型的创建开始,直到系统必需的、面向人或计算机的任务被详细地描述出来。所有界面设计中碰到的问题都要考虑。相关工具可用于设计模型的原型构建和最终实现。最终用户将评估设计结果的质量。

界面设计人员面临一个关键问题:用户应该如何与计算机系统进行交互。一致的界面必须整合用户的交互过程。这种整合可能会比较困难,因为设计人员必须在最恰当的应用程序交互和展示方式、系统用户的背景和经验,以及可用的系统设备等方面找到折中方案。

用户交互意味着给计算机系统发送命令和相应的数据。对于早期的计算机,用户交互的唯一方式是通过命令行界面,使用一种专门的语言来与机器通信。然而,这种方式可能只对专家级的用户比较合适。目前出现了许多更容易使用的交互方式,主要有如下 5 种主要的交互方式。

(1)直接操作。用户直接与屏幕上的对象交互。直接操作通常包括一个点选设备(如鼠标、指示笔等),用于指示操作的对象;然后还有相应的动作,用于表示对所选对象应该做些什么。例如,要删除一个文件,就应该单击代表该文件的图标,然后把它拖到"回收站"图标上。

(2)菜单选择。用户在菜单中选择一个命令,然后通过直接操作选择其他的屏幕对象,使命令在此对象上进行操作。使用这种方式,为了删除文件,需要先选择文件的图标,然后选择删除菜单命令。

(3)表单填写。用户可以填写表单中的某些区域。这些区域可能有相关的菜单命令,并且表单中可能有动作按钮。当按钮被选中后,可以初始化某些动作。在进行删除文件这类操作时,一般不会使用这种方法。

(4)命令语言。用户发出特定的命令和相关参数来指示系统。例如,为了删除某个文件,就需要输入删除命令,同时以文件名作为参数。

(5)自然语言。用户使用自然语言发出命令。也就是说,自然语言是命令语言的前端,并被解析并转换为软件命令。例如,为了删除某个文件,可能需要输入"删除名字为 XX 的文件"。

每种交互方式都有其自身的优势和劣势,都只适合某种特殊类型的应用和用户。表 4-2 给出了这些交互方式的主要优势和劣势,并且给出了它们可能适用的应用程序类型。当然,这些交互方式也可以在同一个系统中混合使用。另外,问答法也是一种交互方式,其交互本质上仅限于用户和软件之间的单一问答交换,即用户向软件发出一个问题,软件返回问题的答案。

表 4-2 交互方式的优劣对比表

交互方式	主要优势	主要劣势	应用例子
直接操作	1)交互快速并且符合直觉 2)容易学习	1)难于实现 2)只适用于存在图像表示的任务和对象	视频游戏、计算机辅助设计系统
菜单选择	1)避免用户错误 2)基本不需要输入	1)对于有经验的用户显得比较慢 2)如果存在多个菜单命令就会变得复杂	大多数系统
表单填写	1)简单的数据单元 2)容易学习 3)可以检查	1)需要很多屏幕空间 2)如果用户选项不满足表单区域要求,可能会出现问题	库存管理、个人贷款处理
命令语言	强大而且灵活	1)难于学习 2)错误管理较差	操作系统、命令和控制系统
自然语言	1)偶然用户容易使用 2)容易扩展	1)需要更多的输入 2)计算机系统对自然语言的理解不可靠	信息检索系统

4.3.3 用户界面设计流程

在用户界面分析完成后,所有用户要求的任务、对象和动作都已经被详细标记出来,下面开始进行界面设计。与其他软件工程设计过程类似,界面设计也是一个迭代的过程。每个界面设计步骤将多次发生,以精化之前得到的信息。

在界面设计过程中,用户通过与设计人员、界面原型之间的交互,来决定界面的特征、组织,以及外表和感觉。在某些时候,界面原型的构建与其他软件工程活动可以同时进行。更一般的情况是,在迭代开发过程中,界面设计随着软件的开发而逐步进行。然而,无论哪种情况,在开始编程之前,都必须经历纸上设计的开发和测试。

图 4-11 给出了整个界面设计过程,其中包括三个核心活动。

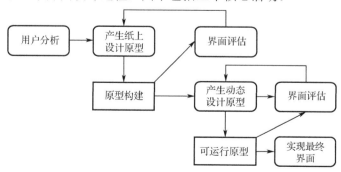

图 4-11 界面设计步骤图

（1）用户分析。在用户分析的过程中，设计人员必须理解用户需要进行的任务、工作环境、使用的其他系统，以及与其他人的交互方式等。对于具有大量用户的产品，必须通过分组调查、潜在用户测试等类似的活动来得到上述信息。

（2）原型构建。界面设计和开发是一个迭代过程。虽然用户可能会提到他们所希望的界面功能，但他们的表述可能不是很清晰。需要让用户看到一些实际的东西，才能够从他们那里得到全面的信息。因此，必须开发出原型并且把它们展现给用户，让用户来指导界面的演化。

其中，信息呈现设计尤为重要。信息表示可以是文本性的，也可以是图形性的。一个好的设计将信息表示与信息本身分开。"模型—视图—控制器"方法是保持信息表示与所呈现信息分离的有效方法。设计人员在信息呈现的设计中还应考虑软件响应时间和反馈。响应时间通常是指从用户执行某种控制动作开始，直到软件完成该动作的响应为止。当软件准备响应时，应该有进展的指示，可以在处理完成时重新陈述用户的输入来提供反馈。当大量的信息被呈现时，可以使用可视化方式。根据信息呈现的风格，设计人员也可以利用色彩来增强界面功能。有几个重要的准则：

- 限制使用的颜色数；
- 使用颜色变化来显示软件状态的变化；
- 使用颜色编码来支持用户的任务；
- 以深思熟虑和一致的方式使用颜色编码；
- 选择的颜色应方便色盲或色差患者使用，如利用颜色饱和度与亮度的变化，尽量避免蓝色和红色的组合等；
- 不要仅仅依靠颜色来向具有不同功能的用户传递重要信息（如失明、视差、色盲等）。

（3）界面评估。在原型构建的过程中，虽然设计人员将与用户直接进行讨论，但还必须开展更加正式的评估活动，从而可以收集用户对界面的真实感受。

界面设计的进度在某种程度上依赖于其他软件设计活动。例如，原型构建可能在需求工程中使用，因此在需求工程阶段就可以开始界面的设计过程。在迭代式软件开发过程中也应该包括界面的设计，同时界面也可能在迭代开发过程被重构或重新设计。建议所有界面建模都应该包含如下步骤：使用界面分析中得到的信息来定义界面对象和动作（操作）；定义能够使界面状态改变的事件或用户动作，并对其进行建模；按照能使用户感到真实的外观的原则来描述每个界面状态；指出用户如何使用界面提供的信息来解释系统状态。

在某些情况下，设计人员可能从每个界面状态的轮廓开始，然后定义幕后的对象、动作和其他重要的设计信息。在任何情况下，设计人员必须始终遵循之前介绍的界面设计原则和途径来对界面建模，并且考虑界面的使用环境，例如，与界面相关的显示技术、操作系统和开发工具等。

4.3.4 用户界面设计方法

用户界面设计中有三条"黄金规则"，它们构成了指导界面设计的基础和界面设计的主要途径。

1. 使系统处于用户控制之中

在需求收集阶段，关键用户将会被询问关于面向视窗的图形界面的属性。用户通常会表示他需要一个能够响应其请求并且帮助其完成任务的系统，也就是说，他需要控制计算机，而不是让计算机控制他。而设计人员强加的大部分界面约束和限制是想简化交互的方式，在很多情况下是为了简化界面的实现，其结果可能会使界面不具备可用性。如下设计原则可用于保持用户的控制：

（1）所定义的交互模式不会强迫用户进行不必要的动作，让用户能够很容易地进入或退出交互模式。例如，如果拼写检查在文字处理程序的某个菜单中被选择，程序将进入拼写检查模式；如果用户只想编辑小段文字，则没有必要强迫用户处于拼写检查模式下。

（2）提供灵活的交互方式。由于不同的用户具有不同的交互偏好，因此需要提供对多种方式的选择。例如，可以允许用户通过键盘命令、鼠标移动、电子笔或语言识别进行交互。

（3）允许打断或撤销用户交互。即使用户处于某个动作序列中，也可以在不丢失之前工作的前提下，打断该动作序列来做一些其他的事情。

（4）事先根据用户的熟练程度来提高交互效率并且允许交互定制。用户常常会发现，需要重复地进行一些相同的交互序列，因此可以设计类似"宏"的机制来使高级用户定制界面。

（5）为不熟悉系统的用户隐藏内部技术细节。界面应该使用户进入应用的虚拟世界中，让用户感觉不到操作系统、文件管理函数或其他的底层技术。

（6）与出现在屏幕上的对象直接交互。在完成某个任务时，如果用户能够像操作物理对象那样来操作完成任务所需的对象，就会感觉拥有一定程度的控制力。

2．减少用户记忆负担

如果用户必须记忆的信息越多，与系统的交互就越容易出错。因此，界面不应该加重用户的记忆负担。在任何可能的时候，系统应该"记忆"相关的信息，并通过能够辅助回忆的交互场景来帮助用户。如下设计原则可用于减少用户的记忆负担：

（1）减少短期记忆要求。当用户处于复杂任务中时，对短期记忆的要求将非常关键。界面要尽可能地减少对动作和结果的记忆要求，这可以通过提供可视化的记忆提示来完成。

（2）建立有意义的默认设置。默认的初始设置必须对一般的用户有意义，但也能够让用户设定单独的偏好。此外，还必须提供一个"重置"的选择，使最初的默认值能够重新定义。

（3）定义符合直觉的快捷方式。当使用快捷键来调用某个系统功能时（例如，使用 Alt+P 组合键来调用打印功能），必须使快捷键与所调用动作联系在一起，以易于记忆。

（4）界面的视觉布局应该模拟真实世界。例如，账单支付系统可以使用象征符号来在账单支付过程中指导用户，从而使用户能够从易于理解的可视化提示中得到帮助，而不需要记住晦涩的交互序列。

（5）以渐进的方式来揭示信息。界面的组织应该层次化。关于某个任务、对象的信息或某些系统行为，最初可以在较高的抽象层次来展现，更加详细的信息则在用户选择以表明其兴趣后再展现。

3．保持界面一致性

界面获取和展现信息的方式必须一致，这蕴含着三个意思：

（1）所有的可视信息都要根据设计标准来组织，并且在所有屏幕显示中都遵循这个设计标准。

（2）输入机制只有有限的几种，从而可在整个应用中一致地使用。

（3）一致地定义并实现从任务到任务的跨越机制。如下设计原则有助于保持界面一致性：
- 用户能够在有意义的上下文中执行当前的任务。很多界面通过屏幕图像来实现复杂的交互，因此提供让用户了解目前工作上下文的提示很重要，例如，窗口标题、图标和一致的颜色码等。
- 维护系列软件的一致性。某些相关的软件产品必须实现相同的设计规则，从而保持它们与用户交互的一致性。
- 如果已有的交互模型已经能够满足用户的期望，则不要随意进行修改，除非有强制性的理由。

界面设计除满足上述三条"黄金规则"之外，往往还需要考虑国际化和本地化。这是使软件适应不同语言、地域差异和目标市场的技术要求的手段。国际化是指，设计一个软件，使它能够适应不同的语言和地区，而不会发生重大的工程变化。本地化是指，通过添加特定的特定组件和翻译文本来使软件适应特定区域或语言。本地化和国际化应考虑符号、数字、货币、时间和度量单位等因素。

4.4 软件设计质量

4.4.1 软件设计质量的意义

软件设计是软件开发过程中的核心活动。软件设计的质量不但对最终软件产品的质量起着决定性作用，还对软件开发过程，以及软件日后在使用过程中维护的难易程度有着重要的影响。高质量的软件设计，能够有效缩短软件开发时间，减少开发成本，提高最终软件产品质量。为了评价软件设计的质量，需要定义能够全面描述软件设计质量的要素。通过对相关研究和实践的总结，下面列出一组要素，可用来对软件设计的质量进行综合评价。

（1）结构良好。软件设计的结构合理，模块满足功能独立、信息隐藏、高内聚、低耦合的要求，子系统和模块之间的接口定义明确、清晰、一致。

（2）充分性。软件设计全面覆盖了软件需求规格说明中提出的要求，没有遗漏的功能，并能体现需求中对非功能特性的要求。这是软件设计的一个基本要求。

（3）可行性。软件设计对于具体实现是可行的，即在现有时间、资源和技术水平下，可以按照设计规格说明开发出满足需求的最终软件产品。这意味着在设计过程中要充分考虑开发机构和项目的现状。

（4）简单性。软件设计并不是使用的技术和设计的模型越复杂越好，这一方面对资源和人员的要求更高，另一方面复杂性的提高会增加最终软件产品在实现过程中引入缺陷的可能性，降低其可靠性。

（5）实用性。软件设计只需要能够满足用户的需求即可，没必要为了显示能力或水平增加许多不实用的、用户需求未提出的、平时也基本不会用到的功能或服务。软件设计应该尽量做到"不多也不少"。

（6）灵活性。软件设计应该能够适应需求等方面的变化，易于日后对软件功能进行扩展，便于维护和修改。

（7）健壮性。软件设计应该考虑必要的安全防护、异常处理等保护机制，使得最终软件产品在运行过程中出现异常的情况下避免发生失效。

（8）可移植性。最终的软件产品可能会在不同类型的平台或环境中运行，因此软件设计应该尽量与实现语言、运行平台和环境无关。这也能提高设计的可复用性。

（9）可复用性。软件设计应该考虑日后可能出现的复用，包括对软件架构的复用或对子系统、模块、类、算法等不同层次元素的复用。因此在设计时，对可能复用的部分要尽量提高其独立性。

（10）标准化。软件设计过程中使用的建模语言和符号、相关文档的格式应尽可能符合相关标准，以提高相关人员的交流效果和工作效率。最好能够在设计之前制订相关设计指南，对设计过程进行规范。

上面列出的要素用来对软件设计本身进行评价。软件设计的结果还会对最终软件产品的质量和软件开发过程的质量产生影响。设计人员需要了解这些影响，以在设计过程中进行权衡。软件设计对最终软件产品质量产生的影响包括：

（1）正确性。很显然，软件设计中如果存在错误或缺陷，会直接导致软件实现的错误，影响最终软件产品的正确性。

（2）可靠性。由于软件可靠性一般表示软件在特定环境和时间下发生失效的概率，因此，如果软件设计中的错误、缺陷较多，那么会导致最终软件产品的可靠性降低。

（3）运行效率。软件运行的效率可能会受到软件设计中选择的算法、数据结构的影响，而界面设计的结果也会影响用户使用最终软件产品的效率。

（4）可移植性。良好的软件设计使得与运行平台和环境相关的代码最小化，并通过良好的封装和接口定义，使得软件的移植更加容易。

（5）可维护性。最终软件产品可能会因为发生错误或环境变化而需要进行维护。不论哪一种情况，都需要理解软件结构并找出相应位置对其进行修改。而具有良好结构的软件设计会使得维护人员更容易理解软件结构。

（6）可复用性。由于软件设计描述了软件如何分解，子系统和模块之间的接口如何定义，因此对于软件模块的复用具有重要影响。

软件设计对软件开发过程可能产生的影响包括：

（1）开发效率。良好设计可以提高软件开发的效率，反之则会降低开发效率。

（2）交付时间。软件设计的可行性、简单性等对开发时间会产生影响，最终影响交付时间。

（3）风险管理。软件设计中，如果对技术、资源、人员的要求较高，可能会产生一定的设计风险。

（4）资源使用。软件设计对能否经济、高效地使用相关资源会产生影响，可能要求购买、开发更多的设备和工具。

（5）成本。显然，不同复杂度、不同质量的软件设计会导致不同的开发成本。

（6）人员培训。如果软件设计中使用的技术超过开发人员的技术水平，就可能需要对相关人员进行进一步培训。

（7）合法性。软件设计有时也会涉及是否违反相关法律或规定等问题，例如，用户信息的管理、系统的安全机制等方面是否符合法律法规的要求。

在软件设计过程中，不仅需要考虑如何实现需求规格说明中的要求，还需要时刻注意软件设计的质量。很多时候，软件设计的质量比软件设计是否完成了需求中的功能或性能要求更重要，因为软件设计的质量可能会在未来，从软件实现到软件退役的很长一段时间内，影响最终软件产品的质量和成本。

4.4.2 软件设计质量的评估

各种工具和技术可以帮助分析和评估软件设计质量。

（1）软件设计评审

软件设计评审是软件设计质量分析的主要方法。评审的目标是，确保软件设计规格说明能够实现所有的软件需求，及早发现软件设计中的缺陷和错误，并确保软件设计模型已经精化到软件工程师能够构造出符合设计人员期望的软件系统。评审活动的输入是软件设计规格说明。

评审分正式与非正式两种。正式评审除设计人员外，还应该包括用户代表和领域专家。通常采用答辩形式。与会者应该提前审阅文档。设计人员在对设计方案进行详细说明后，回答与会者的问题，并记下各种重要的评审意见。非正式评审多少有些同行切磋的性质，不拘时间，不拘形式。值得指出的是，评审应对事不对人，一方面，设计人员应真诚欢迎他人提出意见和建议，尽早发现错误；另一方面，参加评审的人员应坦诚、友好，防止把评审变成质询或辩论。最后，对评审中提出的问题应进行详细记录。评审的主要目标是发现问题，而不是如何解决问题。评审结束前，还应对本次评审做出结论。评审中需要重点关注的内容包括：

① 设计模型是否能够充分地、无遗漏地支持所有软件需求的实现。

② 设计模型是否已经精化至合理的程度，是否可以确保软件工程师能够构造出符合软件设计人员期望的目标软件产品。

③ 设计模型的质量属性，即设计模型是否已经经过充分的优化，以确保依照设计模型构造出来的目标软件产品能够表现出良好的软件质量属性。

我们把评审中所关注的内容进行细化，总结关心的具体问题，形成软件设计评审检查表。开发机构可以根据自身和项目的特点编制检查表。表 4-3 给出一个软件设计评审检查表示例。

表 4-3 软件设计评审检查表

编号	检查项	Yes	No
1	软件设计的特征是否与需求一致，能满足需求规格说明的要求		
2	软件结构的形态是否合理		
3	软件结构的层次是否清晰		
4	软件设计是否具有良好的结构特征，如信息隐藏、高内聚、低耦合		
5	子系统或模块的设计是否有较高的功能独立性		
6	子系统或模块的设计是否实现了其接口要求的行为		
7	软件设计是否包含了必要的处理步骤		
8	软件设计是否指明了每个决策点的可能结果		
9	软件设计是否考虑了所有预期的情形和条件		
10	软件设计是否避免了不必要的设计复杂性和表示方式		
11	软件设计选择的算法与数据结构是否合理		
12	软件设计能否适应选择的编程语言		

续表

编　号	检　查　项	Yes	No
13	人机界面是否合理、易用		
14	软件设计能否满足性能、安全性等非功能需求		
15	软件设计是否具有较好的健壮性，具有异常或错误处理能力		

下面给出评审的一些建议性原则。

① 对软件产品进行评审，而不是对开发人员。
② 要有针对性，不要漫无目的。
③ 进行有限制的争论。
④ 阐明问题所在，但不要试图去解决问题。
⑤ 与会者应该做事先准备，如果没有准备好，则取消会议并重新安排时间。
⑥ 为被评审的软件产品编制一个检查表。
⑦ 确定软件元素是否遵循其设计规格说明或标准，记录任何不一致的地方。
⑧ 列出发现的问题、给出的建议和负责解决该问题的人员。
⑨ 坚持记录并进行文档化。

评审活动的输出制品是通过评审的软件设计规格说明。它是整个软件设计阶段的最终输出，将成为软件实现和测试活动的主要依据。

（2）静态分析

可用于评估软件设计的方法包括形式化或静态分析，例如，自动交叉检查。如果需要考虑安全性，则可以执行设计漏洞分析，例如，对安全弱点的静态分析。形式化设计分析使用数学模型，允许设计者预测行为并验证软件的性能，而不必完全依赖于测试。形式化设计分析可以用来检测剩余的需求规格说明和设计错误（可能是由一致性、歧义等错误引起）。

（3）仿真和原型

可以使用动态技术评估软件设计，例如，性能仿真、可行性原型等。

软件设计度量可以用于评估或定量评估设计的各个方面（如软件大小、结构或质量等）。度量的方法取决于产生软件设计的方法，可分为两大类。

① 基于功能的（结构化的）软件设计度量

通过分析功能分解得到的软件设计度量，通常使用结构图（有时称为层次图）表示，在此结构图上可以计算各种度量。

② 面向对象的软件设计度量

软件设计结构通常表示为一个类图，可以在此图上计算各种度量，还可以计算每个类内部属性的度量值。

4.5　软件设计符号

在软件设计过程中，常使用一些软件设计符号对软件设计进行描述。它们有些用于描述软件设计的结构，有些用于表示软件行为，有些主要用于架构设计，而另一些则主要用于详细设计。这里介绍统一建模语言（UML）。UML 的发起者充分考虑了各种需求、方法和语言的特点，使 UML 在表达能力、对新技术的包容能力和扩展性等方面具有显著的优势。

① 为使用者提供了统一的、表达能力强大的可视化建模语言,以描述应用问题的需求模型、设计模型和实现模型。

② 提供对核心概念的扩展机制,允许用户加入核心概念中没有的概念和符号,为特定应用领域提出具体的概念、符号表示和约束。

③ 独立于实现语言和方法学,但支持所有的方法学,覆盖了面向对象分析与设计的相关概念和方法学。

④ 独立于任何开发过程,但支持软件开发全过程。

⑤ 提供对建模语言进行理解的形式化基础,用元模型描述基本语义,用 OCL 描述定义规则,用自然语言描述动态语义。

⑥ 增强面向对象工具之间的互操作性,便于不同系统间的集成。

⑦ 支持较高抽象层次开发所需的各种概念,如协同、框架、模式和构件等,便于系统的重用。

UML 包含 13 种视图模型。我们将这 13 种视图模型划分为结构描述和行为描述。结构描述包括类图、包图、对象图、构件图、组合结构图、部署图。行为描述包括活动图、顺序图、通信图、交互概览图、时序图、状态图、用例图。其中,顺序图、通信图、交互概览图、时序图又可以归为交互图。UML 视图模型分类如图 4-12 所示。

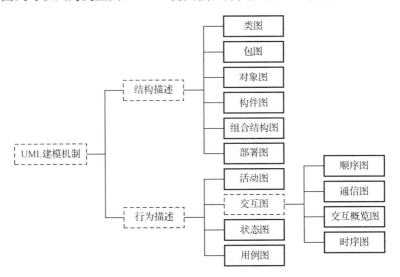

图 4-12 UML 视图模型分类

4.5.1 结构描述

结构描述,也称为静态视图,主要用来描述系统中包含的元素,以及元素之间的关系。结构描述中的视图可以对各个层次和阶段的软件产品进行刻画。这些视图对系统的逻辑结构或物理结构进行描述,并不涉及系统的动态行为和过程。

1. 类图

类图描述系统的静态逻辑结构,即构成系统的抽象元素,以及元素之间的关系。类图最基本的元素是类和类之间的关系,包括关联、聚集、继承、依赖等。类图在系统的整个生命周期内都有效。

类图是 UML 中最基本,也是最重要的一种视图。它用来刻画软件中类等元素的静态结构和关系。面向对象软件设计的最终实现体现为多个类的实现与组织，因此类图与面向对象软件实现之间的映射最为直观，对软件结构的设计至关重要，是软件实现要遵循的主要需求规格说明。下面列出在类图中经常出现的主要建模元素，包括节点类型图元和连接类型图元。

（1）类

类用来描述具有相同特征、约束和语义的一类对象。这些对象具有共同的属性和操作。类图中的一个类可以简单地只给出类名，也可以具体列出该类拥有的成员变量和方法，甚至可以更详细地描述可见性、方法参数、变量类型等信息。图 4-13（a）给出一个电子商务系统中 Customer 类的示例，其属性包括 Name、Address，操作包括 Buy()、Pay()，图 4-13（b）是 Customer 类的简要表示方式。

图 4-13　类

（2）抽象类

抽象类指一个类只提供操作名，而不对其进行实现。对这些操作的实现可以由其子类进行，并且不同的子类可以对同一种操作具有不同的实现。抽象类与类的符号区别在于抽象类的名称用斜体字符表示。例如，把 Customer 作为抽象类，其表示如图 4-14 所示。

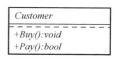

图 4-14　抽象类

（3）接口

接口用来声明一些属性或方法，但并不实现它们。接口能够用来规定一种契约。对接口进行实现的元素（如一个类）必须遵循该契约。接口有两种表示方式。图 4-15（a）给出用 UNL 构造型描述的 Sort 接口，即用<<接口>>标识该元素的类型。构造型是 UML 提供的一种扩展机制，开发人员可以用构造型定义 UML 规范中没有的一些元素类型，一般用<<Typename>>表示。图 4-15（b）给出用圆圈表示的 Sort 接口，与接口相连的是对接口进行实现的类。

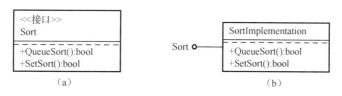

图 4-15　接口

（4）依赖关系

两个类之间存在依赖关系，表明一个类使用或需要知道另一个类中包含的信息。图 4-16 给出依赖关系示例，描述了 Customer 类依赖于 ProductCatalog 类。

图 4-16　依赖关系

（5）关联关系

两个类之间存在关联关系，表明这两个类的实例之间存在语义上的联系。关联关系可以具有方向性。如果关联关系是双向的，则可以用无向连线表示。在关联关系上可以写明关联名称，每个类在关联关系中的角色，以及两个类的实例在实际关联关系中的数量对应关系。图4-17描述了Person类和Company类之间存在关联关系，其中Person类是雇员角色，Company类是雇主角色，它们之间是雇佣关系。在实际中Person类的实例与Company类的实例的数量对应关系是多对一。一般用*表示多个实例，$n…m$表示实例数量的范围。

图 4-17　关联关系

（6）聚集关系

聚集关系表明两个类的实例之间存在一种拥有或属于关系，可以看作一种较弱的"整体-部分"关系，或一种逻辑上的隶属关系。例如，一个雇员属于一个公司，但这是一种逻辑上的隶属关系。因此，Person 类和 Company 类之间还可以用聚集关系描述，如图 4-18 所示。空心菱形在整体类这一侧。

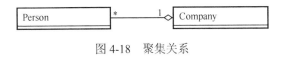

图 4-18　聚集关系

（7）构成关系

构成关系表明两个类的实例之间存在一种包含关系，是一种比聚集关系更强的"整体-部分"关系。"部分"对象在任何时候只能属于一个"整体"对象。如果"整体"对象的实例被破坏，那么意味着"部分"对象的实例也将被破坏。例如，在电子商务系统中，顾客提交的一个订单（Order）可以包含多个订单项（OrderItem），每个订单项对应一种要购买的产品（Product）。由于一个订单项只能属于一个订单，且依赖于订单的存在，因此是构成关系。构成关系用实心菱形表示，如图4-19所示。

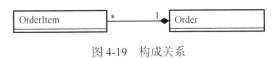

图 4-19　构成关系

（8）泛化（继承）关系

如果直观地使用面向对象概念解释，泛化关系就是指两个类之间存在继承关系，即：一个是父类，另一个是子类。例如，雇员又可以分为管理者（Manager）、工程师（Engineer）、销售人员（Saleman）等，他们作为雇员有共性，但又有各自的特性，因此他们可以作为Person 类的子类。Person 类作为父类定义了子类的共性，而特性在各个子类中进行实现。泛化关系用三角形连线表示，三角形在父类这一侧，如图4-20所示。

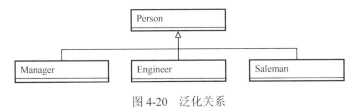

图 4-20　泛化关系

（9）实现关系

实现关系表示一个元素是对另一个元素的实现，例如，一个类实现一个抽象类。对于图 4-15 中 SortImplementation 类实现接口 Sort 中给定的契约，还可以像图 4-21 中那样用实现关系表示，其连线用虚线。

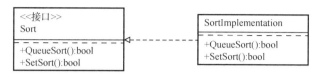

图 4-21　实现关系

（10）关联类

关联类用来记录与关联关系有关的信息，提供与关联关系有关的操作。例如，Person 类与 Company 类之间具有的关联关系是一种雇佣关系，但雇佣关系本身很复杂。我们可以用一个类来表示该关联关系，因此增加一个关联类 Employment，虚线连接到关联关系上，如图 4-22 所示。

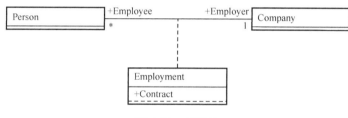

图 4-22　关联类

在实际开发过程中，用类图进行分析与设计时，需要综合使用前面介绍的各种图元，以更好地反映出系统中包含的类，以及相互之间的关系。由于类和关系的表示可详可略，因此类图可以表示概念层的模型，也可以细化后表示实现层的模型，并且一般由概念层逐步细化到实现层。

2．包图

包图是一种特殊类型的类图，描述类和接口如何进行逻辑上的划分。包图常用来描述软件系统的架构。

包图在 UML 中可以看作类图的一部分。包用来对一组元素进行划分，是对复杂模型的一种分而治之的层次划分，因此也常常用来描述一个复杂系统逻辑上的子系统划分。包图主要由包和包之间的关系组成，其中主要的图元介绍如下。

（1）包

包的划分应该遵循高内聚、低耦合的原则。一个包中可以包含多个类或子包，它们具有较高的相关性或耦合度；而不同包中的元素之间相关性和耦合度较低。例如，软件系统中与界面相关的类都归于 SystemInterface 包内，而这些类之间依然存在某些关系，如图 4-23 所示。

（2）依赖关系

如果两个包中的元素之间存在依赖关系，则两个包之间应存在依赖关系。该依赖关系的表示与类图中依赖关系的符号一致。图 4-24 中，网上购物系统中订单管理 OrderManager 包中的类依赖于 SystemInterface 包中的类，因此这两个包之间存在依赖关系。

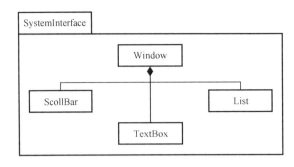

图 4-23　包

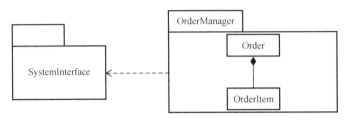

图 4-24　依赖关系

（3）导入关系

当一个包中的元素访问另一个包中的元素时，需要给出被访问元素的完整名称。例如，负责对顾客进行管理的 CustomerManager 包，如果要使用 OrderManager 包中的 Order 类，那么需要指明 OrderManager::Order。图 4-25 中，导入关系<<import>>将 OrderManagr 包中的元素导入 CustomerManager 包中，这时可以直接使用 Order 名称来访问该类。还有一种导入关系<<access>>，使得被导入的元素的可见性是 private，不能被其他包使用。在图 4-25 中，如果 CustomerManager 包被导入其他某个包 B 中，那么包 B 可以访问 OrderManager 包中的 public 元素，但 DataManager 包中的任何元素都不能被包 B 访问。

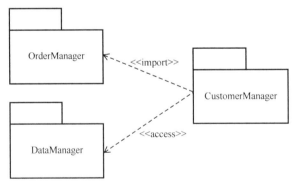

图 4-25　导入关系

（4）合并关系

两个包之间的合并关系可以看作把一个包中包含的内容合并到另一个包中，合并后的包拥有两个包的内容。图 4-26 中，通过合并关系<<merge>>，CustomerManager 包中的内容被合并到 DataManager 包中。在合并关系中，可见性为 private 的元素不能被合并，只在其中一个包中出现的元素被原封不变地合并，而两个包中具有相同名字的类通过泛化关系连接起来。

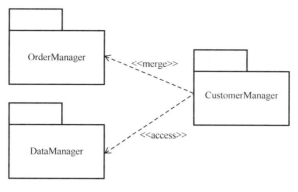

图 4-26 合并关系

3. 对象图

对象图与类图具有相同的表示形式，可以看作类图的一个实例。对象是类的实例，对象之间的链接是类之间关联的实例。由于对象存在生命周期，因此对象图只能在某个时间段存在。

对象是类的实例，对象图也可以看作类图的实例，对象之间的连接是类之间关联关系的实例。对象图描述在特定时刻和特定环境下，类图中类的具体实例，以及这些实例之间的具体连接关系。对象图能帮助人们理解一个比较复杂的类图。对象的图示方式与类的图示方式几乎是一样的，主要差别在于对象的名字下面要加下画线，对象名称后面可以注明所属的类。在一个对象图中，可以同时出现一个类的多个实例。例如，如图 4-27（a）所示的类图中，Customer 类和 Order 类之间存在关联，而如图 4-27（b）所示的对象图中给出了系统运行过程中可能出现的这两个类实例之间的关系。

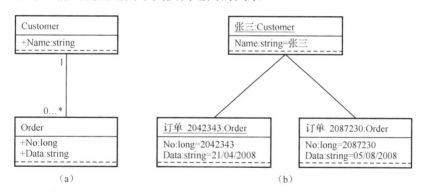

图 4-27 类图对应的对象图

4. 构件图

构件图描述了系统实现中的结构和依赖关系，可以用来表示软件开发、编译、链接、部署或执行时构件之间的关系。

构件的根本特征在于它的封装性和可复用性。其内部结构被隐藏起来，只通过接口向外部提供服务或请求外部的服务。通过明确构件对运行环境的假设（即接口定义），可以将构件封装起来，使它尽可能独立，从而为复用提供支持。构件图用来描述系统中存在的构件，构件具有的接口，以及各个构件怎样通过接口连接起来形成一个完整的系统。

（1）构件

构件是系统中一个具有良好封装、可替换的模块。简单构件用带有<<component>>构造型的方框表示，构件名称处于方框中间位置，例如，图 4-28 中的 Account 构件。复杂构件内部带有实现细节，可以是构件或者类，例如，图 4-28 中的 Order 构件由 OrderHeader 类和 OrderLine 类实现。构件之间可以像类那样存在依赖关系，即一个构件可以使用另一个构件的信息，例如，图 4-28 中的 Order 构件依赖于 Account 构件和 Product 构件。

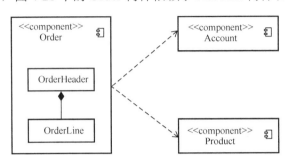

图 4-28　构件及其依赖关系

（2）接口

构件具有良好的封装性。一个构件与其他构件之间通过具有规范定义的接口进行交互，

图 4-29　构件的接口

这也使得系统中一个构件能够很容易地被另一个具有相同接口定义的构件替换。构件可以向外部提供服务，也可以请求外部的某些服务，因此其接口可以分为提供接口和需求接口。图 4-29 中，Order 构件通过需求接口 Person 和 Orderable 从外部获取顾客和可定购产品的信息，通过提供接口 OrderState 向外部提供订单当前状态信息。

（3）装配连接子

在基于构件的软件开发中，当所需构件都已准备好后，需要做的就是把这些构件按照接口规范组装起来。这时需要对请求服务的构件接口与提供相应服务的构件接口进行正确的映射。在构件图中，这种构件组装通过装配连接子描述。装配连接子把一个构件的服务和另一个构件的需求连接起来。图 4-30 中，Order、Customer 和 Product 三个构件按照其接口通过装配连接子组装起来。

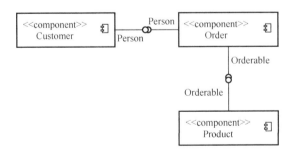

图 4-30　装配连接子

（4）委托连接子

一个复杂构件可以包括多个子构件。这些子构件装配起来形成复杂构件的内部结构。复杂构件也有自己的接口。显然，复杂构件的提供接口所能提供的服务应该由内部子构件

实现，而需求接口获得的信息也应该交由内部子构件使用。这样，在构件图中应该有一种机制可以把复杂构件的外部接口与内部子构件的接口映射起来，这是由端口和委托连接子描述的。端口位于构件边界上，用一个小方框表示，是构件外部接口与构件内部的连接点。一个端口可以对应多个接口。委托连接子通过有向线段把端口上的外部接口与构件内部具体实现元素进行映射，其方向一般是从需求方指向提供服务方，也就是委托的方向。图 4-31 中，Store 构件是一个复杂构件，其提供接口 OrderState 被委托给子构件 Order 的 OrderState 接口实现，而子构件 Customer 的需求接口 Account 则被委托给复杂构件的 Account 接口来获取所需信息。可以看到，由此把一个复杂构件的外部视图与其内部结构映射起来。通过这种方式，可以用基于构件的方式对具有多个层次的复杂构件进行建模。

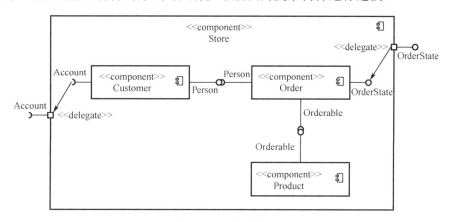

图 4-31 委托连接子

构件图能够支持逻辑构件（如业务构件、进程构件）和物理构件（如 EJB 构件、CORBA 构件等），以及构件的部署模型和执行模型，并可为特定的构件技术、相关软硬件环境定义相应描述，因此在当今基于构件的软件工程中具有广泛的应用价值。

5．组合结构图

组合结构图用于描述较为复杂的系统元素，以及元素之间的关系。组合结构图把类图和构件图联系起来，表明系统元素如何组合在一起实现复杂的模式。

组合结构图主要用于描述复杂系统在运行时的结构。与对象图不同，组合结构图通过内部结构、端口、协作等概念来描述复杂系统在运行时，系统、对象、协作实例等元素之间的结构关系。组合结构图中可以使用类图、对象图、构件图中有关的图元，但也有自己独特的建模元素。下面对组合结构图的主要特征进行简要描述。

在组合结构图中，端口的定义非常灵活。除构件图中的用法外，还可以定义端口在实例中的数量、端口的类型。此外还可以把端口定义称为行为端口。在图 4-32（a）中，端口 P 在运行中存在两个实例，端口 Q 是一个行为端口，它与一个状态（参见状态图）连接。状态用来解释端口运行时的行为。

组合结构图还可用来描述系统及其组成部分，其组成部分的描述类似于对象图中的对象，但组合结构图可以说明该部分属于哪个系统。图 4-32（b）中，MainWindow 对象与 OkButton 对象、CancelButton 对象都应该属于同一个应用系统 Store。

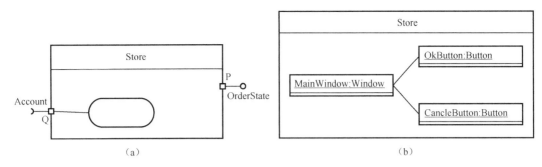

图 4-32 组合结构图

组合结构图还能够描述表示系统功能行为的协作及其内部的实现结构。协作可以实例化。同样的协作在系统运行中可能多次出现，并且每次出现的环境可能不同。组合结构图中，协作用虚线椭圆表示，其实现结构可以在椭圆内描述。

6．部署图

部署图描述系统硬件的物理拓扑结构，以及在此结构上运行的构件。它可以显示实际设备间的连接关系、连接的类型及构件之间的依赖性，以及构件运行时在物理平台上的配置和部署情况。

部署图用来描述软件开发过程中生成的物理文件形式的软件或信息，运行平台中的物理节点和通信，以及软件文件到相应硬件节点的部署或映射。在部署图中，物理文件形式的软件或信息被称为制品，例如，模型文件、源代码文件、脚本、二进制可执行文件、数据库表、库文件、文档、应用程序等；运行平台中的硬件称为节点，例如，处理器、计算机、打印机、服务器、网关、路由器等，并且节点之间通过通信路径进行信息的传递。图 4-33（a）表示的制品是实现订单处理的 Order.jar 文件，图 4-33（b）表示的节点是一个应用服务器。

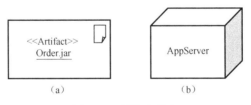

图 4-33 制品和节点

部署图描述了制品怎样在节点上部署，以及节点如何连接起来形成一个完整的系统。图 4-34 描述了一个简单的部署图，包括 1 个 Web 服务器（WebServer）、1 个应用服务器（AppServer）和 2 个数据库服务器（DatabaseServer），这样可以实现数据备份。Order.jar 和 ShoppingCart.jar 文件部署在应用服务器上，并且 Web 服务器和数据库服务器都给出需要满足的属性，例如，处理器数目和速度、存储器容量等。此外，图中还描述了节点之间的连接，Web 服务器与应用服务器之间通过远程方法调用 RMI 实现通信，而应用服务器和数据库服务器之间通过 JDBC 实现数据库访问。

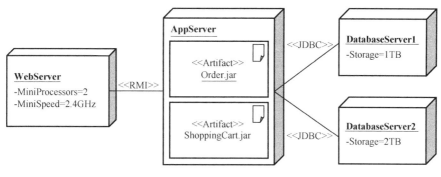

图 4-34 部署图

4.5.2 行为描述

行为描述，也称为动态视图，主要用来刻画系统中的动态行为、过程和步骤。行为描述中提供的视图可以从不同侧面来描述软件系统的动态过程，例如，业务或算法过程与步骤，多个对象为完成一个场景而进行交互和信息传递的过程，一个对象在生命周期内根据收到的不同事件进行响应的过程等。行为描述包括活动图、交互图、状态图和用例图，其中交互图又分为顺序图、通信图、交互概览图和时序图，下面对它们进行简要介绍。

1. 活动图

活动图描述行为或活动的流程，与传统的流图类似，但表达能力更强。活动图可用来描述任何能够以流的形式表示的过程，包括算法、控制流、业务流、工作流等。

活动图主要描述一个系统行为的执行过程或步骤。它的适用范围非常广泛，用来描述工作流、过程流、算法步骤等从问题域到解空间的任何能够用流的形式描述的行为，可以用于概念层、设计层、实现层等不同抽象层次的系统行为建模。其图元种类众多，语义也较为复杂。下面对常用的活动图建模机制进行描述。

（1）活动与动作

活动是包含一组动作的行为，动作是活动中的步骤。图 4-35 描述了一个名为 SaleProcess 的活动，其中包含 4 个动作，表示在线购物的过程。此外，为了表明初始和终止动作，特别用了 2 个特殊节点，即初始节点和终止节点。从初始节点出发的有向边指向的动作是初始动作，指向终止节点的动作是终止动作。

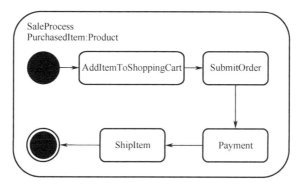

图 4-35 活动和动作

(2）对象节点

为了增强对活动的表达能力，活动图还有一些特殊的节点，以表示活动的输入、输出动作之间传递的复杂对象。例如，动作 AddItemToShoppingCart 生成一个订单对象 Order，然后由动作 SubmitOrder 提交。图 4-36 中用两种方式描述了这两个动作之间存在对象的传递。图 4-36（a）把 Order 对象放在方框中，并置于两个动作之间。图 4-36（b）使用 Pin（图中的两个小方框）来描述两个动作的输入和输出，通过定义输入类型和输出类型并把它们连接起来，表示动作之间的信息传递。

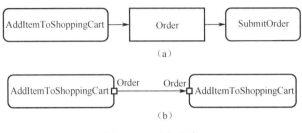

图 4-36 对象节点

(3）控制节点

在实际的活动流程中，经常会出现分支选择情况，还有可能执行完一个动作后，需要同时开始执行几个流程，或几个流程完成后汇总为一个流程。这些在活动图中都可以表示出来，如图 4-37 所示。

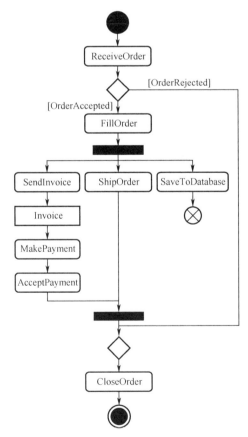

图 4-37 活动图

在活动图中,菱形表示分支节点,并且分支上可以标明分支条件,例如,ReceiveOrder 动作之后的分支。因为 FillOrder 动作之后需要同时开始执行三个流程,所以有一个分支节点,并在 ShipOrder 动作后有一个汇合节点。在 SaveToDatabase 动作后有一个流终止节点,它与活动终止节点的区别在于,流终止节点只结束当前分支的活动流,其他分支的动作依然可以继续执行;而活动终止节点将终止整个活动的过程。

(4)泳道

活动图中的动作可能是由多个对象共同完成的,例如,一个订单处理过程会有多个部门和顾客共同参与执行。为了能够把动作按照执行该动作的对象进行划分,以明确活动中各个参与者的相应职责,活动图引入了泳道的概念。例如,图 4-38 中的活动图描述了订单处理过程,其参与方将包括卖方的订单处理部门(OrderDepartment)、财务部门(AccountDepartment),以及顾客(Customer)。这样,图 4-38 中引入泳道把其中的动作分配给相应的执行方。泳道可以是水平方向的,也可以是竖直方向的,甚至还可以在水平方向和竖直方向上同时存在形成二维描述。

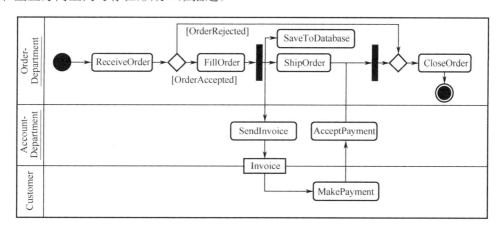

图 4-38 带泳道的活动图

2. 顺序图

顺序图描述对象在其生命周期内的交互活动,交互中的消息传递是按时间顺序进行排列的。顺序图是最常用的一种交互图,对于使用者来说非常直观。

在交互图中,最重要也是最常用的就是顺序图。顺序图用来描述对象之间动态的交互关系,主要强调完成某个场景的对象之间存在哪些消息传递,以及消息的时间顺序。顺序图的水平轴表示参与交互的不同对象,每个对象拥有一个生命线,表示该对象生命周期的时间流逝,并可以表示对象生命的终结。对象之间的通信表示为对象生命线之间的消息传递。消息有简单消息、同步消息、异步消息等类型。消息有消息名,还可以有参数标识,可以用条件表达式表示消息发送的条件。在顺序图中,一个对象可通过发送消息来创建或删除另一个对象。

图 4-39 给出了一个简化的登录过程顺序图,可以看到有三个对象参与了该过程,它们之间消息的顺序按照生命线向下依次排序。在消息上可以有名称、参数等,还可以加消息标号。消息发送条件用方括号表示,当条件为真时,消息才会发送。在生命线上,可以用竖长条方框表示对象当前处于活跃状态,即正在执行对某个消息的响应过程。对象还可以向自己发送消息。返回消息用虚线表示,一般可以不画出来,除非返回消息有特殊的作用。

消息可以分为同步和异步两种。图 4-39 中前两个消息是同步消息，最后两个消息是异步消息。同步消息表示发送方将等待接收方对消息处理完并返回结果，异步消息表示发送消息方将不等待接收方处理消息和返回。这两种消息的箭头表示不一样。此外，在顺序图的左侧可以加一些标注，对顺序图进行一些约束说明，例如，两个消息之间的时间间隔约束等。

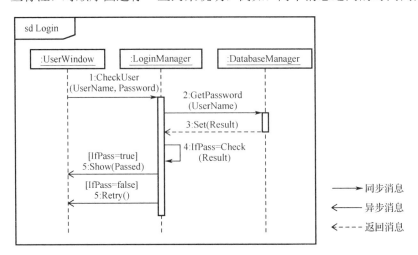

图 4-39　简单顺序图

对象的交互可以是一个非常复杂的过程。执行一个任务或场景的完整交互过程可能包括多种交互的并发、选择、循环等。为此，UML 使用交互片段和片段组合对复杂交互进行建模。交互片段就是一个简单的交互过程，例如，图 4-39 就可以看作一个交互片段。而多个交互片段通过交互操作组合成为一个复杂的交互图。交互图中提供的交互操作说明如下。

- ref：表示此处使用一个已有的交互模型。
- alt：即 Alternatives，根据给定的条件真假选择一个交互片段执行。
- opt：即 Option，仅在条件为真时执行给定的交互片段，它类似于只有一个操作数的 alt 交互操作。
- par：即 Parallel，几个交互片段将并发执行。
- loop：表示交互片段中的路径将被重复执行多次。该操作之后可以给出表示最小和最大执行次数的参数。
- critical：即 Critical Region，表示该交互片段应该作为一个原子过程被执行，在并发等过程中不能被打断。
- neg：即 Negative，表示交互片段是非法的。在片段组合的交互过程中，当到达这里时，不应该执行该交互片段中的过程。
- assert：即 Assertion，表示交互片段中的事件是唯一合法的执行路径。
- strict：即 Strict Sequencing，表示几个交互片段中的消息将严格按照交互片段的顺序从上到下执行。
- seq：即 Weak Sequencing，表示几个交互片段中的消息可以交替执行，但必须遵循几个规则，包括每个片段中的消息按其时间顺序执行、不同片段中同一条生命线上的消息按照时间顺序执行、不同片段中不同生命线上的消息可以交替执行。
- ignore：该操作之后列出在片段中被忽略的消息。这些消息可以在交互片段中的任何时候出现并被处理，但由于其与建模目标不相关，因此不在模型中出现。

- consider：该操作之后列出与片段相关的消息。其他的消息与该交互片段无关，可以被忽略。
- break：在条件为真时执行一个交互片段，并在执行完后终止该片段所属的片段组合。

3．通信图

通信图由协作图发展而来，更关注于描述特定行为中参与交互的对象之间的连接关系，也能表示对象之间的消息传递，但对于显示顺序并不直观。在很多情况下，通信图与顺序图可以相互进行转换。

与顺序图不同，通信图主要关注参与交互的对象通过连接组成的结构。通信图中的对象没有生命线，其消息及方向都附属于对象之间的连接，并通过编号表示消息的顺序。通信图可以对应于一个简单的顺序图，但不存在组合片段等结构化表示。例如，图 4-39 中的顺序图也可以用一个通信图表示，如图 4-40 所示。

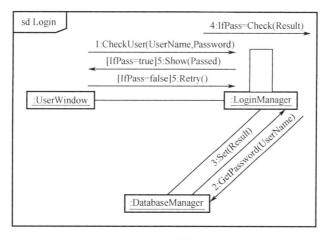

图 4-40　通信图

4．交互概览图

交互概览图是活动图的一种简化版本。它不像活动图那样强调每一步的活动，而是强调执行活动所涉及的元素。

交互概览图通过类似于活动图的方式，描述交互之间的流程，给出交互控制流的概览。在交互概览图中，节点不像活动图中那样表示一个动作，而是表示一个交互图或对交互图的引用。生命线和消息不出现在交互概览图的顶层。

5．时序图

时序图强调消息的详细时序说明，常常用来对实时系统进行建模，如通信、硬件协议等。它能指定系统处理或响应一个消息需要多长时间。

时序图用来表示交互中关于消息时间的描述，并描述对象在生命线中所处的状态或条件随着消息发生的变化而变化。例如，图 4-41 描述了订单管理交互过程中，对象 OrderManager 可处于 4 种状态或条件下，即 Idle、Ready、Updating 和 Submitting，并且当 Login 事件发生后，从 Idle 状态变为 Ready，等等。此外，时序图下方的边框上可以给出计时单位，而每个事件下面可以给出时间约束。在图 4-41 中，Submit 事件在 t 时刻发生，Ok 事件在 t 到 $t+3$ 时间段内发生，以此表示提交过程应该在三个时间单位内完成。此外，还可以用一种紧凑的方式表示时序图，如图 4-42 所示。

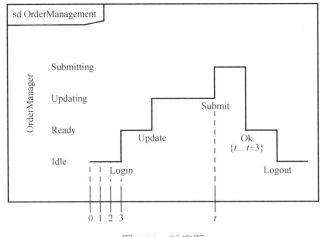

图 4-41 时序图

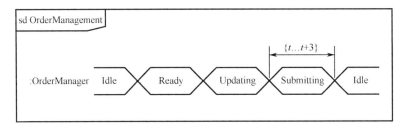

图 4-42 时序图的紧凑形式

为了表示消息的发送方和接收方，还可以把两个对象的时序图上下并列在一起，然后用消息箭头从发送方生命线的相应时刻指向接收方生命线的相应时刻。

6．状态图

状态图刻画一个元素内部的状态迁移，元素可以小到单独的一个类，也可以大到整个系统。状态图还常用来对嵌入式系统、协议规范及实现进行建模。

状态图使用有穷状态变迁图的方式刻画系统或元素的离散行为，可以用来描述一个类的实例、子系统甚至整个系统在其生命周期内所处的状态如何随着外部激励变化而发生变化。在 UML 中，状态图又分为行为状态机和协议状态机，前者描述一个建模元素的行为（如对象），而后者描述一个协议的行为。行为状态机是建模中最常用的，介绍如下。

（1）状态与迁移

状态指所描述的元素在其生命周期中可位于一种相对稳定的位置。状态一般会（隐含）满足一组条件。一个元素状态的划分根据建模目标的不同，可能也不一样。例如，对于"人"，可以分为"幼年""少年""青年""中年""老年"等状态，也可以分为"学龄前""学生""工作""退休"等状态。很明显，状态之间存在迁移，即从一个状态变化为另一个状态。这种迁移可以是受到外部某些事件的激励产生的，例如，从"学生"变为"工作"状态，需要某个单位发出接收的通知。而有些迁移是自然而然发生的，不需要外部激励，例如，从"青年"变为"中年"状态，当到达一定年龄时自然会发生状态变化，这称为完成迁移。在状态图中，状态和迁移的表示如图 4-43 所示。

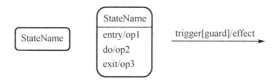

图 4-43　状态与迁移的表示方式

一个简单状态是一个圆角方框,其中可以只给出状态名称,如图 4-43 左部所示。还可以给出状态中的动作,表示在此状态中要做的事情。动作可分为三种类型:entry 表示在进入该状态时要执行的动作;exit 表示在离开该状态时要执行的动作;do 表示在状态活跃期间持续要执行的动作。迁移是一个有向边,从离开的源状态指向下一个进入的目标状态。迁移上可以有标记,trigger 表示触发该迁移的事件,guard 是发生迁移必须满足的条件,effect 是执行迁移过程中要做的动作。状态和迁移中的这些语法元素并不一定全部出现,可根据建模的需要使用。

图 4-44 给出一个订单对象的状态图,可以用来描述 Order 类的一个实例在其生命周期中的状态变化。其中包括类似活动图中的初始状态和终止状态,初始状态发出的迁移指向的目标状态是对象所处的最初状态,指向终止状态的迁移的源状态是对象最后所处的状态。

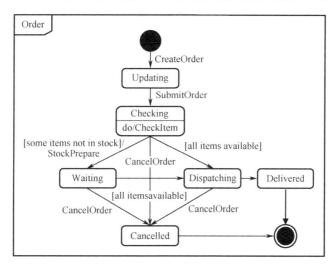

图 4-44　状态图

(2) 复合状态

有时一个状态还可以再细分为子状态,例如,"学生"状态又可以分为"小学生""中学生"等子状态。复合状态可以用来对状态进行层次划分,使得状态图具有良好的结构,并且易于理解。把图 4-44 中的状态图使用复合状态重新进行组织,可以得到图 4-45 中的状态图。可以看到,Checking、Waiting 和 Dispatching 都是订单提交(SubmitOrder)后的处理过程中的状态,因此把它们放入一个复合状态 OrderProcessing 中。复合状态内有自己的初始和终止状态。当对象处于 OrderProcessing 状态中任何一个子状态时,如果收到 CancelOrder 事件,则跳出复合状态,进入 Cancelled 状态。如果 OrderProcessing 状态中的子状态顺利到达终止状态,那么将直接通过完成迁移到达 Delivered 状态。可以看到,加入复合状态后,状态图的结构更加清晰。

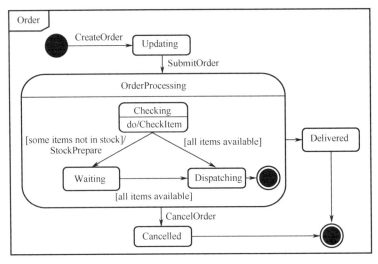

图 4-45 状态图中的复合状态

还有一种复合状态是,把内部分成几个正交的区域,每个区域内部都有一个状态图,而几个区域之间是并行执行的。这对于描述具有并发状态的对象非常有用。例如,在订单处理过程中,除对商品进行确认外,还要对支付进行确认,但这两个过程中的状态相互之间并不相关,可以用并发复合状态描述,如图 4-46 所示。对象可以同时处于 OrderProcessing 状态中两个区域各自内部的任何一个状态,并且当支付确认过程失败(收到 PaymentReject 事件)时,进入 Cancelled 状态。只有当两个区域都到达终止状态后,对象才能通过完成迁移进入 Delivered 状态。

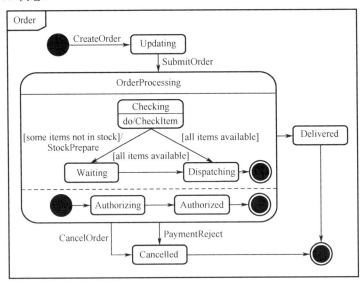

图 4-46 状态图中的并发复合状态

状态图中还有一种状态是子自动机状态。它是一个与简单状态表示方式相同的状态,但名称中跟随一个引入的其他状态机的名称,形如 StateName:ReferredSubStateMachineName。这使得一个状态图可以被另一个状态图通过子自动机状态使用。

(3)伪状态

伪状态是一些特殊的状态,例如,前面用到的初始状态和终止状态就是伪状态。此外,在状态图中还有一些其他的伪状态，包括选择、入口点、出口点、分支、汇合、深度历史、浅度历史等。

协议状态机的表示与上面讲述的行为状态机非常相似，但它用来刻画协议的行为，描述协议通信相关的事件和状态变化过程。协议状态机与行为状态机的不同之处如下：

- 状态中没有 entry、exit 和 do 动作；
- 状态名下面可以声明不变式；
- 迁移包括前置条件、触发事件和后置条件；
- 迁移中不包含要执行的动作。

7．用例图

用例图通过用例来描述系统的功能需求，从用户的角度以一种与实现无关的方式刻画系统将能做什么，还能够描述用例之间的关系。

用例图通常用于描述系统的需求，从用户的角度对系统的功能视点进行建模，是 UML 中非常重要的一种视图。一个用例表示系统的一个特定功能，是用户与系统之间一次典型的交互，能引发系统执行一系列动作，并且动作执行的结果能被用户（或外部实体）觉察。用例图刻画了系统包含哪些用例，以及用例之间、用例与外部角色之间的关系。由于用例图刻画了系统需求特征，因此使用 UML 进行分析和设计一般都是从开发用例图开始的。

（1）用例和参与者

一个用例代表系统能够执行的一组动作。它们能够完成特定的功能性任务，并产生对用户或外部实体可观察的结果。用例可以用来描述系统对外部可见的需求或功能，在用例图中用椭圆表示，并标识用例的名称。参与者是与用例发生交互的系统外部角色，它可以是人员（如用户、管理员等），也可以是其他系统（如服务器、警报器、打印机等）。需要注意的是，参与者必须是被开发的系统范围之外的角色，它们只与系统发生某种形式的交互。参与者与用例之间可以关联起来，表示参与者启动该用例，或用例执行结果返回给参与者。用例图中，可以用一个方框表示系统边界，边界内部都是属于系统开发范围内的用例，而系统之外都是与用例关联的参与者，它们不必在本次开发过程中进行实现。图 4-47 描述了网上电子商务系统的一个简单用例图，描述了系统的主要用例和参与者。可以看到，每个参与者与其中的一些用例相关联，其中参与者 Bank 是一个外部系统，因为使用信用卡付账时，系统需要与银行产生交互。

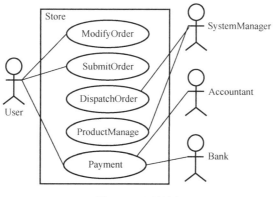

图 4-47　用例图

（2）用例之间的关系

用例图中，用例之间主要有包含关系和扩展关系。用例之间的包含关系表示，在一个用例执行过程中，肯定要执行另一个用例。它一般用来把多个用例共享的行为提取出来，单独形成一个用例，然后用包含关系关联起来。在图 4-48 中，Login 用例要被其他多个用例使用。扩展关系表示一个用例的功能通过其他用例进行扩展。在图 4-48 中，扩展用例 OnlineHelp 是对与用户关联的两个用例的扩展，表示用户在修改或提交订单过程中，根据需要可以使用在线帮助功能。扩展用例并不一定每次都被用到，只是在某些条件下会被用到，因此 UML 提供了扩展点机制，可以在被扩展的用例中描述在什么条件下执行扩展用例。需要注意，包含关系的方向是从包含用例指向被包含用例的，而扩展关系是从扩展用例指向被扩展用例的。

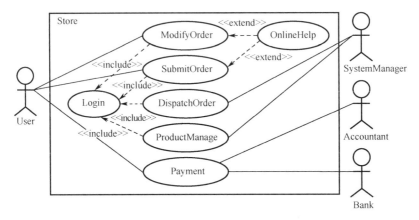

图 4-48　用例之间的包含关系和扩展关系

4.6　软件设计策略和方法

软件设计通用策略用来指导设计过程。与通用策略相比，软件设计方法更为具体，因为它们通常提供一组与该方法一起使用的符号，描述在遵循该方法时所使用的过程，以及使用该方法的一组指导原则。这些方法可用作软件工程师团队的通用框架。

1．通用策略

在软件设计过程中，一些经常被引用的有用的通用策略包括"分而治之"和"逐步细化"策略、自顶向下和自底向上的策略、使用启发式策略、使用模式和模式语言的策略，以及使用迭代和增量方法的策略。

2．面向功能（结构化）设计

这是软件设计的经典方法之一，以确定主要的软件功能为中心，然后以自顶向下的方式对它们进行分层细化。结构化设计通常在结构化分析之后使用，从而产生数据流图和相关的过程描述。研究人员已经提出了各种策略（如转换分析、事务分析）和启发式方法（如扇入/扇出、作用范围与控制范围），将数据流图转换为通常使用结构图表示的软件架构。

3．面向对象设计

研究人员已经提出了许多基于对象的软件设计方法。该领域已经从 20 世纪 80 年代中期的早期面向对象设计（名词=对象，动词=方法，形容词=属性）发展到基于组件的设计领域（其中继承和多态性发挥了关键作用）。在这里元信息可以被定义和访问（如通过反射）。尽管面向对象设计的根源来自数据抽象的概念，但责任驱动设计已经被提出作为面向对象设计的一种替代方法。

4. 以数据结构为中心的设计

以数据结构为中心的设计从程序操作的数据结构开始，而不是从它执行的功能开始。软件工程师首先描述输入和输出的数据结构，然后根据这些数据结构图开发程序的控制结构。这里已经提出了各种启发式方法来处理特殊情况，例如，当输入和输出的数据结构之间不匹配时如何处理。

5. 基于软件组件的设计

软件组件是一个独立的单元，具有明确定义的接口和依赖关系，可以独立地组合和部署。基于组件的设计解决了与提供、开发和集成这些组件相关的问题，以提高重用性。重用和现成的组件应该满足与新软件相同的安全性要求。信任管理是一个设计问题，组件被视为具有一定可信度，不应该依赖于不太可信的组件或服务。

6. 其他方法

还存在其他软件设计方法。面向方面设计是一种使用方面构建软件，并实现在软件需求过程中识别的横切关注点和扩展的方法。面向服务的体系结构是在分布式计算机上使用 Web 服务构建分布式软件的一种方法。软件系统通常是通过使用来自不同提供商的服务构建的，因为标准协议（如 HTTP、HTTPS、SOAP）的设计就是用于支持服务通信和服务信息交换的。

4.7 软件设计工具

在软件开发过程中，可以使用软件设计工具来支持软件设计工作产品的创建。它们可以支持下列活动的一部分或全部：
- 将需求模型转换为设计表示；
- 提供对表示功能的组件及其接口的支持；
- 实现启发式求精和分区；
- 为质量评估提供指南。

代表性的软件架构设计工具简单介绍如下。

（1）Adalon

由 Synthis 公司（www.synthis.com）开发，用于设计和构建特定的基于 Web 构件的体系结构。

（2）ObjectiF

由 microTOOL 公司（www.microtool.de/objectiF/en）开发，基于 UML，能导出 J2EE、Coldfusion 和 Fusebox 等体系架构。

（3）Rational Rose

由 Rational 公司（https://www.ibm.com/cn-zh/products/category/technology/software-development）开发，基于 UML，支持体系结构设计中的所有方面。

代表性的用户界面设计工具简单介绍如下。

（4）LegaSuite GUI

由 Seagull Software 公司（http://www.legalsuite.co.za）开发，能够创建基于浏览器的图形用户界面。

（5）Motif Common Desktop Environment

由 Open Group 公司（https://sourceforge.net/projects/cdesktopenv）开发，对数据、文件和应用系统的管理提供了一个标准界面。

（6）Alita Design 8.0

由 Alita 公司（https://www.altia.com/products/design）开发，是一种可以在多种平台上创建图形用户界面的工具。

习题 4

1．软件设计过程包含哪些？软件设计需要遵循哪些原则？
2．软件架构设计包括哪些方法？采用什么样的设计步骤？
3．用户界面设计需要遵循哪些原则？在进行用户界面设计时，需要考虑哪些实际问题？
4．软件设计质量属性包括哪些？如何分析和评估软件设计质量？
5．分别解释结构描述和行为描述，并说明其所包含的视图。
6．软件设计存在哪些常用的策略和方法？

第5章 软 件 构 造

软件构造是软件工程过程的重要组成部分，甚至是软件工程过程的核心部分，所以本章内容与书中各章都密切相关。软件需求和软件设计在软件构造之前完成，可以当作软件构造的前期准备工作；而软件测试、软件维护等则可以当作软件构造的后续工作。软件构造使用了软件设计的输出，并提供了软件测试的输入。

软件构造活动以编码和调试为主，同时也涉及详细设计、集成、开发者测试等活动。

本章的章节结构如图 5-1 所示，将从软件构造基础、软件构造过程、软件构造管理、软件构造技术和软件构造工具 5 个方面介绍软件构造。

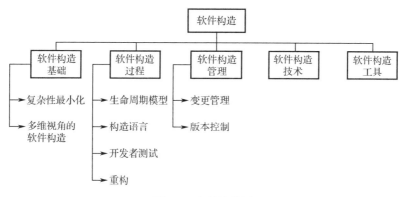

图 5-1　章节结构图

5.1　软件构造基础

5.1.1　复杂性最小化

人在工作记忆中保存复杂结构和信息的能力有限，可以说，没有人可以将整个现代的计算机程序存入大脑，所以应该尝试用某种方式组织程序，以便在一个时刻可以专注于一个特定的部分。在软件构造中，可以通过把整个系统分解为多个子系统来降低问题的复杂性。

软件构造的首要目标是使复杂性最小化。在软件构造中，要避免使用"聪明的"构造方式，因为"聪明的"构造方式往往是难以理解的，应尽量采用简单而易于理解的构造方式。

5.1.2　多维视角的软件构造

对于软件构造的描述可以从以下三个维度进行：
- 阶段维：构建阶段和运行阶段。
- 动态维：时刻态和时段态。
- 级别维：代码级和构件级。

对于阶段维，构建阶段关注的是从想法到用户需求到产品设计到编码再到可执行程序的阶段；而运行阶段关注的是程序运行时的表现，例如，从磁盘中载出程序的方式，程序载入内存的方式，以及内存占用量、运行速度等。对于动态维，时刻态关注于软件在某个特定时刻的表现或组织结构的状态，而时段态关注于软件在某个时间段内的表现或组织结构的变化。对于级别维，代码级关注于程序自身的逻辑组织及在内存中的状态，而构件级关注于程序的物理组织及在物理环境中的部署。

三个不同的维度可以组成 8 个不同的视角，来描述软件构造。

① 构建阶段-时刻态-代码级，描述源代码中诸如函数、类、方法、接口等的逻辑组织方式，以及它们之间的依赖关系。

② 构建阶段-时段态-代码级，描述源代码随时间的推移而产生的增加、删除和修改等变化。

③ 构建阶段-时刻态-构件级，描述源代码在物理上组织形成的文件，以及文件封装后形成的包和库。

④ 构建阶段-时段态-构件级，描述程序的软件配置项随时间的推移而产生的变化，即软件版本的演变。

⑤ 运行阶段-时刻态-代码级，描述在程序运行的某个特定时刻，内存中变量层面的状态及进程内部错误或中止信号。

⑥ 运行阶段-时段态-代码级，描述程序运行时，源代码各单元之间的交互及数据流通。

⑦ 运行阶段-时刻态-构件级，描述在程序运行的某个特定时刻，各个组件之间的相互联系。

⑧ 运行阶段-时段态-构件级，描述程序在运行时的错误和警告事件。

5.2 软件构造过程

5.2.1 生命周期模型

为了更好地完成软件构造过程，人们创造了许多生命周期模型。这些生命周期模型可以划分为两个基本类型：线性过程和迭代过程。

属于线性过程的生命周期模型包括瀑布模型、增量模型、演化模型等（参见 1.2.2 节）。线性过程将软件构造视为一个具有先决条件的活动，即在软件需求和软件设计活动完成后再执行软件构造活动。线性过程更加强调软件需求和软件设计活动，且各活动之间的界限更为明显。在这些生命周期模型中，软件构造的重点就是编码和调试。

属于迭代过程的生命周期模型包括原型模型、螺旋模型、统一过程模型、敏捷过程模型等（参见 1.2.2 节）。迭代过程将软件构造视为一个与软件需求和软件设计等活动同时发生或部分重叠的活动。迭代过程在一定程度上模糊了各活动之间的界限，并倾向于软件构造除编码和调试外，还涉及一些需求、设计和测试等工作，如图 5-2 所示。

图 5-2 迭代过程中的软件构造

因此，软件构造以编码和调试为主，也可能涉及详细设计、集成、开发者测试等活动，其包含的内容在一定程度上取决于生命周期模型的选择。

5.2.2 构造语言

构造语言包括一切形式的有利于人们定义问题解决方案的交流方式。构造语言及其实现会影响软件的正确性、可靠性、可移植性、可维护性、可复用性等。构造语言按照其用途不同，可以分为配置语言、工具语言、脚本语言和编程语言4类。

1．配置语言

软件工程师从预先定义好的操作集合中选择配置语言来创建定制的软件安装。Windows 操作系统和 Linux 操作系统都使用基于文本的配置文件。一些菜单风格的选择列表是配置语言的另一种形式。

2．工具语言

用工具语言构建应用程序，是一种不使用工具包（应用程序特定的可重用的零部件单元集合工具包）来构造软件的方法。工具语言比配置语言更为复杂。工具语言可以明确定义为一种应用程序语言。应用程序能简单地通过工具集的接口来实现。

3．脚本语言

脚本语言也是一种常用的应用程序语言。在一些脚本语言中，脚本被称为批处理文件或宏命令。

4．编程语言

编程语言所包括的特定软件和特定开发过程的信息量最少。因此，要想高效地使用这种语言来构造软件，就需要大量的训练和技巧。

编程语言可以分为机器语言、汇编语言和高级语言三类：
- 机器语言是用二进制代码表示的计算机能直接识别和执行的一种机器指令的集合，使计算机的设计者可以通过计算机的硬件结构赋予计算机的操作功能。机器语言的执行效率极高，但开发效率极低，学习难度大，可读性差，且对具体计算机严重依赖，导致可移植性差，重用性差。
- 汇编语言是面向处理器的一种符号语言。它使用助记符代替机器指令的操作码，使用地址符号或标号代替指令或操作数的地址。汇编语言的执行效率高，但开发效率依旧较低，学习难度较大，且为特定的计算机或特定的系列计算机专门设计，缺乏可移植性。
- 高级语言是较接近自然语言和数学公式的一种编程语言。它基本脱离了计算机耳朵硬件系统，且用人们更易理解的方式编写程序，因而其开发效率较机器语言和汇编语言更高，学习难度降低，可读性大大提高，同时也具有了可移植的特点。

而其中高级语言又可以按不同方式进行分类。

（1）根据语言符号形式的不同，高级语言可以分为语言学编程语言、形式化编程语言和视觉化编程语言三类。
- 语言学编程语言（如 C/C++，Java）。这种语言很特殊，因为它使用文本来表示复杂的软件构造。文本字符串与模式相结合会产生一种像句子一样的语法。为了能够被合理地使用，每个这样的字符串都应该有一个强大的语义内涵，为开发者提供一个直观的理解。开发者知道这种软件构造运行时会发生什么。

- 形式化编程语言（如 Event-B）。这种语言基本上不依赖于人的理解。文本字符串的意义都在数学上或形式上被精确定义。形式化构造符号和形式化方法是大多数系统定义编程符号语法和语义的基础，其中精度、时间行为和可测试性比映射为自然语言更为重要。形式化语言使用精确定义的符号组合法，避免了许多自然语言结构的歧义。
- 视觉化编程语言（如 MatLab）。这种语言更少地依赖于语言和正式构建的文本字符串，而是依赖于直接的目视解译及表示底层软件的视觉实体的位置。视觉构造往往会受到一些限制，因为只能使用在显示器上排列图标的方式来构造复杂的语句。然而，当用于简单的编程任务时，这些图标可以是强大的工具。开发者可以通过构建和调整一个可视的编程界面来构造程序，这些图标的详细行为由底层程序来定义。

（2）根据语言解码方式的不同，高级语言可以分为编译型语言、解释型语言和混合型语言三类。

- 编译型语言（如 C/C++）。这种语言需要通过编译器将源代码编译成机器码，之后才能执行。由于编译器在编译时会将源代码转换成计算机硬件可以直接识别的二进制机器码，运行时不再需要重新编译，所以编译型语言的执行效率比较高。但每次源代码发生改动后，都需要重新编译，并且对于不同的操作系统，使用的机器码不同，导致编译型语言的可移植性较差。
- 解释型语言（如 JavaScript，Python）。这种语言不需要进行编译。在运行的过程中，解释器每解释一行源代码就执行一行源代码。由于每次运行都要进行解释，因此执行效率较低。但只要安装了解释器（虚拟机），解释型源代码就可以在任何环境下运行，平台兼容性好。
- 混合型语言（如 Java）。编译型语言和解释型语言各有优缺点，因此有人想到将两种语言融合，从而形成了混合型语言。混合型语言在编译时不直接将源代码编译成机器码，而是编译成一种中间码，在运行时对中间码进行解释并执行。混合型语言的执行效率介于编译型语言和解释型语言之间，同时又具有解释型语言的平台兼容性。

（3）根据运行时代码的结构是否能改变，高级语言可以分为动态语言和静态语言两类。

- 动态语言（如 C#，JavaScript，Python）。这种语言在运行时可以改变其代码结构，新的函数、对象、代码可以被引进，已有的函数可以被删除或发生其他结构上的变化。
- 静态语言（如 C/C++，Java）。与动态语言相对应，静态语言在运行时，其代码结构不可改变。

（4）根据数据类型检查时期，高级语言可以分为动态类型语言和静态类型语言两类。

- 动态类型语言（如 JavaScript，Python）。这种语言的数据类型不是在编译期间决定的，而是把数据类型的绑定延后到了运行阶段，即动态类型语言在运行期间才对数据类型进行检查。
- 静态类型语言（如 C/C++，Java，C#）。这种语言的数据类型在编译期间就确定了，在代码的编写过程中要明确声明变量的数据类型。

（5）根据变量的数据类型是否能够改变，高级语言可以分为强类型语言和弱类型语言两类。
- 强类型语言（如 Java，C#，Python）。这种语言一旦一个变量被指定了某种数据类型，如果不经过强制类型转换，它就永远是这种数据类型。
- 弱类型语言（如 JavaScript，PHP）。这种语言的数据类型可以被忽略。一个变量可以被赋予不同数据类型的值。一个变量如果被赋予整型的值，它的数据类型就是整型，如果再被赋予字符串类型的值，它的数据类型就变成字符类型。

5.2.3 开发者测试

在软件构造中的测试是由开发者决定和进行的，其目的是缩短编写错误和发现错误之间的时间差，从而尽可能降低解决错误的成本。开发者测试通常包括单元测试和集成测试。

1．单元测试

单元测试（参见 6.2.1 节）是指对代码中的最小单元进行测试，如一个函数、一个方法、一个类等。在实际软件开发工作中，单元测试和代码编写所花费的精力大致相同。经验表明：单元测试可以发现很多的软件故障，并且修改它们的成本也很低。而在软件开发的后期，发现并修复故障将变得更加困难，需要花费大量的时间和费用。因此，有效的单元测试是保证全局质量的一个重要部分。在经过单元测试后，系统集成过程将会大大地简化，开发者可以将精力集中在单元之间的交互作用和全局的功能实现上，而不是陷入充满故障的单元之中不能自拔。

2．集成测试

集成测试（见 6.2.1 节），又称组装测试、子系统测试，是在单元测试基础之上将各个模块组装起来进行的测试，其主要目的是发现与接口有关的模块之间的问题。在编写代码时，常有这样的情况发生：每个模块都能单独工作，但这些模块组装起来之后却不能正常工作。在某些局部反映不出的问题，在全局上很可能就暴露出来，影响程序功能的正常发挥。可能的原因有：
- 模块相互调用时引入了新的问题。例如，数据可能丢失，一个模块对另一个模块可能有不良影响等。
- 几个子功能组合起来不能实现主功能。
- 误差不断积累达到不可接受的程度。
- 全局数据结构出现错误等。

因此，在每个模块完成单元测试以后，需要按照设计的程序结构图，将它们组合起来，进行集成测试。集成测试是按设计要求把通过单元测试的各个模块组装在一起，检测与接口有关的各种故障。那么，如何组织集成测试呢？是独立地测试程序的每个模块，然后再把它们组合成一个整体进行测试呢？还是先把下一个待测模块组合到已测模块上，再进行测试，逐步完成集成呢？前一种方法称为非增量式集成测试法，后一种方法称为增量式集成测试法。

非增量式测试法的集成过程是：先对每个模块进行单元测试，可以同时测试或逐个测试各模块，这主要由测试环境（如所用计算机是交互式的还是批处理式的）和参加测试的人数等情况来决定；然后，在此基础上按程序结构图将各模块连接起来，把连接后的程序当作一个整体进行测试。这种集成测试方法容易造成混乱。因为测试时可能发现很多错误，而定位和纠正每个错误非常困难，并且在修复一个错误的同时又可能引入新的错误，新旧错误混杂，很难断定出错的原因和位置。

增量式集成测试不是孤立地测试每个模块，而是将待测模块与已测模块集连接起来进行测试。在这一过程中，不断地把待测模块连接到已测模块集（或其子集）上，然后对待测模块进行测试，直到最后一个模块测试完毕为止。

在软件集成阶段，测试的复杂程度远远超过单元测试的复杂程度。可以打个比方，假设要清洗一台已经完全装配好的食物加工机器，无论你喷了多少水和清洁剂，一些食物的小碎渣还是会粘在机器的一些死角上。但如果拆开这台机器进行清洗，这些死角也许就不存在了或者更容易接触到，并且各部分都可以毫不费力地进行清洗。

5.2.4 重构

重构，就是在不改变软件功能的情况下，通过调整代码对软件进行优化，来改善其非功能属性。软件是否需要进行重构存在着一些标志：

- 代码重复。重复的代码是设计中的一个失误。当你需要对某个地方进行修改时，你必须在另一个地方完成同样的修改，因此当大量重复的代码出现时，就要考虑对软件进行重构。
- 冗长的子程序。在面向对象编程中，很少出现过于冗长的子程序。过于冗长的子程序说明软件的模块化做得不到位，此时就要考虑重构软件，提升其模块化程度。
- 循环过长或嵌套过深。过长的循环和过深的嵌套往往使代码变得极为复杂，而循环和嵌套内部的部分复杂代码往往能够转换为子程序。这样的改动将有助于对代码进行分解，降低代码的复杂性。
- 内聚性太差的类。若某个类中包含了很多彼此无关的任务，就要考虑是否对这个类进行重构，将其拆分为多个类，让每个类承担彼此相关的任务，使软件结构更加整洁。
- 类的接口未能提供层次一致的抽象。类的接口若不能提供层次一致的抽象，其内聚程度会随之下降，软件变得复杂而难以管理，此时就要考虑是否对该类进行重构，使其接口层次保持一致。
- 拥有太多参数的参数列表。如果一个软件的分解工作做得足够好，那么它的子程序应该是小巧而定义精确的，且不需要庞大的参数列表。因此当出现拥有太多参数的参数列表时，就要考虑子程序是否还能进一步分解，以降低代码的复杂性。
- 变化导致对多个类的同时修改。当对某处的修改会导致需要对多个类进行相同的修改时，表明这些类中的代码有必要进行重新组织，以降低一处修改对其他类的影响。
- 某个类极少被调用。此时，应当考虑是否将该类的功能转交给其他类并将这个类彻底删除。
- 大量数据成员属性为 public。这会模糊接口和实现之间的界限，违背封装的原则，同时也限制了类的灵活性。

5.3 软件构造管理

5.3.1 变更管理

软件构造的过程本就是一个不断变化的过程。变更管理就是要使软件构造的过程适应这些变化，并保证在变更中软件构造始终处于可控的状态。对于变更的管理和控制，有如下指导原则：

- 遵循某种系统化的变更控制手续。当面临大量的变更请求时，系统化的变更控制手续是必不可少的。通过建立一套系统化的手续，就能够将变更放在对系统整体最为有利的环境下进行考虑。
- 成组地处理变更请求。人们倾向于一旦有想法就去实现，然而这可能会导致更好的变更方法被忽略。好的做法是，记录下所有的想法和建议，将它们作为一个整体来看待，从中选择最有利的变更加以实施。
- 评估每项变更的成本。对变更成本的评估有利于对变更有更清晰的认识，能让开发者对变更的实施与否做出更加理性的判断。

5.3.2 版本控制

在源代码修改中出现了错误时，寻找问题根源的一个很好的方式就是将新版本的源代码与老版本进行对比。版本控制就是通过文档控制记录软件各个模块的改动，并为每次改动编上序号。在软件构造的过程中，应确保每个人编写的部分都能够得到更新。

版本控制的内容主要包括以下三个方面。

（1）检出/检入控制

开发人员对源文件的修改不能在软件配置库中进行，对源文件的修改应该依赖于基本的文件系统并在各自的工作空间下进行。为了方便软件开发，需要不同的开发人员组织各自的工作空间。一般来说，不同的工作空间用不同的目录表示。而对工作空间的访问，应由文件系统提供的文件访问权限加以控制。

访问控制需要管理各参与人员存取或修改一个特定软件配置对象的权限。开发人员能够从库中取出对应项目的配置项进行修改，并检入软件配置库中，对版本进行升级；配置管理人员应该可以确定多余配置项并删除它。

同步控制用来确保由不同的人员并发执行的修改不会产生混乱。同步控制的实质是版本的检出/检入控制。检入就是把软件配置项从用户的工作环境存入软件配置库的过程，检出就是把软件配置项从软件配置库中取出的过程。检入是检出的逆过程。

（2）分支和合并

版本分支指以一个已有分支的特定版本为起点，但是独立发展的版本序列。其人工操作方法就是从主版本（称为主干）复制一份，并做上标记。在实行了版本控制后，版本的分支也是一份拷贝，这时的复制过程和标记动作由版本控制系统完成。版本合并（将来自不同分支的两个版本合并为其中一个分支的新版本）有两种途径：①将版本 A 的内容附加到版本 B 中；②合并版本 A 和版本 B 的内容，形成新的版本 C。

（3）历史记录

版本的历史记录有助于对软件配置项进行审核，并追踪问题的来源。历史记录包括版本号、版本修改时间、版本修改者、版本修改描述等最基本的内容，还可以有其他一些辅助性内容，例如，版本的文件大小和读写属性。

5.4 软件构造技术

1．软件复用

软件复用是指在构造新的软件系统的过程中，对已存在的软件产品（设计结构、源代码、文档等）重复使用的技术。软件复用包括：
- 代码的复用，可以采用源代码复制、源代码包含和继承等方法来实现。
- 设计结果的复用，是指复用某个软件系统的设计模型，适用于软件系统的移植。
- 分析结果的复用，是指复用某个软件系统的分析模型，适用于用户需求未改变，而系统体系结构发生变化的场合。

软件复用的意义是降低软件开发和维护的成本，提高软件开发效率，提高软件的质量。

2．接口设计

接口可以给用户提供程序库或框架，使得用户可以构造自己的应用程序。好的接口需要满足易学习、易使用、易阅读、易开发等要求。为了满足这些要求，需要遵循接口设计的几项原则：
- 理由充分。每新建一个接口，都要有充分的理由和考虑，使这个接口的存在有充分的价值。
- 职责明确。一个接口应当只负责一个明确的功能。
- 高内聚低耦合。一个接口应当包含一个完整的业务功能，而不同接口之间的业务关联应当尽可能少。
- 格式统一。所有接口的参数格式要尽量统一，以免引起使用时的混乱。
- 数据量控制。一个接口不应当包含过多的数据量。

3．防御式编程

防御式编程的主要思想是：子程序应该不因传入错误数据而被破坏。以下将介绍防御式编程的常用技术。

（1）断言

断言是指在开发期间使用的、让程序在运行时进行自检的代码。若断言为真，则表明程序运行正常；若断言为假，则意味着它已经在代码中发现了意外的错误。通过使用断言，程序员能更快地排查出由于修改代码或别的原因而使程序中多出来不匹配的接口假定和错误等。

断言可以用于在代码中说明各种假定，澄清各种不希望出现的情形。可以使用断言检查的假定如下：
- 输入或输出参数的取值处于预期的范围内。
- 子程序开始或结束执行时，文件或流处于打开（或关闭）状态。
- 子程序开始活结束执行时，文件或流的读写位置处于开头（或结尾）处。
- 文件或流已用只读、只写或可读可写方式打开。
- 仅用于输入的变量的值没有被子程序所修改。

- 指针非空。
- 传入子程序的数组或其他容器至少能容纳 n 个数据元素。
- 表已初始化并存储了真实数据。
- 子程序开始或结束执行时,某个容器为空。
- 一个经过高度优化的复杂子程序的运算结果和相对缓慢但代码清晰的子程序的运算结果一致。

在开发阶段,断言可以帮助查清相互矛盾的假定、意外的情况和传给程序的错误数据等,但在生成产品代码时,可以不把断言编译进目标代码中,以免降低软件系统的性能。

(2) 错误处理技术

错误处理技术用于在发现错误后对错误进行适当的处理。常用的错误处理技术如下:

- 返回中立值,即继续执行操作并简单地返回一个没有危害的中立值。例如,数值计算返回 0,字符串操作返回空字符串,指针操作返回空指针等。
- 换用下一个正确数据。例如,读取数据库记录时发现一条记录已经损坏,可以继续读取直到获得一条正确的记录为止。
- 返回与前次相同的数据。
- 换用最接近的合法值。
- 把警告信息记录到日志文件中。当检测到错误数据时,在日志文件中记录一条警告信息,然后继续执行。这种技术可以和其他错误处理技术结合使用。
- 返回错误码。子程序返回错误码,并将错误处理的工作交由其调用链上游的某个子程序来处理。
- 调用错误处理子程序或对象。将错误处理都集中到一个全局的错误处理子程序或对象中,由其统一处理程序中出现的错误。
- 显示出错信息。当错误发生时显示出错信息。这种错误处理技术可以把错误处理的开销减到最少。
- 关闭程序。一旦检测到错误发生,就立即关闭程序。

(3) 异常

异常是把代码中的错误或异常事件传递给调用方的一种特殊手段。如果子程序遇到意外情况,并且没有处理方法,就可以抛出一个异常,将控制权转交给系统中其他能更好解释错误并采取措施的部分。

4. 表驱动法

表驱动法是一种使用表而不是逻辑语句(if 和 else)进行信息查找的编程模式。根据查询记录方式的不同,可以将表驱动法的查询表分为三种:直接访问表、索引访问表和阶梯访问表。

- 直接访问表。直接访问表代替了更为复杂的逻辑控制结构,可以直接访问到所需的信息。
- 索引访问表。使用索引访问表时,先从一张索引表中查出一个键值,然后再用这个键值在查询表中找到所需的信息。
- 阶梯访问表。阶梯访问表中的记录对于不同的数据范围有效,而不是对不同的数据点有效。通过确定每项命中的阶梯层次来确定其归类。

5. 协同构造

协同构造包括结对编程、正式检查、代码阅读、非正式技术复查等技术。各种协同构造技术之间存在差异，但都基于同一个思想：通过多人的协同工作，来避免构造过程中的一些错误盲区。

- 结对编程。在开发工作中，一位程序员负责代码编写，而另一位程序员则负责注意有没有出现错误，并考虑某些策略性问题。结对编程比起单独开发更能够让程序员在压力之下保持良好的状态，有利于提高代码质量和缩短开发时间。
- 正式检查。正式检查是一种特殊的复查。它关注的是复查者曾经遇到的问题，专注于缺陷的检测而非修正。
- 代码阅读。可以直接阅读代码并从中找出错误，同时也需要从质量角度对代码做出评价。

5.5 软件构造工具

1. 开发环境

开发环境或集成开发环境（IDE），通过集成一组开发工具为程序员提供全面的软件构造工具。开发环境的选择会影响软件构造的效率和质量。

除基本的代码编辑功能之外，现代的 IDE 还经常提供其他特性，如编辑器内的编译和错误检测、源代码控制的集成、构造/测试/调试工具、程序的压缩或大纲视图、自动代码转换以及对重构的支持。

2. GUI 构造器

GUI（图形用户界面）构造器是一种软件开发工具，它使开发人员能够在 WYSIWYG（所见即所得）模式中创建和维护 GUI。GUI 构造器通常包括一个可视化编辑器，用于设计表单和窗口，并允许通过拖动、删除操作和参数设置来管理窗口小部件的布局。一些 GUI 构造器可以自动生成与可视化 GUI 设计相对应的源代码。

因为当前的 GUI 应用程序通常遵循事件驱动的方式（程序的流程是由事件和事件处理决定的），GUI 构造器工具通常提供源代码生成助理，从而自动完成事件处理所需的大部分重复任务。支持代码将小部件与触发提供应用程序传出和传入逻辑功能的事件连接起来。

一些现代 IDE 提供集成的 GUI 构造器或 GUI 构造器插件，还有许多独立的 GUI 构造器。

3. 单元测试工具

单元测试通常是自动化的。开发人员可以使用单元测试工具和框架来扩展和创建自动化测试环境。通过单元测试工具和框架，开发人员可以将标准编码到测试中，以验证单元在各种数据集下的正确性。每个单独的测试都作为一个对象实现。测试运行器将运行所有的测试。在测试执行期间，将自动标记和报告那些失败的测试用例。

4. 其他工具

性能分析工具通常用于支持代码调优。性能分析工具在运行时监视代码，并记录每条语句的执行次数或程序在每条语句或执行路径上花费的时间。在运行时对代码进行分析,可以了解程序的工作原理、热点所在,以及开发人员应该集中精力进行代码调优工作的位置。

程序切片是一种用于分解程序的技术,程序切片也可用于定位错误源、程序理解和优化分析。程序切片工具使用静态或动态分析方法计算各种编程语言的程序切片。

习题 5

1. 解释复杂性最小化的原因。
2. 软件构造过程与生命周期模型有什么关联?
3. 为什么要进行变更管理和版本控制?
4. 常用的软件构造技术包括哪些?请具体说明。
5. 常用的软件构造工具包括哪些?请具体说明。

第6章 软件测试

软件测试由一组程序提供预期行为的动态验证所组成。在一组有限的测试用例中，适当地选择无限的执行域。其中，各个关键字的含义说明如下。

有限：即使在简单的程序中，即使使用了大量的测试用例，从理论上讲，其测试过程也是无穷无尽的。这种测试可能需要几个月或几年才能完成。这就是为什么在实践中，一整套测试集通常可以被认为是无限的。而测试是对所有的测试集的一个子集进行的，这些测试由风险和优先级标准决定。测试总是意味着一方面在有限的资源和进度之间进行权衡，另一方面要满足无限制的测试要求。

选择：如何在给定的条件下确定最合适的选择标准是一个复杂的问题。在实践中，通常应用风险分析技术和软件工程专业知识来确定选择标准。

预期：观察到的行为可以根据用户需求（即验证测试）针对规范或者期望进行行为检查。

软件测试不再被视为仅在编码阶段完成后，以检测失败为目的的有限活动。在整个开发和维护生命周期中，软件测试是普遍存在的。实际上，软件测试的规划应从软件需求过程的早期阶段开始。随着软件开发的进行，测试计划和程序应该被系统地持续开发、改进。这些测试计划和测试设计活动为软件设计人员提供了有用的投入，并帮助找出设计中的疏忽、矛盾、遗漏、含糊不清等潜在的缺陷。

对于许多组织来说，软件质量是预防的方法之一：防止问题出现明显好于纠正它们。然后，可以将软件测试视为提供关于软件的功能和质量属性的信息的手段，以及在错误预防尚未生效的情况下识别故障的手段。但必须承认的是，即使在完成广泛的测试活动之后，软件仍然可能包含故障，因此交付后出现的软件故障需要通过纠正性维护来解决。软件维护主题涵盖在软件维护知识域中。

在软件质量知识域中，保证软件质量的手段之一就是软件测试。此外，软件测试还与软件构造有关。软件测试的章节结构如图6-1所示。

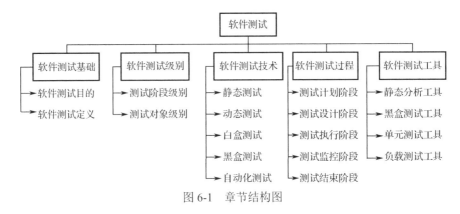

图6-1　章节结构图

6.1 软件测试基础

6.1.1 软件测试目的

软件测试的目的决定了如何组织测试。如果测试的目的是尽可能多地找出错误,那么测试应该直接针对软件中比较复杂的部分或以前出错比较多的位置;如果测试的目的是给最终用户提供具有一定可信度的质量评价,那么测试应该直接针对在实际应用中会经常用到的商业假设。

不同的机构会有不同的测试目的,相同的机构也可能有不同的测试目的,可能需要测试不同区域或同一区域的不同层次。

对于软件测试的目的,Grenford J.Myers 提出了以下观点:

- 测试是为了发现错误而执行程序的过程;
- 测试是为了证明程序有错,而不是证明程序无错;
- 一个好的测试用例在于它能发现至今未发现的错误;
- 一个成功的测试是发现了至今未发现的错误的测试。

这些观点可以提醒人们,软件测试要以查找错误为中心,而不是为了演示软件的正确功能。但是仅凭字面意思理解这些观点可能会产生误导,认为发现错误是软件测试的唯一目的,查找不出错误的测试就是没有价值的,然而事实并非如此。

首先,软件测试并不仅仅是为了要找出错误。通过分析错误产生的原因和错误的分布特征,可以帮助我们发现当前所采用的软件过程的缺陷,以便改进。同时,通过分析也能帮助我们设计出有针对性的检测方法,改善测试的有效性。

其次,没有发现错误的软件测试也是有价值的。完整的测试是评定测试质量的一种方法。详细而严谨的可靠性增长模型可以证明这一点。例如,Bev Littlewood 发现,一个经过测试而正常运行了 n 小时的系统更有可能继续正常运行 n 小时。

6.1.2 软件测试定义

软件测试的定义是:软件测试是为了发现错误而执行程序的过程。这个定义明确指出寻找错误是测试的目的。

软件测试是软件过程的一个重要阶段。在软件投入运行前,对软件需求分析、设计和编码各阶段产品进行最终检查,是为了保证软件产品的正确性、完全性和一致性。软件开发的目的是开发出满足用户需求的高质量、高性能的软件产品,而软件测试以检查软件产品内容和功能特性为核心,是软件质量保证的关键步骤,也是成功实现软件开发目标的重要保障。

从用户的角度来看,希望通过软件测试找出软件中隐藏的错误,所以软件测试应该是为了发现错误而执行程序的过程。应该根据软件开发各阶段的规格说明和程序的内部结构来精心设计测试用例(即输入数据及其预期的输出结果),并利用测试用例去运行程序以发现程序中隐藏的错误。

软件测试的主要作用如下:

- 软件测试是执行一个系统或者程序的操作;
- 软件测试是带着发现问题和错误的意图来分析和执行程序的;
- 软件测试的结果可以检验程序的功能和质量;

- 软件测试可以评估软件产品是否达到预期目标，以及是否能被客户接受；
- 软件测试不仅包括执行代码，还包括对需求等编码以外产品的测试。

6.2 软件测试级别

软件测试通常在整个开发和维护过程中以不同的级别进行，可以根据测试阶段和测试对象来划分级别。

6.2.1 测试阶段级别

软件测试可以分为 4 个阶段：单元、集成、系统和验收。这 4 个测试阶段的特点如下。
- 单元测试确保每个模块独立正确运行，多采用白盒测试，通过覆盖技术确保覆盖尽量多的出错点，对应着软件详细设计阶段。
- 集成测试基于模块间的接口来测试软件结构，多采用黑盒测试，辅以白盒测试，对应着软件概要分析阶段。
- 系统测试检验软件系统是否满足功能、性能和行为方面的需求，基本完全采用黑盒测试，对应着软件需求分析阶段。
- 验收测试检验软件产品能否与系统的其他部分（如硬件、数据库及操作人员）协调工作，是检验软件产品质量的最后一道工序。这一阶段主要突出用户的作用。

1．单元测试

单元测试是在软件开发过程中进行的最低级别的测试活动，其目的是检测程序模块中有无故障存在。也就是说，一开始不是把程序作为一个整体来进行测试，而是首先集中注意力来测试程序中较小的模块，以便发现并纠正模块内部的故障。

单元测试又称为模块测试。模块并没有严格的定义，按照一般的理解，模块应具有一些基本属性，如名字、明确规定的功能、内部使用的数据（或称局部数据）、与其他模块或外界的数据联系、实现特定功能的算法，模块可被其上层模块调用，也可调用其下属模块进行协同工作等。

在传统的结构化编程语言（如 C 语言）中，单元测试的对象一般是函数或子过程。在像 C++这样的面向对象语言中，单元测试的对象可以是类，也可以是类的成员函数。对 Ada 语言而言，单元测试可以在独立的过程和函数上进行，也可以在 Ada 包的级别上进行。单元测试的原则同样也可以扩展到第四代编程语言（4GL）中，这时单元被典型地定义为一个菜单或一个显示界面。

单元测试的对象是软件设计的最小单位，与程序设计和编程实现关系密切，因此，单元测试一般由测试人员和编程人员共同完成。测试人员可通过模块详细设计说明和程序代码清楚地了解模块的内部逻辑结构和 I/O 条件，常采用白盒测试方法设计测试用例。

单元测试验证了单独可测试的软件元素的隔离功能。根据上下文，这些可以是单个子程序或由高内聚单元组成的较大组件。通常，通过访问正在进行测试的代码并在调试工具的支持下进行单元测试。

（1）单元测试的策略

单元测试的策略分为以下三种。

① 自顶向下测试策略。该策略先对最顶层的模块进行测试，把顶层所调用的模块作

桩模块；然后对第二层进行测试，使用上面已测试过的模块作为驱动模块；依此类推，直到测试完所有的模块。该测试策略的优点是，测试可以和详细设计、编码重叠进行。

② 自底向上测试策略。该策略先对最低层的模块进行单元测试，模拟调用该模块的模块作为驱动模块；然后再对上面一层进行单元测试，使用下面已被测试过的模块作为桩模块；依此类推，直到测试完所有的模块。该策略的优点是，测试用例可以直接从功能设计中获取，而不必从结构设计中获取。

③ 孤立测试策略。该策略不考虑每个模块与其他模块之间的关联关系，为每个模块设计桩模块和驱动模块，每个模块进行独立的单元测试。该策略的优点是，简单易行，可以达到较高的结构覆盖率。该策略属于单元测试，而前面两种策略属于单元测试和集成测试的混合。

（2）单元测试的三个阶段

单元测试主要分为三个阶段，如图 6-2 所示。

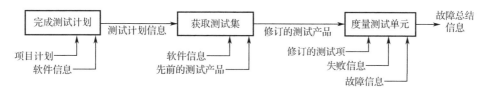

图 6-2　单元测试的三个阶段

① 完成测试计划：确定计划的总策略、资源和进度，确定被测特性，优化总的计划。
② 获取测试集：设计测试集，完成改进的计划和设计。
③ 度量测试单元：执行测试规程，检查结束条件，评价测试工作。

（3）单元测试的步骤
① 配置测试环境，设计辅助测试模块、驱动模块和桩模块。
② 编写测试数据，根据单元测试要解决的问题设计测试用例。
③ 可以进行多个模块的并行测试。

（4）单元测试的方法
① 用边界值分析方法设计测试集，测试边界上易出错之处。
② 用等价类划分方法设计测试集，测试主要的软件错误。
③ 结合用人工测试的错误推测法设计的测试集作为补充。
④ 结合用逻辑覆盖法设计的测试集作为补充。

（5）单元测试的特性
① 覆盖了最小代码单元。
② 支持组包测试。
③ 执行率是 100%；可以随时执行，并且覆盖变动后的代码范围，以确定变动后的代码对原来的功能未做修改。
④ 提升软件系统整体信赖度。
⑤ 并不仅仅体现在测试覆盖上，还要对可能出现问题的代码进行彻底排查。
⑥ 支持变化，因为任何变化所导致的失败情况都会被立刻反映出来。
⑦ 便于后期维护，因为测试更能准确地反映代码设计人员原来的思路。

2．集成测试

集成测试，又称组装测试、子系统测试，是在单元测试基础之上将各个模块组装起来进行的测试。其主要目的是发现与接口有关的模块之间的问题，即验证软件组件之间相互作用的过程。

集成测试通常是每个开发阶段的持续活动，在此期间，软件工程师将低层次的观点抽象出来，并集中在其整合水平的观点上。

集成测试策略有很多种，主要可以分为增量式和非增量式两种类型。

（1）非增量式集成测试

非增量式集成测试采用一步到位的方法进行测试，即对所有模块进行单元测试后，按结构图将各个模块连接起来，然后把连接后的程序作为一个整体进行测试。

（2）增量式集成测试

在增量式集成测试中，单元的集成是逐步实现的，集成测试也是逐步完成的。按照实施的不同次序，增量式集成测试可以分为自顶向下和自底向上两种方式。

① 自顶向下增量式集成测试

在自顶向下增量式集成测试中，按结构图自上而下地逐步进行集成和测试。模块集成顺序是，首先集成主控模块，然后按照软件控制层次接口向下进行集成。从属于主控模块的模块按照深度优先策略或广度优先策略被集成到结构中。

深度优先策略：优先集成结构中一个主控路径下的所有模块。主控路径的选择是任意的，一般根据问题的特性来确定。

广度优先策略：优先沿着水平方向，把每层中所有直接隶属于上一层的模块集成起来，直至最低层。

图 6-3 是按照深度优先策略进行自顶向下增量式集成测试的示意图。

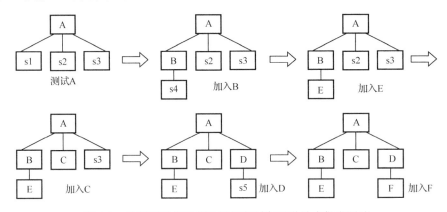

图 6-3　按照深度优先策略进行自顶向下增量式集成测试

② 自底向上增量式集成测试

自底向上增量式集成测试是从最低层的模块开始的，按结构图自下而上地逐步进行集成和测试，如图 6-4 所示。由于是从最低层开始集成的，当测试到较高层模块时，所需的下层模块功能已经具备，因此不需要再使用被调用模拟子模块来辅助测试。

此外，还有"三明治"集成测试、核心系统先行集成测试、高频集成测试、基于功能的集成测试、基于风险的集成测试、基于事件的集成测试、基于使用的集成测试、客户/服务器集成测试、分布式集成测试等集成测试策略。

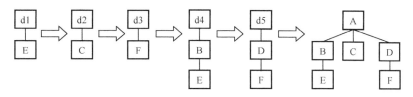

图 6-4 自底向上增量式集成测试

在考虑集成测试环境时,应包含硬件环境、操作系统环境、数据库环境和网络环境等内容。集成测试主要测试软件结构问题,因为测试建立在模块接口上,因此多采用黑盒测试方法,辅以白盒测试方法。

集成测试一般由测试人员和从开发组选出的开发人员完成。一般,集成测试的前期测试由开发人员或测试人员进行。通过前期测试后,就由测试人员完成后面的工作。整个测试工作在测试组长的监督指导下进行,测试组长负责保证在合理的质量控制和监督下使用合理的测试技术进行充分的集成测试。

3. 系统测试

有效的单元测试和集成测试能够识别出许多软件缺陷。但是,软件只是计算机系统的一个重要组成部分。软件开发完成以后,还应与系统中其他部分配合起来,进行一系列系统集成和测试,以保证系统各组成部分能够协调地工作。

这里所说的系统组成部分除软件外,还包括计算机硬件及相关的外围设备、数据采集和传输机构、计算机系统操作人员等。系统测试实际上是针对系统中各个组成部分进行的综合性检验,很接近日常测试实践。

系统测试很困难,需要很大的创造性,最好由独立的测试机构完成。

系统测试不需要考虑模块的实现细节,因此完全采用黑盒测试技术。系统测试的对象不但包括被测试的软件,也包括其所依赖的硬件和软件环境、数据和接口等,因此必须将系统中的软件与各种依赖的资源结合起来,在系统实际运行环境下进行测试。

系统测试通常被认为适合评估非功能性系统要求(如速度、安全性、准确性和可靠性),并由若干不同的测试方法组成,目的是充分运行系统,验证系统各部件是否能正常工作并完成被赋予的任务。

为了有效地进行系统测试,应该建立富有成效的系统测试小组,小组成员包括:机构独立的测试人员、本项目的部分开发人员、机构的质量保证人员、其他项目的开发人员、用户代表。

系统测试小组由测试组长负责监督,测试组长应保证在合理的质量控制和监督下使用合适的测试技术和方法进行充分的系统测试。

4. 验收测试

验收测试的目的是向用户表明所开发的软件系统能够像用户所预期的那样工作。验收测试是将最终产品与最终用户的当前需求进行比较的过程,是软件开发结束后向用户交付之前进行的最后一次质量检验活动,它解决开发的软件产品是否符合预期的各项要求,用户是否接受等问题。验收测试不只检验软件某方面的质量,还要进行全面的质量检验并决定软件是否合格。

验收测试的常用策略有三种：正式验收测试、非正式验收测试和 Beta 测试。策略的选择通常建立在合同需求、公司标准以及应用领域的基础上。

（1）正式验收测试。正式验收测试是一项管理严格的过程，它通常是系统测试的延续。计划与设计这些测试的周密和详细程度不低于系统测试。选择的测试用例应当是系统测试中所执行测试用例的子集。在很多项目中，正式验收测试是通过自动化测试工具执行的。

（2）非正式验收测试。非正式验收测试不像正式验收测试那样严格，是仅对需要重点解决的功能和业务进行的测试，其测试内容由各测试人员决定。在多数情况下，非正式验收测试是由内部测试人员组织执行的测试。

（3）Beta 测试。Beta 测试是由软件的各个用户在一个或多个用户实际使用环境下进行的测试。通常开发人员不在测试现场。Beta 测试可以用于上面两种测试工作中。在 Beta 测试中，采用的数据、方法和测试环境完全由各测试人员决定，并由其决定要测试的功能、特性和任务。

6.2.2 测试对象级别

测试是根据具体对象进行的，这些对象或多或少能够被明确地表示出来，并具有不同的精确度。因此，需要以精确、定量的方式说明测试对象，从而支持测试过程的测量和控制。

测试可以用来验证不同的属性。可以设计测试用例，以检查功能规范是否被正确实现，这在各文献中被多样化地称为一致性测试、正确性测试或功能测试。然而，测试用例还可以用于测试其他非功能特性，包括性能、可靠性和可用性等。测试的其他重要对象包括但不限于可靠性测量、安全漏洞识别、可用性评估和软件接受。

对于不同的测试对象，应采用不同的方法。常用方法说明如下。

1．安装测试

通常，完成验收测试后，需要在目标环境中测试软件。安装测试可以视为在硬件配置和其他操作环境限制的系统中进行的测试，也可以用于验证安装程序。

2．Alpha 和 Beta 测试

在软件发布之前，有时会让一小部分潜在用户进行试用（Alpha 测试），或让一组更具代表性的用户进行测试（Beta 测试）。由于 Alpha 和 Beta 测试通过用户来报告产品的问题，通常不受控制，因此并不总是在测试计划中引用。

3．可靠性实现及评估

一般来说，测试通过识别和纠正故障来提高可靠性。此外，还可以根据软件的运行配置文件随机生成测试用例来导出可靠性的统计测量。这种方法称为操作测试。使用可靠性增长模型可以一起实现这两个目标。

4．回归测试

回归测试不是一个测试阶段，而是一种可以用于单元测试、集成测试、系统测试和验收测试各个测试过程的测试技术。如图 6-5 所示为回归测试与 V 模型之间的关系。

回归测试是软件系统被修改或扩充后重新进行的测试，其目的是保证对软件修改后，没有引入新的错误。每当软件增加了新的功能，或软件中的缺陷被修正，这些变更都可能

影响软件原来的结构和功能。为了防止软件变更产生无法预料的副作用，不仅要对内容进行测试，还要重复过去已经进行过的测试，以证明修改没有引起未曾预料的后果，或证明修改后的软件仍能够满足实际的需求。

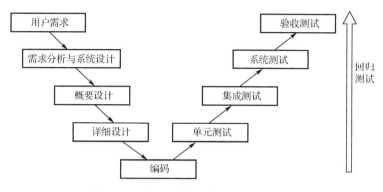

图 6-5　回归测试与 V 模型之间的关系

在软件系统运行环境改变后，或者发生了一个特殊的外部事件时，也可以采用回归测试。

设计和引入回归测试数据的重要原则是，应保证数据中可能影响测试的因素与在未经修改扩充的原软件上进行测试时的因素尽可能一致，否则无法确定观测到的测试结果是否是由于数据变化而引起的。

回归测试不需要进行全面的测试，而是根据修改情况进行有选择性的测试，以保证软件原有功能正常运作。这里所说的"保证软件原有功能正常运作"，或称之为软件修改的正确性，可以从以下两方面来理解：

- 所做的修改达到了预期的目的，例如，缺陷得到了修改，新增加的功能得到了实现；
- 软件的修改没有引入新的缺陷，没有影响原有的功能实现。

在回归测试范围的选择上，最简单的方法是，每次回归均执行所有在前期测试阶段建立的测试用例，来确认问题修改的正确性以及不会对其他功能造成不利影响。但是这样做的代价过于高昂。另一种方法是，有选择地执行以前的测试用例。这时，测试用例的选择是否合理、是否有代表性将直接关系到回归测试的效果和效率。测试用例的选择依据如下：

- 局限在修改范围内的测试用例；
- 在受影响功能范围内的测试用例；
- 根据一定的覆盖率指标选择测试用例。

总之，回归测试是"选择性地重新测试系统或组件，以验证修改没有造成意外的影响，且系统或组件仍符合其规定的要求"的一种测试方法。

5．性能测试

性能测试是指验证软件系统是否满足指定的性能要求并评估其性能特征，例如，容量和响应时间。该测试可以发生在测试活动的所有步骤中，然而只有在整个系统的所有成分都集成在一起后，才能检测一个系统的真正性能。性能测试的目的是，度量系统相对于预定目标的差距，对比需要的性能级别与实际的性能级别，并将其中的差距文档化。经常关注的性能信息包括：CPU 使用情况、I/O 使用情况、每个指令的 I/O 数量、信道使用情况、主存和外存的使用情况、页换入和换出频率、系统反应时间、系统吞吐量等。

可以采用监测器法和探针法来获取系统的执行时间和资源使用情况。

6. 安全性测试

安全性测试用来验证集成在软件系统内的保护机制是否能够在实际应用中保护系统不会受到非法入侵，特别是对系统及其数据的机密性、完整性和可用性的验证，以及对系统是否被误用和滥用的验证（负面测试）。

在安全性测试中，测试者扮演试图攻击系统的个人角色。设计安全性测试用例需要考虑包含资产、危险、暴露出来的行为和安全性控制 4 个方面的分析。矩阵和检查表是设计安全性测试用例时建议考虑的方法。

此外，评价安全机制的性能与安全性功能本身一样重要，包括有效性、生存性、精确性、吞吐量等。

7. 压力测试

压力测试是指在软件系统最大负载及超出负载范围时的测试，尤其要测试对系统处理时间的影响。这类测试在一种需要反常数量、频率或者资源的方式下执行系统。其目标是通过极限测试方法，发现系统在极限或恶劣环境中自我保护的能力，确定行为极限，并测试关键系统中的防御机制。

8. 比对测试

比对测试是指，测试程序中有两个或多个程序变量采用相同的输入，比较输出，并在结果不一致的情况下分析错误原因。

9. 恢复测试

恢复测试的目的是，验证软件系统在崩溃或其他"灾难问题"发生之后的重新启动功能，从而验证系统处理中断和回到断点的性能。恢复测试将采取各种人工干预方式使系统出错而不能正常工作，进而检验系统的恢复能力。

10. 接口测试

接口缺陷在复杂软件系统中很常见。接口测试旨在验证组件接口提供的数据交换和控制信息是否正确。通常，测试用例是由接口规范生成的。接口测试的一个具体目标是模拟最终用户应用程序的 API（应用程序编程接口）的使用。这包括生成 API 调用的参数、外部环境条件的设置以及影响 API 的内部数据的定义。

11. 配置测试

配置测试是指通过对被测软件系统软/硬件环境的调整，了解各种不同环境对系统性能影响的程度，从而找到系统各项资源的最优分配原则。

12. 可用性和人机交互测试

可用性和人机交互测试的主要任务是评估终端用户学习和使用软件系统的容易程度。一般来说，它可能涉及支持用户任务的功能，帮助用户的文档，以及系统从用户错误中恢复的能力。

6.3 软件测试技术

软件测试技术有很多种,根据不同的标准有不同的划分方法。例如,按照开发阶段可将测试技术分为单元测试、集成测试、系统测试和验收测试。按照是否运行被测代码可将测试技术分为静态测试和动态测试。按照是否查看代码可将测试技术分为白盒测试、黑盒测试和灰盒测试。按照是否手工执行测试过程可将测试技术分为手工测试和自动化测试。根据其他标准可将测试技术分为随机测试、冒烟测试、安全测试、探索性测试、回归测试、α测试和β测试。本节介绍几种常用测试技术。

6.3.1 静态测试

静态测试是一种基于期望属性、专业经验、通用标准对工作产品的特性进行详细检查的测试方法。其中,工作产品是指静态测试的对象,是不同种类产品的交付件,即一切项目过程文档。

静态测试的特点如下:
- 静态测试不必动态地执行程序,也就是说,不必进行测试用例设计和结果判读等工作;
- 静态测试可以由人采用手工方式进行,充分发挥人的优势,行之有效;
- 静态测试实施不需要特别条件,容易开展;
- 静态测试主要由人工进行,内容包括手工检查(评审)和静态分析。

静态测试的过程如下。

1. 评审

评审是指对软件工作产品(包括代码)进行测试的一种方式,可以完全以人工的方式进行,也可以引入工具。软件工作产品包括:需求规格说明、设计规格说明、代码、测试计划、测试规格说明、测试用例、测试脚本、用户指南或 Web 页面等。

(1)评审的作用

- 提高质量:类似于动态测试,发现缺陷也是评审的最主要目的之一。尽早发现软件工作产品中的缺陷,通过修复缺陷可以直接提高软件的质量;同时,尽早发现和修复缺陷,也可以减少将缺陷带到下一个阶段的机会,间接地提高质量。
- 降低成本:缺陷发现和修复的成本随着开发阶段的演进而上升,因此尽早发现和修复缺陷可以直接降低成本;同时,减少缺陷的雪崩效应也可以间接地降低成本。
- 加快进度:在开发阶段的后期,不仅发现缺陷的难度增加,其效率也会降低;同时,对开发团队而言,其定位和修复缺陷的难度也将增加,从而需要花费更多的时间,导致时间进度的延后。
- 提升能力:参与评审活动,对于每个评审员而言,都相当于参加了一次培训,有助于在将来的项目中输出质量更高的工作产品。通过评审员之间的分析和讨论,除项目相关的知识和技能之外,大家还在评审过程、规则和实践等方面实现了共享。

(2)评审的过程

软件的评审过程如图 6-6 所示。

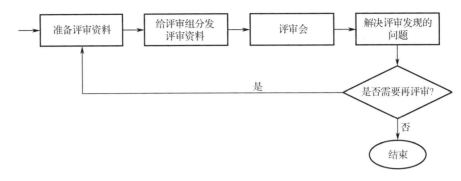

图 6-6 评审的过程

(3) 评审类型

1) 软件需求评审

软件需求分析是软件开发过程中最重要的一个步骤,其质量将在很大程度上决定项目或软件产品的质量。软件需求评审的详细内容见 3.5.1 节。

2) 概要设计评审

软件概要设计结束后必须进行评审,以评价软件设计说明中所描述的软件概要设计在总体结构、外部接口、主要部件功能分配、全局数据结构及各主要部件之间的接口等方面是否合适。一般应考察以下几个方面:

- 概要设计说明是否与软件需求规格说明的要求一致?
- 概要设计说明是否正确、完整、一致?
- 系统的模块划分是否合理?
- 接口定义是否明确?
- 文档是否符合有关标准规定?

3) 详细设计评审

软件详细设计阶段结束后必须进行评审,以评价软件验证与确认计划中所规定的验证与确认方法的适用性与完整性。一般应考察以下几个方面:

- 详细设计说明是否与概要设计说明的要求一致?
- 模块内部逻辑结构是否合理,模块之间的接口是否清晰?
- 数据库设计说明是否完全,是否正确反映详细设计说明的要求?
- 测试是否全面、合理?
- 文档是否符合有关标准规定?

4) 数据库设计评审

数据库设计阶段结束后必须进行评审,以评价数据库的结构设计及运用设计是否合适。一般应考察以下几个方面:概念结构设计、逻辑结构设计、物理结构设计、数据字典设计、安全保密设计。

5) 测试评审

测试评审包括对需求规格说明的评审、对软件测试计划的评审、对软件测试说明的评审、对软件测试报告的评审和对软件测试记录的评审。

2. 静态分析

静态分析包括控制流分析和数据流分析。

（1）控制流分析

1）控制流图

控制流图是用来刻画程序结构的。对于用结构化程序语言书写的程序，可以通过使用一系列规则从程序推导出其对应的控制流图。因此，控制流图和程序是一一对应的，而且控制流图更容易使人们理解程序。控制流图的具体内容详见 6.3.3 节白盒测试的基本路径法。

2）测试覆盖准则

测试覆盖准则是指逻辑覆盖测试的标准，具体内容详见 6.3.3 节白盒测试的逻辑覆盖法。

（2）数据流分析

控制流测试面向的是程序的结构，控制流图和测试覆盖准则一旦给定，即可产生测试用例。至于程序中每个语句是如何实现的，它并不关心。与控制流的测试思想不同，数据流测试面向的是程序中的变量。

1）基本概念

根据程序设计的理论，程序中的变量有两种不同的作用，一是将数据存储起来，二是将所存储的数据取出来。这两种作用是通过变量在程序中所处的位置来决定的。例如，当一个变量出现在赋值语句 y=x1+x2 的左边时，它表示把赋值语句右边的计算结果存放在该变量所对应的存储空间内，也就是将数据与变量相绑定。当一个变量出现在赋值语句右边的表达式中时，表示该变量中所存储的数据被取出来，参与计算，即与该变量相绑定的数据被引用。相关概念如下。

- 变量的定义性出现：若一个变量在程序中的某处出现使数据与该变量相绑定，则称该出现是定义性出现。
- 变量的引用性出现：若一个变量在程序中的某处出现使与该变量相绑定的数据被引用，则称该出现是引用性出现。

数据流测试的着眼点是测试程序中数据的定义与引用是否正确，也就是说，需要测试程序中从数据被绑定给一个变量之处到这个数据被引用之处的路径，通过它把一个变量的定义性出现传递到该定义的一个引用性出现。

2）测试覆盖准则

最简单的数据流测试方法着眼于测试每个数据定义的正确性。通过考察每个定义的一个使用结果来判断该定义的正确性。定义如下：

- 定义覆盖准则：测试数据集 T 对测试程序 P 满足定义覆盖准则，对具有数据流信息的控制流图 G_P 中的每个变量 x 的每个定义性出现，若该定义性出现能够可行地传递到该变量的某个引用性出现，那么 L_T 中存在一条路径 A，它包含一条子路径 A'，使得 A' 将该定义出现传递到某个引用性出现。
- 引用覆盖准则：测试数据集 T 对测试程序 P 满足引用覆盖准则，如果对具有数据流信息的控制流图中的每个变量 x 的每个定义 n，以及该定义的每个能够可行地传递到的引用 n'，那么 L_T 中都存在一条路径 A，它包含一条子路径 A'，使得 A' 将 n 传递到 n'。
- 定义-引用（All-use）覆盖准则：测试数据集 T 对测试程序 P 满足定义-引用覆盖准则，对具有数据流信息的控制流图 G_P 中的任意一条从定义传递到其引用的路径 A，若 A 是无回路的或者 A 只是开始节点和结束节点相同，那么 L_T 中存在一条路径 B，使得 A 是 B 的子路径。

这些覆盖准则之间的包含关系如下：
- 定义-引用覆盖准则包含引用覆盖准则。
- 引用覆盖准则包含定义覆盖准则。

实际使用时，定义-引用覆盖准则可以分为计算性引用的覆盖准则（即 C-use 覆盖准则）和谓词性引用的覆盖准则（即 P-use 覆盖准则）。

6.3.2 动态测试

动态测试是指通过运行被测程序检查运行结果与预期结果的差异并分析运行效率和健壮性等性能。这种方法由三部分组成：构造测试实例、执行程序、分析程序的输出结果。所谓软件的动态测试，就是通过运行软件来检验软件的动态行为和运行结果的正确性。目前，动态测试也是测试工作的主要方式。

根据动态测试在软件开发过程中所处的阶段和作用，动态测试可分为：单元测试、集成测试、系统测试、验收测试和回归测试。其中，单元测试、集成测试、系统测试见 6.2.1 节，验收测试和回归测试见 6.2.2 节，在此不再赘述。

6.3.3 白盒测试

1. 白盒测试概述

白盒测试按照程序内部的结构和逻辑驱动来测试程序，通过测试来检测程序内部动作是否按照设计规格说明正常进行，检验程序中的每条路径是否都能按预定要求正确工作。

此方法将白盒测试的对象看作内部逻辑结构完全可见的盒子，测试人员依据程序内部逻辑结构的相关信息来设计或选择测试用例，对程序所有路径进行测试，在不同点、不同分支检查程序的状态，确定实际的状态是否与预期的状态一致。

2. 白盒测试的常用技术

（1）逻辑覆盖

逻辑覆盖是指有选择地执行程序中某些代表性的路径，是穷尽测试唯一可行的替代办法，逻辑覆盖是对一系列测试过程的总称，根据覆盖程序的详尽程度，大致分为下述几种覆盖。

a）语句覆盖

被测程序中的每条可执行语句在测试中尽可能都被检验到，这是最弱的逻辑覆盖准则。

b）判定覆盖

判定覆盖又叫分支覆盖，它不仅要求每条语句必须至少执行一次，而且要求每个判定的每种可能的结果都应该至少执行一次，也就是每个判定的分支都至少执行一次（真、假分支均被满足执行一次）。判定覆盖比语句覆盖强，但是对程序逻辑的覆盖程度仍然不高。

c）条件覆盖

条件覆盖的含义是，使判定表达式中的每个条件都取到各种可能的结果。条件覆盖比判定覆盖强，因为它使判定表达式中的每个条件都取到了两个不同的结果，而判定覆盖却只关心整个判定表达式的值。但是也可能有这样的情况：虽然每个条件都取到了两个不同的结果，但是，判定表达式却始终只取一个值。

d）判定/条件覆盖

既然判定覆盖不一定包含条件覆盖，条件覆盖也不一定包含判定覆盖，那么自然会有一种能同时满足这两种覆盖标准的逻辑覆盖，这就是判定/条件覆盖。它选取足够多的测试数据，使得判定表达式中的每个条件都取到各种可能的值，而且每个判定表达式也都可以取到各种可能的结果。但是，在某种情况下，判定/条件覆盖也并不比条件覆盖更强。

e）条件组合覆盖

条件组合覆盖是更强的逻辑覆盖，它要求选取足够多的测试数据，使得每个判定表达式中的各种可能组合都至少出现一次。

满足条件组合覆盖的测试数据，也一定满足判定覆盖、条件覆盖和判定/条件覆盖。因此，条件组合覆盖是前述几种覆盖中最强的。满足条件组合覆盖的测试数据一定能使程序中的每条路径都执行到。

f）路径覆盖

路径覆盖的含义是，选取足够多的测试数据，使程序的每条可能的路径都至少执行一次。如果程序控制流图中有环，则要求每个环至少经过一次。

路径覆盖是相当强的逻辑覆盖，它保证了程序中每条可能的路径都至少执行一次，因此这样的测试数据更有代表性，发现错误的能力也比较强。但是，为了做到路径覆盖，只需要考虑每个判定表达式的取值，并没有检验表达式中条件的各种可能组合情况。如果把路径覆盖和条件组合覆盖结合起来，则可以设计出检错能力更强的测试数据。

（2）程序插装技术

程序插装是一种基本的测试手段，通过向被测程序中插入操作（语句）来达到测试的目的。那些被插入的语句称为探测器或探针。在程序特定部位插入探针的目的是，把程序执行过程中发生的一些重要事件记录下来，如语句的执行次数、变量值的变化情况、指针的改变等。

借助于程序插装技术，测试人员可以了解程序执行时的结构覆盖情况，如语句覆盖、判定覆盖、条件覆盖等信息。在利用程序插装技术进行测试时需要考虑以下问题：

- 探测哪些信息？
- 在什么位置设置探测点？
- 需要设置多少个探测点？

对于前两个问题，需要结合具体的程序。对于第三个问题，一般认为在没有分支的程序段中，只需插入一个计数语句即可。但是由于待测程序一般都比较庞大，使用了多种控制语句，所以为了在程序中使用最少的计数语句，需要针对不同的控制结构进行具体的分析。在测试中对于计数语句的位置，下面是一些值得考虑的建议：

- 在程序块的第一条可执行语句之前；
- 在 if、for、while 和 do…while、switch 语句的开始处；
- 在 if、for、while 和 do…while、switch 语句结束之后；
- 在 switch 中的每条 case 语句处；
- 在 break、continue、return 和 exit 语句之前。

（3）基本路径法

基本路径法是在程序控制流图的基础上，通过分析控制构造的环路复杂性，导出基本可执行的路径集合，从而设计测试用例的方法。在基本路径法中，设计出的测试用例要保证，在测试中程序的每条可执行语句至少执行一次。在基本路径法中，需要使用程序的控制流图进行可视化表达。

程序的控制流图是描述程序控制流的一种图示方法。其中，圆圈称为控制流图的一个节点，表示一条或多条无分支的语句或源程序语句；箭头称为边或连接，代表控制流。在将程序流程图简化成控制流图时，应注意：在选择或多分支结构中，分支的汇聚处应有一个汇聚节点；边和节点圈定的部分称为区域，当对区域计数时，图形外的部分也应记为一个区域。控制流图表示如图 6-7 所示。

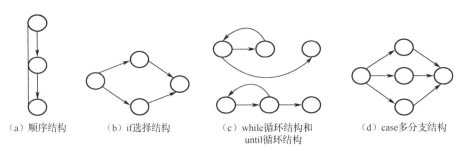

图 6-7　控制流图表示

环路复杂度是一种为程序逻辑复杂性提供定量测度的软件度量，将该度量用于计算程序的基本的独立路径数目，为确保所有语句至少执行一次的测试数量的上界。独立路径必须包含一条在定义之前不曾用到的边。计算环路复杂度有以下三种方法：

- 控制流图中区域的数量对应于环路复杂度；
- 给定控制流图 G 的环路复杂度 $V(G)$，定义为 $V(G)=E-N+2$，其中 E 是控制流图中边的数量，N 是控制流图中节点的数量；
- 给定控制流图 G 的环路复杂度 $V(G)$，定义为 $V(G)=P+1$，其中 P 是控制流图 G 中判定节点的数量。

基本路径法适用于测试模块的详细设计及源程序。其步骤如下：

- 以详细设计或源程序为基础，导出程序的控制流图 G。
- 计算得出控制流图 G 的环路复杂度 $V(G)$。
- 确定线性无关的路径的基本集。
- 生成测试用例，确保基本路径集中每条路径的执行。

每个测试用例执行后，将所得结果与预期结果进行比较。如果所有测试用例都执行完毕，则可以确信程序中所有可执行语句至少被执行了一次。但是必须注意，一些独立路径往往不是完全孤立的，有时它是程序正常控制流的一部分，这时这些路径的测试可以是另一条测试路径的一部分。

（4）符号测试

之所以普通的测试方法不容易查出程序中的错误，一个重要的原因就是测试点的选择比较困难。由于被测程序与设计规格说明可能存在差距，所以无论是用功能测试方法还是用结构测试方法，都不能保证选取到有代表性的测试点。因此，测试用例的选择成了模块测试的瓶颈。符号测试的方法可以绕开这个问题进而达到问题的可解性。

符号测试的基本思想是，允许程序的输入不仅可以是数值数据，也可以包含符号。符号可以是符号变量，也可以是包含这些符号变量的一个表达式。这样，在被测程序的执行过程中，符号的计算就代替了普通测试执行中对测试用例的数值计算，所得的结果是符号公式或符号谓词。如果原来测试某程序时要从输入数据 X 的取值范围 1~200 中选取一个进行数值计算，则现在可以用 X_1 作为输入数据，代入程序进行代数运算，这样所得的结果是含有 X_1 的代数表达式，对于判断程序的正确性就更为直观。同时，进行一次符号测试就等价于选用具体数值数据进行了大量普通测试。例如，上述对 X_1 的测试就等价于进行了 200 次普通的测试。

符号测试是程序测试与程序验证的一个折中方法。一方面，它沿用了传统的程序测试方法，通过运行被测程序来检验它的可靠性。另一方面，由于一次符号测试的结果代表了一大类普通测试的结果，因此可以证明程序接收此类输入后所得的输出结果是否正确。理想的情况是，程序中仅有有限的几条可执行路径，若对这几条路径都完成了符号测试，则确认程序正确的可能性更大。

（5）错误驱动测试法

事实上，几乎不可能找出程序中所有的错误。现实的解决办法是，将搜索错误的范围尽可能地缩小，以利于测试某类错误是否存在。基于这一思想，出现了错误驱动测试法。错误驱动测试方法可以把目标集中在对程序危害最大的可能错误上，而暂时忽略对程序危害较小的可能错误。这样可以取得较高的测试效率，并能降低测试的成本。程序变异是错误驱动测试法的一种。

6.3.4 黑盒测试

1. 黑盒测试概述

黑盒测试是一种从软件外部对软件实施的测试，也称功能测试或基本规格说明的测试。其基本观点是：任何软件都可以看作从输入定义域到输出值域的映射。这种观点将被测软件看作一个打不开的黑盒，黑盒里面的内容（实现）是完全不知道的，只知道软件要做什么。因为无法看到盒子中的内容，所以不知道软件是如何实现的，也不关心黑盒里面的结构，只关心软件的输入数据和输出结果。

使用黑盒测试方法，测试人员所使用的唯一信息就是软件的规格说明，在完全不考虑软件内部结构和内部特性的情况下，只依靠被测软件输入和输出之间的关系或软件的功能来设计测试用例，推断测试结果的正确性，即所依据的只是软件的外部特性。因此，黑盒测试是从用户观点出发的测试，其目的是尽可能发现软件的外部行为错误。

黑盒测试着眼于软件的外部特征，通过上述方面的检测，确定软件所实现的功能是否按照软件规格说明的预期要求正常工作。

如果希望利用黑盒测试方法查出软件中所有的故障，只能采用穷举输入测试。而要进行穷举输入测试就得给出无穷多个测试用例，这是不现实的。因此，我们需要认真研究测试方法，以便能开发出尽可能少的测试用例，发现尽可能多的软件故障。下面是黑盒测试的一些常用方法。

2. 黑盒测试的方法

（1）等价类划分法

等价类划分法是一种典型的黑盒测试方法，它完全不考虑软件的内部结构，只根据软件规格说明对输入范围进行划分，把所有可能的输入数据，即软件输入域划分为若干个互不相交的子集，称为等价类，然后从每个等价类中选取少数具有代表性的数据作为测试用例，进行测试。

在使用等价类划分法进行测试时，首先应在分析软件规格说明的基础上划分等价类，再根据等价类设计出测试用例。所谓等价类，是指输入域的某个互不相交的子集。所有等价类的并集便是整个输入域。

在考虑等价类时，应注意区别有效等价类和无效等价类。有效等价类是指符合软件规格说明的、合理的、有意义的输入数据所构成的集合，可以检验软件是否实现了软件规格说明预先规定的功能和性能。无效等价类是指不符合软件规格说明的、不合理或无意义的输入数据所构成的集合，可以检查软件功能和性能的实现是否有不符合软件规格说明要求的地方。

等价类的划分原则包括按区间划分、按数值划分、按数值集合划分、按限制条件或规则划分和细分。在确立了等价类之后，可以列出所有划分出的等价类表，包括输入条件、有效等价类、无效等价类。

（2）边界值分析法

大量的软件测试实践表明，故障往往出现在定义域或值域的边界上，而不是在其内部。因此，为检测边界附近的处理专门设计测试用例，通常都会取得很好的测试效果。边界值分析法是一种很实用的黑盒测试方法，具有很强的发现故障能力。

边界值分析法的基本原理是：错误往往出现在输入变量的边界值附近。例如，当循环条件本应当判断"≤"时，却写成了"<"，计数器少计一次等。因此，在等价类划分基础上进行边界值分析测试的基本思想是，选取正好等于、刚刚大于或刚刚小于等价类边界的值作为测试数据，而不是选取等价类中的典型值或任意值作为测试数据。

为便于理解，这里讨论一个有两个变量 x_1 和 x_2 的程序 P。假设输入变量 x_1 和 x_2 在下列范围内取值：$a \leq x_1 \leq b,\ c \leq x_2 \leq d$。

边界值分析法利用输入变量的最小值（min）、稍大于最小值（min+）、域内任意值（nom）、稍小于最大值（max-）和最大值（max）来设计测试用例。这样，所有输入变量均取 nom，只有一个输入变量分别取 min、min+、max-和 max 来进行测试。例如，有两个输入变量的程序的边界值分析测试用例共有 9 个。边界值测试用例的选取如图 6-8 所示。

健壮性边界值测试是边界值分析法的一种扩展：输入变量除取 min、min+、nom、max-和 max 这 5 个边界值外，还要考虑采用一个略大于最大值（max+）及一个略小于最小值（min-）的取值，看看超过极限值时，程序会出现什么情况。对于一个有两个输入变量的程序而言，健壮性测试用例的选取如图 6-9 所示。对于含有 n 个变量的程序，保留其中一个输入变量，让其余输入变量取正常值，这个被保留的输入变量依次取值 min-、min、min+、nom、max-、max 和 max+。每个输入变量重复进行，则健壮性边界值测试将产生 $6n+1$ 个测试用例。

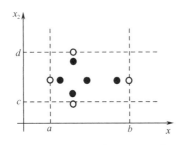

图 6-8 边界值分析的测试用例

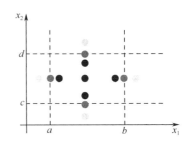

图 6-9 健壮性边界值测试的测试用例

（3）因果图法

等价类划分法和边界值分析法着重考虑程序输入。如果程序输入之间没有什么联系，则采用等价类划分法和边界值分析法比较有效。但如果程序输入之间有联系，例如，约束关系、组合关系，用等价类划分法和边界值分析法是很难描述的，测试效果难以保障，因此必须考虑使用一种适合描述多种条件组合的，能够产生多个相应动作的测试方法。因果图法正是在此背景下提出的。

因果图法用4种符号分别表示规格说明中的4种因果关系。图6-10给出了因果图法中常用的4种符号所代表的因果关系。其中，C_i（i=1,2,3）表示原因，通常位于图的左部；e表示结果，位于图的右部。C_i和e可取值0或1，0表示某个状态不出现，1表示某个状态出现。

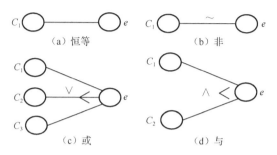

图6-10 因果图法的4种符号

恒等：若 C_1 是1，则 e 也是1；否则 e 为0。

非（~）：若 C_1 是1，则 e 是0；否则 e 为1。

或（∨）：若 C_1 或 C_2 或 C_3 是1，则 e 是1；否则 e 为0。"或"可以有任意个输入。

与（∧）：若 C_1 和 C_2 都是1，则 e 为1；否则 e 为0。"与"可以有任意个输入。

在实际问题中，输入条件之间还可能存在某些依赖关系，称为约束。例如，某些输入条件不可能同时出现。而这些关系，对测试来说是非常重要的。多个输出条件之间也可能有强制的约束关系。在因果图中，用特定的符号表明这些约束，如图6-11所示。

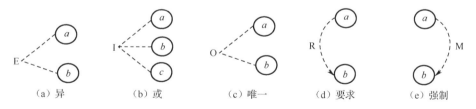

图6-11 约束符号

对于输入条件的约束有以下4类。
- E（Exclusive，异或约束）：a 和 b 中最多只能有一个为1，即 a 和 b 不能同时为1。
- I（Inclusive，或约束）：a、b 和 c 中至少有一个为1，即 a、b 和 c 不能同时为0。
- O（Only one，唯一约束）：a 和 b 必须有一个，且仅有1个为1。
- R（Require，要求约束）：当 a 是1时，b 必须是1，即：当 a 是1时，b 不能是0。

输出条件的约束只有M（Mask，强制）约束：若结果 a 是1，则结果 b 强制为0。

因果图法生成测试用例的基本步骤如下：

① 确定软件规格说明中的原因和结果。分析软件规格说明中哪些是原因（即输入条件或输入条件的等价类），哪些是结果（即输出条件），并给每个原因和结果赋予一个标识符。

② 确定原因和结果之间的逻辑关系。分析软件规格说明中的语义，找出原因与结果之间、原因与原因之间对应的关系，根据这些关系画出因果图。

③ 确定因果图中的各个约束。由于语法或环境的限制，有些原因与原因之间、原因与结果之间的组合情况不可能出现。对于这些特殊情况，在因果图上用一些记号标明约束或限制条件。

④ 把因果图转换为决策表。

⑤ 根据决策表设计测试用例。

（4）决策表法

在所有的黑盒测试方法中，基于决策表的测试方法是最严格、最具有逻辑性的。决策表是把作为条件的所有输入的各种组合值以及对应输出值都罗列出来而形成的表格。它能够将复杂的问题按照各种可能的情况全部列举出来，简明并避免遗漏。因此，利用决策表能够设计出完整的测试用例集合。例如，表6-1是本书的一张名为"阅读指南"的决策表。对于所列出的问题，若回答肯定，则标注"Y"（取"真"值）；若回答否定，则标注"N"（取"假"值）。

决策表通常由条件桩、条件项、动作桩和动作项4部分组成，如图6-12所示。

- 条件桩：列出所有可能的问题（条件）。
- 条件项：针对条件桩给出的条件列出所有可能的取值。
- 动作桩：列出问题规定可能采取的动作。
- 动作项：指出在条件项的各组取值情况下应采取的动作。

图 6-12 决策表的组成

表 6-1 "阅读指南"

选项			规 则														
			1	2	3	4	5	6	7	8	9	10	11	12	13	14	15	16
	问题	Ⅰ. 能编写程序	N	N	N	N	N	N	N	N	Y	Y	Y	Y	Y	Y	Y	Y
		Ⅱ. 熟悉软件工程	N	N	N	N	Y	Y	Y	Y	N	N	N	N	Y	Y	Y	Y
		Ⅲ. 对书中内容感兴趣	N	N	Y	Y	N	N	Y	Y	N	N	Y	Y	N	N	Y	Y
		Ⅳ. 理解书中内容	N	Y	N	Y	N	Y	N	Y	N	Y	N	Y	N	Y	N	Y
	动作	i. 学习C/C++语言		√	√	√		√	√	√								
		ii. 学习软件工程		√	√	√						√		√				
		iii. 继续阅读		√		√		√	√	√							√	√
		iv. 放弃学习	√				√								√	√		

构造决策表可采用以下5个步骤：

① 列出所有的条件桩和动作桩。

② 确定规则的个数。

③ 填入条件项。
④ 填入动作项，得到初始决策表。
⑤ 简化决策表，合并相似规则。

对于 n 个条件的决策表，相应有 2^n 个规则（每个条件分别取"真"值、"假"值）。当 n 较大时，决策表很烦琐。实际使用决策表时，常常先将它简化。决策表的简化以合并相似规则为目标，若表中有两个或以上规则具有相同的动作，并且在条件项之间存在极为相似的关系，便可以合并。例如，在表6-1中，第2、4条规则的动作项一致，条件项中只是第Ⅲ个条件取值不同，其他三个条件取值都一致。这一情况表明，无论第Ⅲ个条件取值如何，当其他三个条件分别取 N、N、Y 值时，都执行"学习C/C++语言"，"学习软件工程"和"继续阅读"动作项，即要执行的动作项与第Ⅲ个条件的取值无关。于是，便可将这两个规则合并，合并后的第Ⅲ个条件项用符号"—"表示与取值无关，称为"无关条件"或"不关心条件"。与此类似，具有相同动作的规则还可进一步合并。简化后的"阅读指南"见表6-2。

表6-2 简化后的"阅读指南"

选项			规则							
			1, 5	2, 4	3	6, 7, 8	9, 11	10, 12	13, 14	15, 16
	问题	Ⅰ. 能编写程序	N	N	N	N	Y	Y	Y	Y
		Ⅱ. 熟悉软件工程	—	N	N	Y	N	N	Y	Y
		Ⅲ. 对书中内容感兴趣	N	—	Y	—	—	—	N	Y
		Ⅳ. 理解书中内容	N	Y	N	—	N	Y	—	—
	动作	ⅰ. 学习C/C++语言		√	√	√				
		ⅱ. 学习软件工程		√	√		√	√		√
		ⅲ. 继续阅读		√		√	√		√	
		ⅳ. 放弃学习	√							

（5）错误推测法

使用边界值分析法和等价类划分法，可以帮助测试人员设计具有代表性的、容易暴露程序错误的测试用例。但是，不同类型、不同特点的程序通常会有一些特殊的情况。因此，必须依靠测试人员的经验和直觉。错误推测法在很大程度上是靠直觉和经验进行的。它的基本想法是，列举程序中可能有的错误和容易发生错误的特殊情况，并且根据它们选择测试用例。

错误推测法是指用判定表或判定树把输入数据的各种组合与对应的处理结果列出来进行测试。还可以把人工检查代码与计算机测试结合起来，特别是在几个模块共享数据时，应检查在一个模块中改变共享数据时，其他共享这些数据的模块是否能正确同步处理。

（6）场景法

现在很多软件都通过事件触发来控制流程。事件触发时的情形变成场景，而同一个事件不同的触发顺序和处理结果就形成了事件流。这种在软件设计中的思想也可以应用到软件测试中，从而主动地描绘出事件触发时的情形，有利于测试人员执行测试用例，同时测试用例也更容易得到理解和执行。

用例场景是通过描述流经测试用例的路径来确定的。这个路径要从用例场景的开始到结束，遍历其中所有的基本流和备选流。

基本流：采用黑色直线表示，是经过用例的最简单路径，表示无任何差错，程序从开始执行到结束。

备选流：采用不同颜色表示。一个备选流可以从基本流开始，在某个特定条件下执行，然后重新加入基本流中；也可以起源于另一个备选流，或终止用例，不再加入基本流中。

应用场景法进行黑盒测试的步骤如下：
- 根据规格说明，描述出程序的基本流和各个备选流。
- 根据基本流和各个备选流生成不同的场景。
- 对每个场景生成相应的测试用例。
- 对生成的所有测试用例进行复审，去掉多余的测试用例，对每个测试用例确定测试数据。

3．原则和策略

除了上述几种方法，黑盒测试还有正交实验设计法等其他方法，本书不再展开叙述。黑盒测试的每种方法都有各自的优缺点，测试人员应根据实际项目的特点和需要选择合适的方法，并设计测试用例。以下是选择方法的几条经验：
- 在任何情况下都必须选择边界值分析法。经验表明，用这种方法设计的测试用例，发现程序错误的能力最强。
- 必要时，用等价类划分法补充一些测试用例。
- 用错误推测法再追加一些测试用例。
- 如果程序的功能说明中含有输入状态的组合情况，则可选用因果图法和决策表法。

6.3.5 自动化测试

测试是软件能否通向市场的最后也是最重要的一关。传统的测试方法是手工测试，但是它存在的问题非常多。手工测试可能引入人为的输入错误，且成本较高，而且没有办法对组件进行隔离的测试。

针对手工测试的缺点，自动化测试应运而生。相比手工测试，自动化测试的优点很多：规范测试流程、提高测试效率、提高测试覆盖率等。很多人对自动化测试存在理解误区，认为就是找到一种自动化测试工具，再把它应用到软件项目中。自动化测试工具只是被看作一种录制和回放的工具。事实上，自动化测试远不止这么简单，录制和回放仅是自动化测试中的最低级别。

依据自动化测试的成熟度模型，自动化测试可被划分为以下 5 个级别。

1．录制和回放

所谓录制和回放，就是先由人工完成一遍需要测试的流程，用工具记录下这个流程中客户端和服务器端之间的通信过程，以及用户和应用程序交互时的击键操作和鼠标指针的移动，形成一个脚本，然后可以在测试执行期间回放。这是自动化测试中的最低级别。

2．录制、编辑和回放

在这个级别中，测试人员使用自动化工具来捕获想要测试的功能。将测试脚本中的任何测试数据，如名字、账号等，从测试脚本的代码中完全删除，并将它们转换成为变量。

这种测试模式一般用于进行回归测试时，被测试的应用程序只有很小的变化，例如，仅针对计算的代码变化，用户界面和逻辑没有发生变化。测试人员可以使用这种技术来快速编制一些测试脚本以检验自己的想法来探索预定的测试设计。

3．编程和回放

这个级别是多个被测试工具有效使用的自动化测试的第一个级别。如果没有经过技术培训，测试人员将不具备到达这个级别的能力。因为在这个级别中，测试人员要很好地理解自动化测试工具所有的功能，还要掌握测试脚本语言。

这种测试模式一般用于大规模的测试用例被开发、执行和维护的专业自动化测试。

4．数据驱动的自动化测试

对于自动化测试来说，这是一个专业的测试级别。测试人员拥有一个强大的测试框架，这个测试框架能够基于根据被测试系统的变化快速创建一个测试脚本的测试功能库。其维护成本相对比较低，而且测试中还会使用到大量真实的数据。

数据驱动是指，从数据文件中读取输入数据，通过变量的参数化将测试数据传入测试脚本中。不同的数据文件对应不同的测试用例。在这种模式下，数据和脚本是分离的，脚本的利用率、可维护性大大提高，但受界面变化的影响仍然很大。

该级别对测试数据要求较高。一个测试人员要花费一些时间来识别在哪里收集数据和收集哪些数据。当然，使用现实生活中的数据是最基本的。这些工作完成后，测试人员才能够使用现实的数据来运行大量的测试。使用良好的数据将为测试人员提供发现错误的能力，而这些错误通常在项目后期才会被发现或者被客户发现。

5．关键字驱动的自动化测试

这是自动化测试的最高级别。其主要的思想是，将测试用例从测试工具中分离出来。这个级别要求有一个具有高技能的测试团队，团队中的测试人员能够将测试工具的知识与他们的编程能力结合起来。这个团队负责在测试工具中生成并维护测试方案，能够使测试工具从外部的来源（如 Excel 表或数据库）中执行测试用例。这是一种称为 DDE（动态数据交换）的概念，测试人员关注点放在 Excel 表中创建的测试用例上面，需要保存和使用一些特定动作的关键字。执行过程是，从 Excel 表中读取测试用例，并将测试用例转换成为测试工具能够理解的形式，然后使用不同的测试功能来执行测试。

关键字驱动的自动化测试是数据驱动的自动化测试的一种改进类型，它将测试逻辑按照关键字进行分解，形成数据文件，关键字对应于封装的业务逻辑。主要关键字包括三类：被操作对象（Item）、操作（Operation）和值（Value），用面向对象形式可将其表现为 Item.Operation（Value）。关键字驱动的主要思想是：脚本与数据分离、界面元素名称与测试内部对象名称分离、测试描述与具体实现细节分离。

目前，大多数测试工具处于数据驱动到关键字驱动之间的阶段，有些工具厂商已可以提供支持关键字驱动的版本。

6.4 软件测试过程

软件测试是软件开发过程的一个重要环节，是在软件投入运行前，对软件需求分析、设计规格说明和编码实现的最终审定,贯穿于软件定义与开发的整个过程中。

软件项目一旦开始,软件测试也随之开始。从单元测试到最终的验收测试,其整个测试过程如图 6-13 所示。

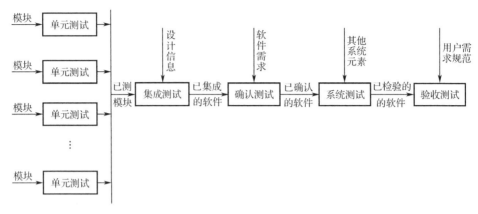

图 6-13 软件测试的过程

从软件测试的过程可以看出,软件测试由一系列不同的测试阶段组成,即单元测试、集成测试、确认测试、系统测试和验收测试。软件开发是一个自顶向下逐步细化的过程。而软件测试则是自底向上逐步集成的过程,低一级的测试为上一级的测试准备条件。

6.4.1 测试计划阶段

软件系统的高可靠性是指系统在遇到故障时,能够尽量不受影响,或者把影响降到最低,并能够迅速地自动修正某些故障而恢复正常运行。由此可以看出,系统的高可靠性是在系统的分析、设计、编码和实施的过程中,通过测试实现的。测试必须按照一定的方法、步骤和措施实施,以达到提高系统可靠性的目的。

1. 测试方案

(1) 测试方案设计的步骤

设计测试方案的步骤如下:

- 模型化被测系统并分析其功能;
- 根据外部观察设计测试用例;
- 根据代码分析,用猜测和启发式的方式研究添加测试用例;
- 给出每个测试用例的预期结果,或者选择一种方法评估测试用例是否通过测试。

测试方案设计完成后,就可将这些测试用例应用到被测系统中。在系统测试中,可以通过使用测试工具等来实现测试,也可编写用于特定系统的测试驱动,并且将测试代码添加到系统中。测试工具在测试时一般会启动被测系统,设置其环境,进入预测状态,然后应用测试用例进行测试,最后评估输出结果和状态。

(2) 执行测试方案的步骤

执行测试方案的步骤如下:

- 建立一个至少在操作上可以检验各部分之间接口的测试用例集;
- 执行测试用例集,评价每个测试结果是否通过;
- 使用一个覆盖工具,运行测试用例集来评价所报告的覆盖;

- 如果需要的话，进一步开发附加的测试用例，检测没被覆盖的代码；
- 如果满足覆盖目标并且所有测试都已通过，则可以停止测试。

上述有些步骤并不都是必要的，不过必须能够运行至少一个测试用例集并评价其结果。覆盖是指用一个给定的测试用例集运行被测软件，达到测试策略所要求的百分比。测试设计与执行最好能与应用的分析、设计及代码的编写并行进行。

（3）测试设计的类型

测试设计的类型可以分为基于功能的、基于实现的、基于混合的和基于故障的测试设计 4 种类型。

① 基于功能的测试设计。根据一个单元、子系统或系统指定的或预期的功能来设计测试，它与黑盒测试设计相同。

② 基于实现的测试设计。根据对代码的分析来开发测试用例，它与白盒测试设计相同。

③ 基于混合的测试设计。将基于功能的和基于实现的测试设计结合起来，称为基于混合的测试设计，又称为灰盒测试。

④ 基于故障的测试设计。有目的地在代码中设置故障，以便查看这些故障是否可以被测试软件所发现。此方法需要根据系统的功能和特性、经费和时间等因素，选择不同的测试方案，进而选择不同的测试类型。

2. 测试策略

软件整体测试策略一般包含下列内容：
- 测试开始于单元级，然后延伸到整个系统中；
- 不同的测试技术适用于不同的时间点；
- 测试由软件的开发人员和独立测试组织来管理；
- 测试和调试是不同的活动，但是调试必须能够适应任何的测试策略。

测试策略描述测试过程的总体方法和目标，例如，描述目前在进行哪个阶段的测试（单元测试、集成测试、确认测试、系统测试），以及每个阶段内正在进行的测试类型（功能测试、性能测试、覆盖测试等）。测试策略必须提供能够用来检验某段代码是否得以正确实现的底层测试，同时也要提供能够验证整个系统的功能是否符合用户需求的高层测试。一种策略必须为使用者提供指南，并且为管理者提供一系列重要的里程碑。测试策略的制订在软件的最终发布期已经确定后才开始进行，所以测试的进度必须可测量，使得系统问题尽早暴露。

传统的测试策略需要指定范围（如单元测试、集成测试、确认测试或系统测试），并且指定按白盒或黑盒测试。尽管这些分类方法在某些情况下被证明是有效的，但它们并不适合面向对象的系统。另外，单元测试和集成测试的分离将导致对面向对象开发工作的不自然划分。

3. 测试计划

完善的测试计划是成功测试的基础，而测试的质量将直接影响系统的质量。完成一个测试需要多个步骤，如选择测试策略、执行测试需求、问题跟踪报告等。这些步骤都是相互独立的，但它们又是相互关联和相互影响的。因此，测试人员必定要有一个能够起到总体框架作用的测试计划，才能使测试有条不紊地进行。测试计划应该是测试的起始步骤和重要环节，是对测试工作的总体描述。

（1）测试计划的定义

测试计划明确了预定的测试活动的范围、途径、资源及进度安排，并确认了测试项、被测试的特性、测试任务、人员安排以及任何突发的风险。

（2）测试计划的内容

测试计划的主要内容如下。

- 测试项目简介：归纳所要求测试的软件项和软件特性以及项目计划、质量保证计划、有关的政策、有关的标准等。
- 测试项：描述被测试的对象，包括其版本、修订级别，并指出在测试开始之前对逻辑关系或物理变换的要求。
- 被测试的特性：指明所有要测试的特性及其组合，指明与每个特性或特性组合有关的测试设计说明。
- 不被测试的特性：指明所有不被测试的特性和特性的有意义的组合及其理由。
- 测试方法：描述测试的总体方法，规定测试指定特性组合需要的主要活动和时间。
- 测试开始条件和结束条件：规定各测试项在开始测试时需要满足的条件。
- 测试提交的结果与格式：指出测试结果及显示的格式。
- 测试环境：测试的操作系统和需要安装的辅助测试工具（来源与参数设置）。
- 测试人员的任务、联系方式与培训。
- 测试进度与跟踪方式：规定报告和跟踪测试进度的方式，包括每日报告、每周报告、书面报告、电话会议等。
- 测试风险与解决方式：预测测试计划中的风险，规定对各种风险的应急措施（延期传递的测试项可能需要加班、添加测试人员或减少测试内容）。
- 测试计划的审批和变更方式：指明审批人和审批生效方式，以及如何处理测试计划的变更。

（3）测试计划的层次

一般而言，测试计划可分为三个层次。

① 概要测试计划。这是软件项目实施计划中的一项重要内容，应当在软件开发初期，即需求分析阶段制订。这项计划应当定义测试对象和测试目标，确定测试阶段和测试周期的划分，制订测试人员、软硬件资源和测试进度等方面的计划，规定软件测试方法、测试标准以及支持环境和测试工具。例如，被测试程序的语句覆盖率要达到95%，错误修复率需要达到95%，所有决定不修复的轻微错误都必须经过专门的质量评审委员会同意等。

② 详细测试计划。该计划是针对子系统在特定的测试阶段所要进行的测试工作制订出来的，它详细规定了测试小组的各项测试任务、测试策略、任务分配和进度安排等。

③ 测试实施计划。这是根据详细测试计划制订的测试人员的具体实施计划，它规定了测试人员在每轮测试中负责测试的内容、测试的强度和工作的进度等。测试实施计划是整个软件测试计划的组成部分，是检查测试实际执行情况的重要依据。

4．测试的组织

为了尽可能多地找出程序中的错误，生产出高质量的软件产品，加强对测试工作的组织和管理就显得尤为重要。

- 测试的组织方式是小组。

- 测试内部的个体分为测试人员和支持人员（管理人员属于支持人员）。
- 测试的工作实体（最小组织单位）是测试小组和支持小组，分别由组长全权负责。
- 组长向测试主管负责。

测试小组是根据测试项目或评测项目的需要临时组建的，小组长也是临时指定的。测试小组与项目组的最大区别是生命周期短，一般为2周到4个月。在系统测试期间或系统评测期间，测试组长是测试对外（主要是指项目组之外的事务）的唯一接口，对内完全负责组员的工作安排、工作检查和进度管理。

支持小组按照内部相关条例负责测试的后勤保障和日常管理工作，其机构设置一般相对比较稳定。该小组主要负责网络管理、数据备份、文档管理、设备管理和维护、员工内部培训、测试理论和技术应用、日常事务管理和检查等。

另外，对于每个重要的产品方向，均应设置1~3个人长期研究和跟踪竞争对手的产品特征、性能、优缺点等。他们在有产品需要测试时，进行指导或参加测试（但不一定作为测试组长），尤其在需求分析阶段多参与；在没有产品需要测试时，进行产品研究，并负责维护和完善测试设计。

6.4.2 测试设计阶段

测试设计是一种特殊的软件系统的设计和实现，它是通过执行另一个以发现错误为目标的软件系统来实现的。测试设计过程输出的是各测试阶段使用的测试用例。

将在测试计划阶段制订的测试活动进行分解，进而细化为若干个可执行的子测试过程，构造出测试计划中说明的执行测试所需的要素（这些要素通常包括驱动程序、测试数据集和实际执行测试所需的工具），同时为每个测试过程选择适当的测试用例，准备测试环境和测试工具。

测试设计是使用一个测试策略产生一个测试用例集的过程。测试设计涉及三个问题：
- 有意义的测试点的识别。
- 将这些测试点放入一个测试序列。
- 为序列中的每个测试点定义预期的结果。

测试点是软件系统中一个可独立测试的功能或模块，测试用例集是测试数据、具体测试步骤、预期结果等集合。

1. 建立测试配置

（1）测试配置的内容

测试配置是实现测试的必要条件，在项目进行期间，测试所用到的任何配置资源都要被考虑到。测试配置的内容一般包括：人员、设备、测试环境、测试工具、办公室或实验室、专业测试公司，以及其他需求，如移动存储器、电话、通信等。

具体的要求取决于软件项目、小组和公司。若开始时计划得不好，到项目后期获取资源通常会很困难，甚至无法做到，因此创建完整的测试配置是不容忽视的。

（2）测试环境配置

测试环境配置与测试直接相关。测试环境配置是测试实施的一个重要阶段，测试环境适合与否会严重影响测试结果的真实性和正确性。测试环境包括硬件环境和软件环境。硬件环境指测试必需的服务器端、客户端、网络连接设备，以及打印机/扫描仪等辅助硬件设备构成的环境。软件环境指被测软件运行时的操作系统、数据库及其他应用软件构成的环境。

2．测试用例设计

软件测试也是一种工程，也就是说，需要从工程的角度认识软件测试，以工程的方法完成软件测试工作。在测试之前，需要明确测试的内容，以及如何完成对这些内容的测试，即通过设计测试用例来实现软件测试。

（1）测试用例的概念

测试用例是指为实施一次测试而向被测系统提供的输入数据、操作或各种环境设置，它是对测试流程中每个测试内容的进一步实例化。测试用例控制着软件测试的执行过程。

测试用例是以发现错误为目的而设计的，其主要内容如下。

- 测试索引：测试索引标识了测试需求，测试索引就是测试需求分析。
- 测试环境：实施测试所需的资源及其状态。
- 测试输入：测试所需的代码和数据，包括测试模拟程序和测试模拟数据。
- 测试操作：在测试中所执行的具体操作。
- 预期结果：比较测试结果的基准。
- 评价标准：根据测试结果与预期结果的偏差，判断被测对象质量状态的依据。

测试用例是软件测试结果的生成器，即每执行一次，测试用例都会产生一组测试结果。一个典型的测试用例应该包括下列详细信息：测试目标、待测试的功能、测试环境及条件、测试日期、测试输入、测试步骤、预期的输出、评价输出结果的准则。所有的测试用例应该经过专家评审才可以使用。

（2）测试用例的类型

按测试目的的不同，测试用例主要可分为以下 9 种类型。

① 等价类划分测试用例：按等价类划分法设计的测试用例。

② 边界值测试用例：按边界值分析法设计的测试用例。

③ 功能测试用例：功能测试用例的设计主要考虑功能是否符合要求。

④ 设置测试用例：检查测试代码的逻辑结构和使用的数据是否符合系统需求。

⑤ 压力测试用例：根据安全临界值，设计出不同等级的压力环境来查看所测试软件的使用状况。

⑥ 错误处理测试用例：尽量设计一些可以让被测软件发生或可能发生错误的环境来查看软件是否依然正常运行。

⑦ 回归测试用例：主要目的是确保改动的代码达到了修改目的，并且不会引起其他问题的发生。

⑧ 状态测试用例：用程序状态来表示所有的控制流程。测试的出发点是站在使用者角度。由于每个使用者的习惯不同，所以设计状态测试用例必须从不同的层面入手。

⑨ 结构测试用例：白盒测试是结构测试，所以被测对象基本上是源程序，以程序的内部逻辑为基础设计测试用例。

还有一些测试用例也经常使用，例如，性能测试用例、兼容性测试用例、发行验证测试用例、使用界面测试用例等。

（3）测试用例的策略与选择

设计测试用例应注意以下策略。

- 测试用例的代表性：能够代表各种合理和不合理的、合法和非法的、边界和越界的以及极限的输入数据、操作和环境设置等。

- 测试结果的可判定性：测试执行结果的正确性是可判定的或可评估的。
- 测试结果的可再现性：对同样的测试用例，执行结果应当是相同的。

测试用例的选择既要有一般情况，也应有极限情况以及最大和最小的边界值情况。测试的目的是暴露软件中隐藏的缺陷，所以在选择测试用例时要考虑那些易于发现缺陷的测试用例，结合复杂的运行环境，在所有可能的输入状态和输出状态中确定测试数据，以此检查软件是否都能产生正确的输出结果。

测试用例的设计方法不是唯一的，具体到每个测试项目都会用到多种方法，每种类型的软件都有各自的特点，每种测试用例设计的方法也有各自的特点，因此针对不同软件如何设计出全面的测试用例非常重要。在实际测试中，需要组合使用各种测试方法，形成综合策略。通常，先用黑盒法设计基本的测试用例，再用白盒法补充一些必要的测试用例。

6.4.3 测试执行阶段

测试执行阶段按照测试计划，使用测试用例对待测软件进行逐一的、详细的测试，将获得的运行结果与预期结果进行比较、分析和评估，判断软件是否通过了某项测试，确定开发过程中将要执行的下一步；同时，记录、跟踪和管理软件缺陷。

在测试执行过程中，应按照评价标准评价测试工作和被测软件。当发现测试工作存在问题时，应该修订测试计划，并重新进行测试，直至测试达到规定的要求。另外，为避免在修改错误时又产生新的错误，应定期进行回归测试，即过一段时间以后，再回过头来对以前修复过的错误重新进行测试，看该错误是否会重新出现。

1. 创建测试任务

为了执行软件测试，需要定义测试任务，即在某个测试阶段计划执行的测试用例的集合。

测试任务的内容如下。

- 通过将整个测试过程划分为不同的测试任务可以满足不同测试阶段的不同测试需求。
- 跟踪不同阶段测试用例的执行情况。
- 决定测试的执行状态。
- 同一个测试用例在不同的测试任务中会产生不同的执行报告，各自带有独立的测试执行的历史信息。
- 测试完成后，所有执行报告都应归档。

测试任务可以是一个测试任务，也可以是多个串行的测试任务，或者多个并行的测试任务，或者多个串行和并行的测试任务。

2. 执行测试任务

测试任务的执行步骤如下：

- 选择测试任务中的测试用例。
- 执行测试用例并记录测试结果，测试结果包括测试通过、测试失败、测试受阻。
- 关闭测试任务。

3. 处理软件问题报告

（1）软件问题报告的概念

软件测试的目的就是尽可能多地发现软件问题。在软件发布之前，测试始终与改错过程交错进行。软件问题报告作为开发人员和测试人员协同工作的交互媒介，是测试实施过程中最重要的文档。它记录了软件问题发生的环境（如各种资源的配置情况），软件问题的再现步骤，以及对软件问题性质的说明。更重要的是，它还记录着软件问题的处理进程。软件问题的处理进程在一定程度上反映了软件测试与开发的进程，以及被测软件的质量状况和改善过程。

测试人员对在测试中所发现的每个软件问题，都要按照某种约定的标准格式写入软件问题报告中。为了对所有软件问题报告进行管理，包括新建、修改、修复、验证等，需要建立一个软件问题报告管理系统，将其提供给开发和测试部门，以便在软件开发过程中对软件的质量进行追踪和控制。

（2）软件问题报告的内容

软件问题报告的主要内容如下。

- 编号：每个软件问题报告的唯一标识。
- 作者：软件问题报告作者的名称。
- 标题：对软件问题报告内容的简要描述。
- 状态：软件问题报告的状态。
- 被测项目名：被测试的软件项目名称。
- 被测软件版本号：被测试的软件版本号。
- 软件问题严重程度：对软件问题进行分级。
- 修改优先级：定义修改顺序和时间。
- 操作系统平台和支持软件：对发现软件问题时的软件环境进行描述，以便开发部门再现该软件问题。
- 网络环境：对发现软件问题时的网络环境进行描述，以便开发部门再现该软件问题。
- 软件问题再现详细步骤：对发现软件问题的步骤进行详细描述。
- 软件问题变通和绕过方法：描述变通和绕过该软件问题的步骤。

6.4.4 测试监控阶段

测试监控贯穿于整个软件测试生命周期，是持续进行的活动。

测试监控的主要任务如下。

- 记录测试过程中的测试设计进度、测试执行进度、测试覆盖率、测试风险等状态和结果。
- 分析测试过程中记录的状态和结果，并与测试计划进行比较。假如两者存在偏离，应采取合适的措施和应对计划使之回到测试计划的轨道上，例如，调整测试重点和优先级。
- 根据测试过程中得到的状态和结果，在必要的时候也可以修正测试计划以满足当前的测试状态和结果，例如，变更测试时间进度和测试资源分配。
- 根据测试计划中定义的出口准则检查测试执行的状态和结果，以评估是否可以结束测试执行任务。

6.4.5 测试结束阶段

1. 测试结果的统计

终止测试之后,就开始对测试结果进行统计和分析,可以从各种不同的角度考虑测试结果的统计。例如,依据错误的性质及危害程度,可以分为以下类型。
- 最严重错误,如导致环境被破坏,造成生命财产损失等。
- 非常严重的错误,如系统突然停止运作。
- 严重错误,如系统运行不可被跟踪。
- 较严重错误,如系统结果不是所期待的。
- 中等错误,如对系统的运行有局部影响。
- 较小错误,对系统运行只有非实质性影响,如输出格式不对、显示不对等。

对上述各种类型的错误进行统计,建立分析与修改措施系统,制订和实施可靠性数据收集、保存、分析和处理的规程,完整、准确地记录软件测试阶段发现的错误并收集可靠性数据。

2. 测试结果的分析

对测试结果进行统计之后,就可以开始对测试结果进行分析了。简单地说,分析过程就是将错误与软件要求的功能相匹配的过程。大体上可从以下 4 个方面对测试结果进行分析。

(1) 能力

描述经测试证实了的软件的能力。如果所进行的测试是为了验证一项或几项特定性能要求的实现,应提供这方面的测试结果与软件要求之间的比较,并确定测试环境与实际运行环境之间可能存在的差异对能力的测试所带来的影响。

(2) 缺陷和限制

描述经测试证实的软件缺陷和限制,说明每项缺陷和限制对软件性能的影响,并说明全部测得的性能缺陷的累积影响和总影响。

(3) 建议

对每项缺陷提出改进建议,内容包括各项修改可采用的修改方法、各项修改的紧迫程度、各项修改预计的工作量、各项修改的负责人。

(4) 评价

说明该项软件的开发是否已达到预定目标,能否交付使用。

3. 测试报告的编写

测试活动结束后必须编写软件可靠性测试报告,对测试项及测试结果加以总结归纳。测试报告的内容包括:产品标识,使用的配置(硬件和软件),使用的文档,产品说明、用户文档、程序和数据的测试结果,与需求不相符的功能项列表,测试的最终日期。

这种规范化的过程管理控制有利于获得真实有效的数据,为最终得到客观的评估结果奠定基础。测试报告的编写凝聚着本次测试所有的工作成果,也是对整个工作的一次认可和总结。

6.5 软件测试工具

测试所要完成的任务是密集的，需要运行大量的程序并处理大量的信息。而适当的工具可以减轻工作的负担，减少烦琐的操作，并且不容易出错。有些测试工具可以支持测试设计和测试用例的生成，使测试工作更有效。

工具的选择会极大地影响测试的效率和有效性。工具的选择取决于不同的因素，如开发选择、评估目标、执行措施等。一般来说，可能没有一个特定的工具能够满足所有的测试需求，所以筛选出一套工具是一个合适的方法。

6.5.1 静态分析工具

静态分析工具是在不运行被测软件系统的基础上，对被测试对象进行静态分析的工具。例如，有固定语法和结构的代码与文档，可以通过静态分析工具进行测试。

Logiscope 是常用的静态分析工具之一，其主要功能是对软件进行质量分析和测试以保证软件的质量，并可进行认证、反向工程和维护，特别针对要求高可靠性与高安全性的软件项目。该软件可应用于软件的整个生命周期，它贯穿了软件需求分析阶段→设计阶段→代码开发阶段→软件测试阶段（代码审查、单元/集成测试和系统测试）→软件维护阶段的质量验证过程。

Logiscope 包括以下三个工具。

① Logiscope RuleChecker：根据工程中定义的编程规则自动检查代码错误，可直接定位错误；包含大量标准规则，用户也可创建规则；自动生成测试报告。

② Logiscope Audit：定位错误模块，可评估软件质量及复杂程度；提供代码的直观描述，自动生成软件文档。

③ Logiscope TestChecker：测试覆盖分析，将显示没有被测试的代码路径，基于代码结构进行分析；能够直接反馈测试效率和测试进度，协助进行衰退测试；既可在主机上测试，也可在目标板上测试；支持不同的实时操作系统、支持多线程；可累积合并多次测试结果，自动鉴别低效测试和衰退测试；自动生成测试报告和文档。

这三个工具分别实现 Logiscope 产品的三个功能：静态分析、语法规则分析和动态测试。

6.5.2 黑盒测试工具

黑盒测试工具是指测试软件功能和性能的工具，主要用于集成测试、系统测试和验收测试。

1. 黑盒测试工具简介

黑盒测试是在已知软件产品应具有的功能的条件下，在完全不考虑被测程序内部结构和内部特性的情况下，通过测试来检测每个功能是否都按照需求规格说明的规定正常使用。

黑盒测试工具又分为：功能测试工具和性能测试工具。

① 功能测试工具。功能测试工具主要用于检测被测程序能否达到预期的功能要求并能正常运行。一般采用脚本录制（Record）和回放（Playback）原理，模拟用户的操作，然后将被测程序的输出记录下来，并同预先给定的标准结果进行比较。

② 性能测试工具。性能测试工具主要用于确定软件系统的性能。这类测试工具在客户端主要关注应用的业务逻辑、用户界面和功能等方面，在服务器端主要关注服务器的性能、系统的响应时间、事务的处理速度及其他时间敏感等方面。

目前，市场上专业开发黑盒测试工具的公司很多，但以 Mercury Interactive（MI）、IBM 和 Compuware 公司开发的软件测试工具为主导，这三家公司的任何一款黑盒测试工具都可构成一个完整的软件测试解决方案。

2．WinRunner

MI 公司开发的 WinRunner 是一款企业级的黑盒功能测试工具，在软件测试工具市场上占有绝对的主导地位。WinRunner 是基于 Windows 操作系统的，用来检测应用程序是否能够达到预期功能及正常运行。通过自动录制、检测和回放用户的操作，WinRunner 能够有效地帮助测试人员自动处理从测试开始到测试执行的整个过程，并创建可修改和可复用的测试脚本；对复杂企业级应用程序的不同发布版本进行测试，提高测试人员的工作效率和质量；确保跨平台的、复杂的企业级应用程序无故障发布及长期稳定运行。WinRunner 的测试过程可分为创建 GUI map、创建测试、调试测试、执行测试、分析结果和测试维护 6 个步骤。

3．QTP

QTP（Quick Test Professional）是 MI 公司继 WinRunner 之后开发的又一款黑盒功能测试工具。近两年，QTP 的市场占有率逐渐提高，大有取代传统霸主 WinRunner 之势。

QTP 的测试过程与 WinRunner 的类似，大致分为设计测试用例、创建测试脚本、编辑测试脚本、运行测试和分析测试结果 5 个步骤。

6.5.3 单元测试工具

测试人员在编写单元测试代码时，如果能借助一些单元测试框架，那么使单元测试代码的书写、维护、分类、存档、运行和结果检查将变得更为容易。

xUnit 测试框架是一种基于测试驱动开发的测试框架，它强调以测试作为开发过程的中心，开发过程的目标就是首先使测试能够通过，然后再优化设计结构。它坚持在编写实际代码之前，先写好基于产品代码的测试代码。

xUnit 测试框架家族有很多成员，例如，Java 语言的 JUnit4、TestNG，C++语言的 GTest+HippoMocks、CppUTest、CppUnit 和 TestNG++，C#语言的 NUnit+RhinoMocks、XUnit.net，VS2010 自带的 Unit Test、ReSharper 和 MbUnit，Python 语言的 PyUnit 等。

6.5.4 负载测试工具

LoadRunner 是一种预测系统行为和性能的工业标准级负载测试工具。通过以模拟上千万个用户实施并发负载及实时性能监测的方式来确认和查找问题，LoadRunner 能够对整个企业架构进行测试。使用 LoadRunner，企业能最大限度地缩短测试时间，优化性能并加速应用系统的发布周期。

LoadRunner 是一种适用于各种体系架构的自动负载测试工具，它能预测应用系统行为并优化系统性能。LoadRunner 的测试对象是整个企业的应用系统，它通过模拟实际用户的操作行为和实行实时性能监测，来帮助更快地查找和发现问题。此外，LoadRunner 能支持广泛的协议和技术，为特殊环境提供特殊的解决方案。

LoadRunner 的测试过程如图 6-14 所示。

- 计划负载测试：定义性能测试要求，如并发用户的数量、典型业务流程和所需响应时间。
- 创建 Vuser 脚本：将最终用户活动捕获到自动脚本中。

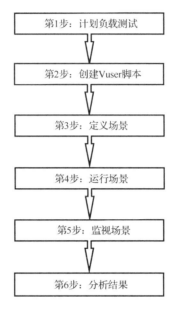

图 6-14　LoadRunner 的测试过程

- 定义场景：使用 LoadRunner Controller 设置负载测试环境。
- 运行场景：通过 LoadRunner Controller 驱动、管理和监控负载测试。
- 监视场景：监视各个服务器的运行情况。
- 分析结果：使用 LoadRunner Analysis 创建图和报告并评估性能。

习题 6

1．测试级别如何根据测试阶段和测试对象进行划分？它们的特点是什么？

2．测试技术根据不同的标准如何进行分类？各种测试技术的特点是什么？具体包含什么测试方法？

3．请简述如何进行软件测试。

4．举例说明一些常用的测试工具。

第 7 章 软 件 维 护

在软件开发中,为使用户需求达到最大程度的满足,需要不断努力。因此,软件产品必须有改变与升级的过程。在实际操作中,一旦软件的缺陷被揭露、操作环境被改变,新的用户需求便出现了。在软件生命周期中,维护阶段从软件开发完成交付用户使用后开始,但实际上,软件维护的一些工作的开展时间却早得多。

软件维护是软件生命周期里面的最后一个阶段,所花费的人力、物力最多,高达整个软件生命周期花费的 60%～70%,然而对其的关注程度远远比不上软件生命周期中的其他阶段。之前在大多数组织中,软件开发要比软件维护重要得多,但现在各组织都在尽可能地维持软件长时间运行,以尽可能地减少软件开发的投资。此外,开源模板也为软件产品的维护带来了进一步的关注。

在本书中,软件维护被定义为软件提供成本效益支持所需的全部活动。这些活动存在于软件交付前的阶段与软件交付后的阶段中。软件交付前的活动包括软件交付计划、软件可维护性检测、软件活动过渡。软件交付后的活动包括软件修改、软件操作指导和接口使用。

软件维护的知识域与软件工程中的其他方面都有联系。因此,本书对这个知识域的描述与所有其他的知识域都有相互链接的部分。软件维护的章节结构如图 7-1 所示。

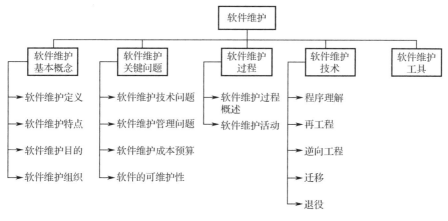

图 7-1 章节结构图

7.1 软件维护基本概念

本节介绍理解软件维护作用和范围的基本概念与术语,强调软件维护的定义特点。同时,软件维护的类别对于理解其基本含义至关重要。

7.1.1 软件维护定义

在国标《GB/T 11457—95 软件工程术语》中，软件维护是指在软件产品交付使用后，修改软件系统或部件以排除故障、改进性能或使其适应变更的环境的过程。软件维护通常是指在软件交付使用后，根据需求变化或硬件环境变化对应用程序进行部分或全部修改。在修改时要充分利用源程序，修改后要填写程序登记表，并在程序变更通知书上写明新旧程序的不同之处。

软件维护定义了三种类型：改进性、适应性和完善性。在《IEEE 14764-2006 软件工程.软件生命周期过程.维护》标准中还包括了第 4 种类型——预防性维护。

① 改进性维护。在软件产品发行后执行的反馈性修改（或修理），以便纠正发现的问题。这类维护占整体维护工作量的 17%～21%。在软件交付使用后，由于开发时测试得不彻底或不完全，在运行阶段会暴露一些开发时未能测试出来的错误。为了识别和纠正软件错误，改正软件在性能上的缺陷，避免实施中的错误使用，而进行的错误诊断和改正工作，就是改进性维护。此外，这类维护还包括紧急维护。这是一种临时的修改，用于暂时保持软件产品的运行，使其等待后续的纠正与维护。

② 适应性维护。在使用过程中，由于外部环境（新的硬件、软件配置），数据环境（数据库、数据格式、数据输入/输出方式、数据存储介质）及企业的外部市场环境、管理需求会发生变化，因此，为使软件适应这种变化而进行的修改称为适应性维护。适应性维护占整体维护工作量的 18%～25%。适应性维护要有计划、有步骤地进行。简而言之，适应性维护使得软件产品在已经变化的环境或经常变化的环境下也可使用。例如，在操作系统升级的条件下，可能必须要对软件产品进行某些更改。

③ 完善性维护。在软件的使用过程中，用户往往会对软件提出新的功能与性能要求。为了满足这些要求，需要修改或再开发软件，以扩充软件功能、增强软件性能、改进加工效率、提高软件的可维护性。在这种情况下进行的维护活动称为完善性维护。完善性维护占整体维护工作量的 50%～60%。

④ 预防性维护。预防性维护是为了改进软件可维护性、可靠性以适应未来软硬件环境的变化，主动增加预防性的新功能，使得软件不会因各种变化而被淘汰的一种维护手段。预防性维护占整体维护工作量的 4%左右。

IEEE 14764-2006 标准将适应性和完善性维护归类为增强类，将改进性维护和预防性维护合并成修正类，如表 7-1 所示。

表 7-1 软件维护的类别

	修 正 类	增 强 类
前瞻性	预防性	完善性
反应性	改进性	适应性

7.1.2 软件维护特点

软件维护的特点主要体现在以下三个方面。

① 软件维护根据特点不同，可分为结构化维护和非结构化维护。结构化维护有一个完整的软件配置，维护工作从评价设计规格说明开始。在进行结构化维护时会评估改动带来

的影响，并计划实施途径，这可能需要修改设计规格说明，并且进行复审。同时，还需要编写相应的源程序代码，利用在测试规格说明中包含的信息进行回归测试。最后，把修改后的软件再次交付使用。而非结构化维护没有设计及测试规格说明，只有源程序代码，维护活动从艰苦地评价源程序代码开始。因此可以看出，非结构化维护需要付出很大代价，是没有使用良好的软件工程方法的必然结果。

② 软件维护的困难。软件维护的困难是软件需求分析和开发方法的缺陷造成的。如果在开发阶段没有进行严格而又科学的管理和规划，就会造成软件运行时的维护困难。

③ 软件维护的费用。软件维护的费用在总费用中的比重是在不断增加的，这是软件维护有形的代价。另外还有无形的代价，即要占用更多的资源。

7.1.3 软件维护目的

软件维护的目的是，在保证软件完整性的前提下不断地、持续地改进、扩充、完善软件系统，以提高系统运行效率，并尽量延长系统的使用寿命，为用户创造更大的价值。软件维护的具体原因如下。

- 需要改正在特定使用条件下暴露出来的一些潜在的程序错误和设计缺陷。
- 在软件使用过程中，由于数据环境发生变化或处理环境发生变化，需要修改软件以适应这种变化。
- 用户或数据处理人员在使用软件时，经常会提出改进现有功能、增加新的功能以改善总体性能的要求。

因此，软件维护的目的是确保软件能够继续满足用户的需求，并且适用于任意一种开发模型（如螺旋开发或线性开发）。

总之，软件维护的必要性体现为：纠正错误，改善设计，实施改进，创建与其他软件接口，使用不同的硬件、软件、系统功能和电信设施，迁移遗留软件，删除软件。

7.1.4 软件维护组织

软件维护是由软件维护组织来实施的，软件维护组织由维护管理员、系统监督员、维护人员和配置管理员组成。

1. 维护管理员

维护管理员主要负责维护工作的总协调，接收维护申请并与其他人员进行沟通。每份维护申请都要提交给维护管理员，然后由他转交给系统监督员进行评价。维护管理员可以是一个人，也可以是一个包括管理人员和高级技术人员的小组。

2. 系统监督员

系统监督员是有经验的系统分析员，他也要具有一定的管理经验，熟悉系统的应用领域，熟悉软件产品，并负责向上一级报告维护工作。他对维护申请做出评价后，将由修改控制决策机构确定如何执行。系统监督员还可以有其他的职责，但应具体分管某个软件包。

3. 配置管理员

配置管理员主要负责对软件修改过程的严格把关，控制软件的修改范围，以及对软件的配置（如软件的环境配置、操作的系统、硬件等）进行审计。

4. 维护人员

维护人员主要负责和分析程序的维护要求，并且进行具体的修改工作。不仅如此，维护人员还应该具有软件的开发和维护经验，并且熟悉软件应用领域的一些知识。

7.2 软件维护关键问题

为确保软件得到有效维护，必须处理一些关键性的问题。软件维护为软件工程师提供了独特的技术，同时也带来了一些管理方面的挑战，例如，在另一个软件工程师开发的大量代码行当中寻找错误。同样，与软件开发人员争夺资源也是一场持久战。在规划未来的软件发行版本时，既要编写下一个版本的代码，又要为当前版本发送紧急补丁包的工作也会带来挑战。本节介绍一些与软件维护相关的问题。

7.2.1 软件维护技术问题

1. 理解限制

理解限制是指，软件工程师能多快地理解他没开发过的软件的改变或修正。研究表明，大约一半的维护工作都花费在理解要修改的软件上。因此，软件理解对于软件工程师来说是非常重要的。在以文本为导向的表示中理解往往会更加困难，例如，在程序中，很常见的一种情形是，代码的更改记录没有被保存，并且也没有注释，那么通过发行版本/版本更迭来跟踪软件的演变就十分困难。因此，软件工程师最初可能对软件的理解有限，为了弥补这一点，后期需要做出很多努力。

2. 测试

从时间与金钱上看，在一个软件主体的重复测试中，成本控制是很重要的。为了确保所需求的问题报告是有效的，维护人员应当通过适当的测试来重现问题或验证问题。回归测试是维护中的一个重要测试概念。另外，决定什么时候进行测试通常也是很困难的。当不同的维护人员同时处理不同的问题时，协调测试也是一个挑战。当软件执行关键功能时，很难将其进行脱机测试。测试不能在最有代表性的地方，即"生产系统"上执行。软件测试知识域提供了关于回归测试的附加信息和引用。

3. 影响分析

影响分析描述了如何对现有软件的变更影响进行全面分析。维护人员必须对软件的结构和内容有深入的了解。他们使用这些知识执行影响分析，具体表现为：识别受软件变更请求影响的所有系统和软件产品并开发完成变更所需资源的评估。此外，做出改变的风险是肯定存在的。为了变更请求（有时也称为修改请求或问题报告），必须首先分析问题并且转换为软件术语。在变更请求进入软件配置管理过程后，执行影响分析。

IEEE 14764-2006 标准阐述了影响分析的任务，包括：分析修改请求/问题报告；复现或验证问题；为实现修改，开发可选方案；记录修改请求/问题报告、结果和执行的可选方案；为所选的修改方案获取可执行批准。

问题的严重性常常决定它如何以及何时被修正。软件工程师需要识别受到影响的组件，提供几种可能的解决方案，并建议采取最佳的实施方案。

4．可维护性

IEEE 14764-2006 标准将可维护性定义为修改软件产品的能力。修改可能包括更正、提高或修改软件以适应环境的改变，以及需求和功能规范的变化。

可维护性作为一种主要的软件质量保证，其在软件开发活动中应被指定、被审查、被控制以降低维护成本。这样，当软件交付使用时，其可维护性将会提高。但在软件开发过程中，可维护性通常难以实现，因为它往往不是关注的重点。开发人员通常会关注许多其他的活动并且往往忽视维护人员的需求。这反过来又会导致缺乏软件文档和测试环境。这是造成理解限制的主要原因。成熟的过程、技术和工具有助于提高软件的可维护性。

7.2.2 软件维护管理问题

1．组织目标

组织目标描述了软件维护活动的投资回报方式。最初的软件开发通常是以项目为基础的，有一个定义的时间尺度和预算。其重点是发行产品，满足用户在时间和预算之内的需求。相比之下，软件维护通常都以延长软件寿命为目标。此外，它还可能需要满足用户对软件更新和增强的需求。在这两种情况下，投资的回报都不太可观。因此，高层管理人员对于需要消耗大量资源的活动并不支持，这对整个组织而言没有明显的好处。

2．人员配置

人员配置是指如何吸引和留住维护人员。软件维护工作通常不被视为富有魅力的工作。因此，维护人员经常被视为"二等公民"，他们的积极性经常受到打击。

3．过程

软件生命周期过程是指人们用来开发和维护软件及其相关产品的一系列活动、方法、实践和升级。软件维护活动与软件开发活动有许多共同之处，例如，软件配置管理是两者的关键活动。软件维护还包含在软件开发中没有的活动（详见 7.3.2 节），这些活动对管理层提出了挑战。

4．组织结构

开发软件的团队不一定非要在软件运行后才能维护它。在决定软件维护功能将位于何处时，软件维护组织可以与初始开发团队协同工作或加入永久性维护特定团队（或维护人员）。拥有一个长期性的维护团队的好处是，允许特别化，创建沟通渠道，促进一种不受外界影响的学术氛围，减少个人依赖，方便定期审核。

由于每种方法都存在许多优点和不足，因此要综合考虑。重要的是，无论组织结构如何，都需要将维护责任委派或分配给一个团体或一个人。

5．外包

软件维护外包和离岸（离岸外包指外包商与其供应商来自不同国家，外包工作需要跨国完成）已经成为一个主要行业。软件业务的外包也包括软件维护，但是，由于开发团队不愿失去对核心业务的控制，外包常被选择用来维护不太重要的软件。外包商面临的主要挑战是确定维护服务的范围、服务水平协议的条款和合同细节。外包商还需要投资基础维护设施。同时，远程站点的帮助平台应该配备具有基础知识储备的人员。

7.2.3 软件维护成本预算

在软件生命周期中，软件维护消耗了大部分财务资源，而且维护成本和开发成本的比例在不同的应用域中是不同的。Guimaraces 的研究表明，对于业务应用系统，维护费用和系统开发费用大体相等。对于嵌入式实时系统，维护费用是软件开发费用的 4 倍以上。

带来高维护费用的关键因素有：人员的不稳定性；合同责任；维护人员的技术水平；系统结构衰退；系统结构受到频繁变更的破坏；没有使用现代的软件工程技术，致使文档不全或不一致；没有采用配置管理，当需要变更时，在寻找构建系统的合适版本上浪费很多时间。

上述关键因素都是用于修复错误的。然而，软件维护费用不仅仅用于矫正活动。多年来的研究和调查显示，超过 80%的软件维护被用于非矫正活动。就矫正活动的高成本而论，管理报告更改和修正分组容易造成一些误解。同时，软件维护除费用外还需要一些无形的代价，包括：

- 维护活动占用了其他软件开发可用的资源，使资源的利用率降低；
- 一些修复或修改请求得不到及时安排，使得客户满意率下降；
- 维护的结果把一些新的潜在的错误引入软件，降低了软件质量；
- 将开发人员抽调到维护工作中，使得其他软件开发过程受到干扰。

理解 7.1.1 节中提到的软件维护的类型有助于理解软件维护成本的结构。此外，理解 7.2.4 节中衡量软件可维护性的 7 个质量特性可以帮助控制成本。

影响软件维护费用的环境因素包括：软件维护操作环境依据的硬件和软件，以及软件维护组织环境依据的政策、过程、产品和人员。

软件工程师不但要了解不同类别的软件维护以解决评估软件维护成本的问题，而且，为了便于策划，也要理解成本预算。

成本预算受到许多技术和非技术因素的影响。IEEE 14764-2006 标准指出，"评估软件维护资源预算的两种最流行的方法是使用参数模型和参考经验"。这两种方法也可以结合使用。

1．参数模型

参数模型（数学模型）早已应用于软件维护中。更重要的是，为了使用和校准数学模型，需要以往维护的历史数据。同时，成本驱动因素还会影响成本预算。

Belady 和 Lehman 提出了一个常用的计算维护工作量的模型：

$$M = p + Ke^{c-d}$$

式中，M 是维护的总工作量；P 是生产性工作（包括分析、设计、编码测试）量；K 是经验常数；c 是复杂程度；d 是维护人员对软件的熟悉程度。

该模型描述了影响维护的诸多因素中的重要关系。如果一个系统的开发没有遵守软件工程原则，软件结构不是很好，那么 c 的值就会很大，再加上维护人员对软件不熟悉，d 的值就会很小，那么，软件维护的成本就会呈指数级的增长。

2. 参考经验

从专业角度上讲，经验常常用来评价维护工作。显然，维护评估的最佳方法是将历史数据和经验结合起来，然后派生出进行修改的成本（包括人员数量和时间）。维护评估的历史数据应该作为综合评测程序的结果来看。

可以通过以下三个方面降低软件维护的费用。

① 首先在开发阶段，按照质量标准来构建系统，给予"可维护性"属性以足够的重视，这样可以使系统的整个生命周期成本减少。

② 采用演化式的软件开发模型（如增量、螺旋），建立能够结合新需求而演化和变更的系统。

③ 实施软件再工程，改善系统结构，提高可维护性。

7.2.4 软件的可维护性

现实中，软件维护十分困难。软件文档的缺失、开发过程中方法的选择不恰当、程序设计风格的不统一等，都会给软件维护工作增加难度。许多软件维护要求并不是因为程序出错而提出的，而是为了适应环境的变化或需求的变化。因此，为了使软件能够易于维护，必须考虑使软件具有可维护性。

软件的可维护性是指软件能够被理解、校正、适应及增强功能的难易程度。

1. 质量特性

软件的可维护性可以用以下 7 个质量特性来进行衡量。

（1）可靠性

可靠性是指软件在给定的时间间隔内按照规格说明的规定正确执行的概率。其度量标准有平均失效间隔时间、平均修复时间等。

（2）可使用性

从用户观点出发，可使用性被定义为软件的方便、实用程度。主要从以下几个方面度量可使用性：

- 软件是否能始终如一地按照用户的要求运行；
- 软件是否具有自描述性；
- 软件是否容易学会使用；
- 软件是否具有容错性；
- 软件是否灵活。

（3）可移植性

可移植性是指，软件在不同计算机环境下能够运行的容易程度。一个可移植的软件应具有结构良好、灵活、不依赖于某一具体计算机或操作系统的性能。主要从以下几个方面度量可移植性：

- 软件是否使用高级的、独立于机器的语言来编写；
- 软件是否使用广泛应用的、标准化的程序设计语言来编写；
- 软件中是否使用了标准的、普遍使用的库功能和子程序；
- 软件中是否极少使用或根本不使用操作系统的功能；
- 软件是否结构化。

（4）可修改性

可修改性是指改变软件的难易程度，一个可修改的软件应当是可理解的、通用的、灵活的、简单的。通用是指软件能适应各种功能的变化而无须修改。灵活是指能够容易地对软件进行修改。但在修改软件时经常会发生这样的情况：修改了软件中某个错误的同时又产生新的错误，或者在软件中增加了某个功能后，导致原先的某些功能不能正常执行。

（5）可理解性

可理解性表示通过阅读程序代码和文档，人们能够理解程序功能和获得这些功能的难易程度。提高软件可理解性的措施有：

- 采用模块化的程序结构；
- 采用结构化的程序设计；
- 书写源程序的内部文档；
- 使用良好的编程语言；
- 具有良好的程序设计风格。

（6）可测试性

可测试性指诊断与测试出软件错误和预期结果的难易程度。程序越简单，证明其可测试性就越容易。而且设计合理的测试用例，取决于对程序的全面理解。主要从以下几个方面度量可测试性：

- 程序是否模块化；
- 结构是否良好；
- 程序是否可理解；
- 程序是否可靠；
- 程序是否能够显示任意中间结果；
- 程序是否能以清楚的方式描述它的输出；
- 程序是否能及时地按照要求显示所有的输入；
- 程序是否能显示带说明的错误信息。

（7）效率

效率表明一个程序能执行预定功能而又不浪费机器资源的程度。这些机器资源包括：内存容量、外存容量、通道容量和执行时间。

2．提高软件可维护性的方法

在明确了如何衡量软件可维护性后，还需要了解如何提高软件的可维护性。提高软件可维护性的方法如下。

（1）建立明确的软件质量目标和优先级

明确软件维护特性之间的关联。相互促进的特性包括可理解性与可测试性、可理解性与可修改性。相互抵触的特性包括效率与可移植性、效率与可修改性。各特性的相对重要性应随着软件的用途、计算环境的不同而不同。

（2）利用先进的软件开发技术和工具

建议使用面向对象软件开发方法，因为其软件系统稳定性好、可维护性好、易修改、易理解、易测试。

（3）建立明确的质量保证

质量保证是指为提高软件质量所做的各种检查工作。常用的 4 类检查方法包括：在检查点进行检查、验收检查、周期性的维护检查和对软件包的检查。

（4）选择可维护的程序设计语言

不同程序设计语言有不同特点，应根据其特点选择可维护的语言。

- 低级语言：难掌握、难理解、难维护。
- 高级语言：易理解、易掌握。
- 第四代语言：更易理解、易编程、易修改、易维护。

（5）改进的程序文档

改进的程序文档对提高程序的可阅读性有重要意义。

（6）各开发阶段的注意事项

软件的可维护性是产品投入运行以前各阶段针对 7 个质量特性进行开发的最终结果。表 7-2 给出了各开发阶段的注意事项。

表 7-2 各开发阶段的注意事项

	可维护性因素
需求分析阶段	明确软件维护的范围和责任。检查每条需求，分析维护时可能需要的支持。同时，需要明确哪些资源发生变化可能会带来影响，了解系统可能的扩展与变更
设计阶段	设计系统扩展、压缩或变更的方法，做一些变更或适应不同软硬件环境的实验。遵循"高内聚、低耦合"原则。设计界面应不受系统内部变更的影响。每个模块只完成一个功能
编码阶段	检查源程序与程序文档的一致性。检查源程序的可理解性，以及是否符合编码规范
测试阶段	维护人员与测试人员一起按照需求规格说明和设计规格说明测试软件的有效性和可用性。之后，维护人员将收集的出错信息进行分类统计，为今后的维护奠定基础

7.3 软件维护过程

7.3.1 软件维护过程概述

在 IEEE 14764-2006 标准中，软件维护过程提供所需的活动和详细的输入/输出。软件维护活动包括：进程实现，问题和修改分析，实施修改，维护审查和验收，迁移和软件退役。

软件维护过程的活动如图 7-2 所示。

软件维护分为以下 6 个阶段。

① 软件维护的准备和过渡活动：维护计划的构思与创建，后续的产品配置管理。

② 问题与修改分析阶段：维护人员分析每个请求，确认并验证其有效性，调查、提出、记录解决方案，获得软件修改的授权。

③ 实施修改阶段。

④ 维护审查和验收阶段：由用户检查所做的修改是否已解决了相应的问题。

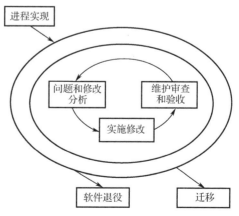

图 7-2 软件维护过程的活动

⑤ 迁移阶段：软件被迁移到另一个平台上。
⑥ 退役阶段：对软件某个部分的弃用。

软件维护的过程如下：首先，建立一个维护组织；然后，说明提出维护申请报告的过程及评价的过程；之后，为每个维护申请规定的处理步骤；最后，建立一个适用于维护活动的记录保管过程。

软件维护流程模型有：快速修改模型、螺旋模型、Osborne 模型、迭代增强和重用导向。

最近，基于轻量级的敏捷开发也适应了软件维护工作。这一需求来自维护服务快速转型需求的不断增加。对软件维护过程的改进是由专门的软件维护能力成熟度模型支持的。

7.3.2 软件维护活动

软件维护过程包含修改现有软件产品所需的活动和任务，同时还需要保持其完整性。如前所述，许多软件维护活动与开发相似，维护人员需要进行分析、设计、编码、测试和文档化工作。当基线改变时，他们必须像开发人员一样跟踪需求并且更新文档。IEEE 14764-2006 标准指出，当维护人员运用开发过程时，必须对维护活动进行调整以满足特定的需求。然而，不是所有的维护活动都与开发活动相同，一些活动是软件维护独有的。

1．独有活动

软件维护独有的流程、活动和实践介绍如下。
- 程序理解：获取软件产品的一般知识，了解部件如何协同工作的活动。
- 过渡：控制和协调活动顺序，从开发人员的身份逐渐转移到维护人员的身份。
- 接受/拒绝修改请求：当修改请求涉及的工作量超出一定大小或复杂性较高时，可能被维护人员拒绝并重新发布给开发人员。
- 维护帮助平台：统改终端用户和维护协调支持功能，可触发对修改请求的评估、优先级和成本核算。
- 影响分析：确定受潜在变化影响的领域的技术。
- 维护服务级别协议（SLA）和维护许可证/合同：描述服务和质量目标的合同协议。

2．支持活动

维护人员还可以执行支持活动，例如，文档化、软件配置管理、验证、问题解决、软件质量保证、评审、软件维护和审计。另一类重要的支持活动包括培训维护人员和用户。

3．维护计划活动

软件维护的重要活动是计划，维护人员必须解决与一些计划相关的问题，包括：企业规划（组织层面）、维护计划（过渡阶段）、版本规划（软件级别）、个别软件更改请求规划（请求级别）。

应从决定开发新的软件产品开始，考虑质量目标，编写概述文件，然后制订软件维护计划。在计划中，需要记录每个软件产品的维护概念，包括：确定软件维护范围、适应软件维护过程、识别软件维护机构、估算软件维护成本。

软件维护计划在 IEEE 14764-2006 标准中得到解决，它为软件维护计划提供了指导方针。

软件开发阶段通常会持续几个月到几年的时间，而维护阶段通常会持续多年。因此，资源估算是维护计划的关键要素，软件维护组织必须像其他部门一样开展业务规划活动，包括预算、财务和人力资源。

4．软件配置管理

IEEE 14764-2006 标准将软件配置管理描述为维护过程的关键要素。软件配置管理程序应提供识别、授权、实施和发布软件产品所需的每个步骤的检验、验证和审核（软件配置管理具体内容见第 8 章）。

只是简单地追踪修改请求或问题报告是不够的，必须控制软件产品及其所做的任何更改。这种控制通过实施和执行批准软件配置管理（SCM）过程建立。软件配置管理知识领域提供了 SCM 的详细信息，并讨论了软件变更请求的提交、评估和批准过程。用于软件维护的 SCM 与用于软件开发的 SCM 在操作软件上有微小的不同。SCM 过程通过开发和遵循 SCM 计划、遵循操作程序实现。维护人员应参与配置控制，以确定下一个版本的内容。

5．软件质量

只做软件维护不足以提高软件质量。维护人员应该有一个软件质量计划以保证软件质量保证（SQA）的活动和技术、软件验证与确认（V&V）、检验和审查与其他流程相一致。

7.4 软件维护技术

7.4.1 程序理解

为了实现对程序的更改，更好地维护程序，需要对现有程序进行"精确定义"。程序理解的任务就是要揭示程序的功能与实现机制，即理解系统的外部行为和内部构造。其具体任务可分解如下：

① 通过检查单个程序设计的结构，将程序表示成抽象语法树、符号表或普通源文本，包括：手工代码阅读、人工制品提取、程序分析、静态分析和动态分析。

② 尽量做到程序隐含信息的显性表示及程序内部关系的可视化，例如，控制流和数据流分析、各种程序视图的构造等。

③ 从代码中提取信息，并存放在通用的数据库中，然后通过查询语言对数据库进行查询。

④ 检查程序构造过程中的结构关系，明确表示程序各组成部分之间的依赖关系。

⑤ 识别程序的高层概念，例如，标准算法、数据结构、语法及语义匹配等。

程序能够被正确、完整、快速地理解，这意味着程序理解的效率较高。在程序理解过程中，维护人员要尽可能多地搜集信息（程序文档、代码、程序的组织与表示等），而这些信息的完整性、易读性、可靠性都会直接影响程序理解的效率。另外，软件开发人员自身的专业知识和应用领域知识也是影响程序理解的因素。针对这些因素，可采用下列对策：提高软件开发人员的素质、科学地管理开发过程、有效地使用自动化辅助工具等。

此外，代码浏览器可用于组织和呈现代码，而清晰简明的程序文档也可以帮助理解程序。

7.4.2 再工程

在软件复用中,有些问题是与现有软件系统密切相关的,例如,对于现有软件系统,如何适应当前技术的发展及需求的变化,采用更易理解的、适应变化的、可复用的系统构架并提炼出可复用的软件构件?由于技术的发展,现存大量的软件系统正逐渐退出使用。如何对这些软件系统进行挖掘整理,得到有用的软件构件?已有的软件构件可能随时间的流逝逐渐变得不可使用。如何对软件构件进行维护,以延长其生命期,充分利用这些可复用的软件构件?

解决上述问题的主要技术手段是再工程技术,它为遗留系统转化为可演化系统提供了一条现实可行的途径,但并不能提高软件的可维护性。重构是一种再工程技术,目标是在不改变软件行为的情况下重新组织程序、改进程序结构及其可维护性。

再工程通常包含业务过程再工程和软件再工程。业务过程再工程(Business Process Re-Engineering, BPR),也称业务过程重组,它定义了业务目标、标识并评估现有的业务过程,从而修订业务过程,以更好满足业务目标。这一部分通常由咨询公司的业务专家完成。

而软件再工程是一类软件工程活动,是一个工程过程,它将逆向工程、重构和正向工程组合起来,将现存系统重新构造为新的形式。当实施软件再工程时,程序理解是再工程的基础和前提。软件再工程包括对软件进行检查、更改,并以新的形式重新构建和实施。其过程如图 7-3 所示。

软件再工程过程模型的 6 类活动如图 7-4 所示。

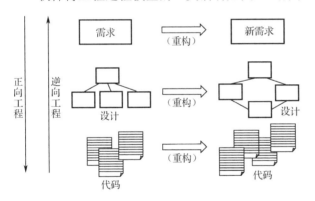

图 7-3 软件再工程过程示意图

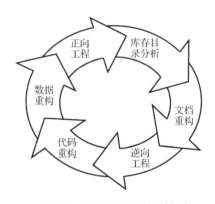

图 7-4 软件再工程过程模型

1. 库存目录分析

对每个软件系统,都要保存所有应用系统的库存目录。其中包含关于每个应用系统的基本信息:

- 应用系统的名字;
- 最初构建的日期;
- 已做过的实质性修改次数和花费的总劳动;
- 最好的一次实质性修改的日期和花费的劳动;
- 应用系统驻留的操作系统信息,有接口的应用信息,访问的数据库信息,过去 18 个月报告的错误用户数量;
- 安装应用系统的机器数量;

- 程序结构，代码和文档的复杂性，文档的质量；
- 整体可维护性等级，预期寿命；
- 预期在未来 36 个月内的修改次数；
- 年度维护成本，年度运作成本，年度业务值，业务重要程度。

下述三类程序有可能成为预防性维护的对象：
- 预定将使用多年的程序；
- 当前正在成功使用着的程序；
- 在最近的将来可能要做重大修改或增强的程序。

2. 文档重构

建立文档非常耗费时间，不可能为数百个程序都重新建立文档，可以依据下面的原则对文档进行处理。

① 如果一个程序是相对稳定的，并且它正在走向终点，可能不会再经历什么变化，那么让它保持现状，不建立文档。

② 只针对应用系统中当前正在修改的那些部分建立完整文档。随着时间流逝，将得到一组有用的和相关的文档。

③ 如果某应用系统是完成业务工作的关键，而且必须重构全部文档，也应该设法把文档工作减到必需的最小量。

3. 逆向工程

软件的逆向工程是指，分析程序以便在比代码更高的抽象层次上创建出程序的某种表示的过程。逆向工程是一个恢复设计结果的过程。逆向工程工具可以从现存的程序中抽取有关数据、体系结构和处理过程的设计信息。

4. 代码重构

某些老程序具有比较完整、合理的体系结构，但是，个体模块的编码方式却是难以理解、测试和维护的，这时就需要进行代码重构。

代码重构是指生成与原来程序功能相同，但具有更高质量的设计。它并不修改整体程序的体系结构，仅关注个体模块的设计细节，以及在模块中定义的局部数据结构。如非结构化的程序转换为更现代的程序语言。为了完成代码重构活动，首先要用重构工具分析现有的代码，标注需要重构的部分，再将这部分进行代码重构，之后对重构的代码进行复审和测试并更新相关文档。如果重构扩展到模块边界之外，并涉及软件体系结构，重构就变成了正向工程。

5. 数据重构

由于数据体系结构对程序体系结构及算法有很大影响，对数据的修改必然会导致体系结构或代码层的改变。当数据结构较差时，应该对数据进行再工程。数据再工程即数据重构，是指对程序处理的数据进行改变以反映程序变更。它发生在相当低的抽象层次上，是一种全范围的再工程活动。在大多数情况下，数据重构始于逆向工程活动，分解当前使用的数据体系结构，必要时定义数据模型，标识数据对象和属性，并从软件质量的角度复审现存的数据结构。

进行数据重构时，首先要进行代码分析的逆向过程，然后评估所有包含数据定义、文件描述、I/O接口描述的程序语句，从中抽取数据项和对象，获取关于数据流的信息，理解已实现的数据结构，之后对数据重新设计，包括物理修改文件格式或数据库类型的转换。

代码重构和数据重构有时也合称为结构重组，它们都不修改软件整体的体系结构。

6．正向工程

正向工程也称为革新或改造，是指应用软件工程的原理、概念、技术和方法来重新开发某个现有的应用系统。在大多数情况下，被再工程的软件不仅重新实现现有系统的功能，而且加入了新功能、提高了整体性能。

虽然软件再工程充分利用了可复用的软件构件，但同时也存在如下问题，这也是该领域今后的发展方向。

- 需要自动化工具的支持，可以标识、分析并提出代码中的信息的工具，但不能重构、获取及表达设计抽象那些没有直接表示在代码中的信息。软件主要体系结构的变更或对系统数据管理的重新组织往往不能自动执行。
- 代码中没有包含太多原来设计的信息，缺失的信息必须从推论中重构。
- 只有全面了解代码中隐含的信息、现有的设计文档、人员的经验问题域后才能进行设计恢复。
- 设计表示法的形式化和领域模型的引入，将扩展我们理解与维护软件时用到的信息。这需要提升转换技术，支持更多的应用领域并提高再工程的自动化程度。

7.4.3 逆向工程

逆向工程是把软件源程序还原为软件文档或软件设计的过程。通过逆向工程，可以从更高的抽象度来观察软件。抽象度是由抽象的层次、文档的完整性、工具等因素决定的。

逆向工程来源于硬件世界。硬件厂商总想弄到竞争对手产品的设计和制造"奥秘"，但是又得不到现成的档案，只好拆卸对手的产品并进行分析，企图从中获取有价值的东西。

软件的逆向工程在道理上与硬件的相似。但在很多时候，软件的逆向工程并不是针对竞争对手的，而是针对自己公司多年前的产品，期望从老产品中提取系统设计、需求规格说明等有价值的信息。

同时，逆向工程还是分析软件以识别软件构件和构件间关系的过程，它以另一种形式或更高级别的抽象来创建软件的表示。逆向工程是被动的，不会更改软件或产生新的软件。逆向工程的工作会产生调用图和控制流图。

逆向工程导出的信息包括下面4个抽象层次，其抽象级别从低到高。

- 实现级：程序的抽象语法树、符号表等信息。
- 结构级：反映程序分量之间相互依赖关系的信息，如调用图、结构图等。
- 功能级：反映程序段功能及程序段之间关系的信息。
- 领域级：反映程序分量或程序诸实体与应用领域概念之间对应关系的信息。

信息的抽象级别越高，代表它与代码的距离越远，通过逆向工程恢复的难度越大，自动工具支持的可能性越小。

对于一项具体的维护任务，一般不必导出所有抽象级别上的信息。例如，代码重构任务只需获得实现级信息即可。

根据源程序的类别不同，逆向工程还可以分为：对用户界面的逆向工程、对数据的逆向工程和对理解的逆向工程。

现代的软件一般都拥有华丽的用户界面，当准备对旧的软件进行界面的逆向工程时，必须先理解旧软件的界面，并且刻画出界面的结构和行为。同时，在进行界面的重新开发时，要注意界面的主要功能和用户的使用方式。

对数据的逆向工程，是由于程序中存在许多不同种类的数据，如内部的数据结构、底层的数据库和外部的文件。其中，对内部的数据结构的逆向工程可以通过检查程序中的变量来完成。而对数据库结构的重构可通过建立一个初始的对象模型，确定候选键，精化实验性的类，定义一般化，以及发现关联等来完成。

对理解的逆向工程，是为了帮助理解过程的抽象，代码的分析必须在不同的层次进行：系统、程序、部件、模式和语句。对于大型软件系统，逆向工程通常用半自动化的方法来完成。

逆向工程中用于恢复信息的方法主要有以下 4 类。

① 用户指导下的搜索与变换。这种方法用于导出实现级和结构级信息，一般可产生模块的略图、流程图和交叉访问表。

② 变换方法。这种方法用于恢复实现级、结构级和功能级的信息，可用工具实现，如静态分析、调用图、控制流图生成等。

③ 基于领域知识的方法。这种方法用于恢复功能级和领域级信息。领域知识用规则库表示，用已确定或假定的领域概念与代码之间的对应关系，推导进一步的假设，最后导出程序的功能。这类方法的不确定性很大，目前尚无成熟的工具。

④ 铅板恢复。这种方法仅适用于推导实现级和结构级的信息，例如，识别程序设计"铅板"或公共结构。铅板既可能是一个简单算法（如二变量互换），也可能是相对复杂的成分（如冒泡排序）。

在对软件进行逆向工程研究的时候，一般会依照以下步骤来完成。

① 研究保护方法，去除保护功能。大部分软件开发者为了保护自己的关键技术不被侵犯，采用了各式各样的软件保护技术，如序列号保护、加密锁、反调试技术、加壳等。要想对这类软件进行逆向处理，首先要判断出软件的保护方法，然后去详细分析其保护代码，在掌握其运行机制后才能去除软件的保护。

② 反汇编目标软件、跟踪、分析代码功能。在去除了目标软件的保护后，接下来就是运用反汇编工具对可执行程序进行反汇编，通过动态调试与静态分析相结合，跟踪、分析软件的核心代码，理解软件的设计思路等，获取关键信息。

③ 生成目标软件的设计思想、架构、算法等相关文档，并在此基础上设计出对目标软件进行功能扩展的文档。

④ 向目标软件的可执行程序中注入新代码，开发出更完善的应用软件。

软件逆向工程可以让人们了解程序的结构和逻辑，深入洞察程序的运行过程，分析出程序使用的协议及通信方式，并能够更加清晰地揭露机密的商业算法等。因此逆向工程的优势是显而易见的。

7.4.4 迁移

在软件的生命周期中，软件可能需要修改以在不同的环境中运行。为了将其迁移到新环境中，维护人员需要确定完成迁移所需的操作、开发和记录在迁移计划中实现迁移所需的步骤。迁移计划包括迁移要求、迁移工具、产品和数据的转换、执行、验证和支持。此外，软件迁移还可能需要一些额外的活动。

- 意向通知：陈述为什么不再支持旧环境，随后描述新的环境及其可用的时间。
- 并行操作：提供可用的新旧环境，使用户能够顺利过渡到新环境中。
- 完工通知：预定的迁移完成后，向相关人员发送通知。
- 操作后评估：对并行操作的评估，以及向新环境转变的影响。
- 数据归档：存储旧的软件数据。

7.4.5 退役

软件一旦到达使用寿命就必须退役。维护人员应进行分析以协助做出退役决定。该分析应包含在退役计划中，具体包括：退役的需求、影响、更换、进度和工作量。此外，还包括数据存档副本的可访问性和一些与迁移类似的活动。

7.5 软件维护工具

辅助软件维护过程中的活动所使用的软件称为"软件维护工具"，它辅助维护人员对软件代码及其文档进行各种维护活动。本节简单介绍在现有软件维护工作中特别重要的工具。软件维护工具主要分为版本控制工具、文档分析工具、开发库信息工具、逆向工程工具、再工程工具、配置管理支持工具。

版本控制是第 8 章的核心思想之一，版本控制工具相关内容见 8.7 节。

文档分析工具用来对软件开发过程中形成的文档进行分析，给出软件维护活动所需要的维护信息。例如，基于数据流图的需求分析工具可以给出对数据流图中的某个成分（如加工）进行维护时的影响范围，以便在该成分修改的同时考虑其影响范围内的其他成分是否也需要进行修改。常用的文档分析工具有 Awk 等。

开发信息库工具用来维护软件项目的开发信息，包括对象、模块等。它记录每个对象的修改信息（已确定的错误及重要的改动）和其他信息（如抽象数据库的多种实现），还必须维护对象及其相关信息之间的联系。除此以外，还可以利用文档分析工具得到被分析文档的有关信息，如文档各种成分的个数、定义及引用情况等。

逆向工程工具通过从现有产品逆向工作来创建诸如规格说明和设计描述之类的文档，然后可以将这些文档从旧产品转换为新的。可用的逆向工程工具有 Ghidra 等。Ghidra 是由美国国家安全局负责开发、升级和维护的一款软件逆向工程（SRE）框架，它包含了一整套功能齐全的高级软件分析工具，可以帮助广大研究人员在各种常见系统平台上进行代码分析。对于 Android 系统，还可以使用 Apktool 工具。

再工程工具具有代表性的是交叉索引系统和程序重构系统。

配置管理支持工具也将在第 8 章中介绍。

此外，程序理解的主要工具简单介绍如下。

- 程序切片器：仅选取受修改影响的程序的一部分。
- 静态分析器：允许查看一般的程序内容和摘要。
- 动态分析器：允许维护人员跟踪程序执行路径。
- 数据流分析器：允许维护人员跟踪程序的所有可能的数据流。

- 交叉引用器:产生程序构件的索引。
- 依赖关系分析器:帮助维护人员分析和了解程序构件之间的关系。

习题 7

1. 软件维护是什么?从什么时候开始?到什么时候结束?
2. 软件维护的工作内容是什么?
3. 软件维护分为哪几类?各自的特点是什么?
4. 举例说明软件维护工作中需要注意的关键问题。
5. 什么是软件再工程技术?软件再工程技术包括的活动有哪些?
6. 软件维护活动包括哪几个方面?
7. 请详细阐述你了解的软件维护技术。

第 8 章 软件配置管理

系统是指被组织起来的以达到一个或者更多特定目的的相互作用的元素的组合。系统的配置是指在技术文档中或在产品中实现的硬件或软件的功能和物理特性。一个系统的配置也可以被认为是特定版本的硬件、固件或者软件的组合，这个组合根据特定的生成顺序来服务于一个特定的目的。配置管理的目标是系统地控制配置变化，在系统的整个生命周期中维持配置的完整性和可跟踪性，以及标识系统在不同时间点上的配置。配置管理被定义为应用技术和行政管理进行指导和监督，以便识别、记录、控制配置项目的功能和物理特征，记录与报告变更处理和实施状态并验证是否符合规定。

软件配置管理（SCM）是一个支持软件生命周期的过程，它对项目管理、发展和维护活动，质量保证活动，以及客户和用户等干系人都是有利的。虽然硬件配置管理和软件配置管理之间存在一些差异，但配置管理的概念适用于所有要被控制的项目。

软件配置管理与软件质量保证活动（SQA）紧密联系。正如在软件质量知识域定义的一样，软件质量保证通过规划、制订和执行一系列活动来确保项目生命周期中的软件产品和流程符合其指定的要求，从而确保软件质量。软件配置管理活动有助于完成那些软件质量保证目标。在一些项目中，特定的软件质量保证要求规定某些软件配置管理活动。由于配置管理的对象是在整个软件工程过程中产生和使用的工作产品，因此，软件配置管理知识域和其他的知识域也有密切的关系。章节结构如图 8-1 所示。

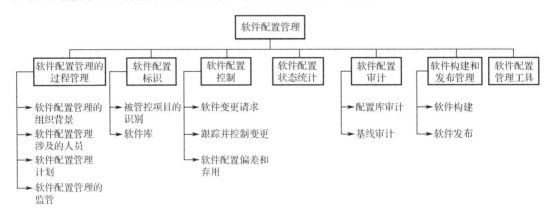

图 8-1　章节结构

软件配置管理通过识别产品的元素，核查、记录、报告配置信息来控制产品的发展变化。从软件工程师的角度，软件配置管理有利于开发和变更执行活动。一个成功的软件配置管理执行需要仔细的计划和管理。反过来，计划和管理需要了解软件配置管理过程的组织环境，以及对软件配置管理过程的设计和实施进行限制。CMM/CMMI 将软件配置管理的活动分为 6 个方面：软件配置管理的过程管理、软件配置标识、软件配置控制、软件配置状态统计、软件配置审计、软件构建和发布管理。

8.1 软件配置管理的过程管理

8.1.1 软件配置管理的组织背景

为了规划软件项目的软件配置管理流程,有必要了解组织元素之间的背景和关系。软件配置管理和几个其他的活动或组织元素是相互影响的。

负责支持软件过程的组织元素,可以以各种方式构造。虽然执行某些软件配置管理任务的责任可能会分配给组织中的其他部分,但软件配置管理的总体职责往往取决于不同的组织元素或指定的个体。

软件通常是作为包含硬件和固件元素的更大系统的一部分而开发的。在这种情况下,软件配置管理活动与硬件配置管理活动并行,并且必须保证和系统级的配置管理相一致。

软件配置管理可能会在诸如记录管理和不合格项目等问题上与组织的质量保证活动相联系。对于前者,在软件配置管理控制下的一些项目同时也要遵守组织质量保证计划的规定。管理不合格项通常是质量保证活动的职责,然而,软件配置管理可以帮助跟踪和报告属于这一类别的软件配置项。

软件配置管理过程管理的主要目标是使变化可以更容易地被适应,并减少当变化必须发生时所需花费的工作量,具体表现为:

- 软件管理的各项工作要求有计划(时间约束、人员安排、事物处理)地进行,即按既定方针办,照章办事;
- 被选择的项目产品得到识别(配置项等技术实施)、控制,并且可以被相关人员(配置控制委员会)获取;
- 保证配置控制等技术的实施并且实现系统的集成;
- 使开发的产品有据可查,并且可以高效更新(错误纠正机制、移植等)。

8.1.2 软件配置管理涉及的人员

软件配置管理系统的实现,需要上下级各部门人员的配合。

首先,需要得到高层领导如董事长,总经理的政策支持。其次,组成一个配置控制委员会(Configuration Control Board,CCB)。最后,要由项目经理(Project Manager,PM)领导,配置管理员(Configuration Management Officer,CMO)与项目组各方人员积极沟通,具体实施。

配置控制委员会主要负责评估变更,批准配置管理计划和变更申请,在软件生命周期内规范变更申请流程,对变更进行反馈,与项目管理层进行沟通等工作。

配置管理员(工程师)是配置管理的实施人员,一般要求擅长团队合作,热情开朗,具有一定网络及软件管理基础,有能力确保项目组织严密、流程规范、工作高效率。配置管理员的主要工作说明如下。

- 创建配置库,并且至少创建配置库的所有第一级目录。
- 为每个项目成员分配操作权限。一般地,项目成员拥有 Add, Check in, Check out, Download 等权限,但是不要轻易拥有 Delete 权限。配置管理员的权限最高。
- 创建与维护基线,冻结配置项,控制变更。
- 定期清除配置库里的垃圾文件,备份配置库。

- 根据项目的特征，起草配置管理计划，由配置控制委员会负责人（通常是项目经理）审批。

此外，软件配置管理过程还需要建立软件配置管理过程小组，其成员包括：小组负责人、技术支持专家、配置管理技术专家、配置管理系统用户代表。他们的工作内容包括：了解本组织的现有开发、管理现状，选择配置管理工具，制订配置管理规范，安排试验项目的实施，沟通部门间关系，获得管理者的支持和开发人员的认同。

8.1.3 软件配置管理计划

很多软件开发过程中遇到的问题都是因配置管理不善而造成的，例如，一个已花费较大精力和成本解决的高难度的软件错误突然再次出现，已经开发或完成测试的一个特性神秘消失，一个已经通过完全测试的软件系统突然无法运行。

对于一个给定项目的软件配置管理过程，其结果会被记录在软件配置管理计划（SCMP）中，作为软件配置管理过程的一个参考。软件配置管理计划的主要内容，不仅包括软件配置过程管理的主要活动，即软件配置标识、软件配置控制、软件配置状态统计、软件配置审计和软件构建和发布，还要考虑诸如组织和责任、资源和进度、工具选择与使用、分包商控制、接口控制等问题。软件配置管理计划通常需要进行软件质量保证评审和审核。软件配置管理计划包括以下内容。

（1）软件配置管理组织与职责

为了避免混淆谁将执行给定的软件配置管理活动或任务，需要清楚地确定参与软件配置管理过程的组织角色。对特定的软件配置管理活动或任务的具体职责也需要按名称或组织要素分配给组织实体。此外，还应该确定软件配置管理组织的总体权威和报告渠道，尽管这可能是在项目管理或质量保证计划阶段完成的。

（2）软件配置管理资源和进度

软件配置管理计划确定了执行软件配置管理活动和任务所涉及的人员和工具。它通过建立必要的软件配置管理任务序列并确定它们与在项目管理计划阶段建立的项目计划和里程碑的关系来解决调度问题。此外，还规定了执行计划和培训新员工所需的培训要求。

（3）工具选择与使用

软件配置管理工具的选择与使用应考虑以下问题。

- 组织：从组织角度而言，是什么推动了工具的发布？
- 工具：应该使用商业工具还是应该自己开发呢？
- 环境：组织及其技术的限制是什么？
- 资金：谁将为工具的购置、维护、培训和定制付费？
- 范围：如何部署新工具？例如，是通过整个组织进行部署还是仅在特定项目上进行部署？
- 所有权：谁负责引入新的工具？
- 计划：使用工具的计划是什么？
- 变化：工具的适应性如何？
- 分支与合并：工具的能力与计划的分支和合并策略兼容吗？
- 集成：集成所有软件配置管理工具还是仅集成在组织中使用的工具？
- 迁移：当版本控制工具维护的存储库移植到另一个版本控制工具中时，配置项的历史记录还需要维护吗？

软件配置管理通常需要一套工具，而不是一个单一的工具。这样的工具集有时也被称为工作台。在这样的背景下，在规划工具选择时的另一个重要考虑因素是，确定软件配置管理工作台是否需要开放（换言之，考虑将来自不同供应商的工具用于软件配置管理过程的不同活动）或集成。此外，组织的规模和所涉及的项目类型也可能影响工具的选择。

（4）分包商控制

软件项目可以获得或使用购买的软件产品，如编译器或其他工具。软件配置管理计划应考虑是否和如何将这些软件产品置于配置控制之下（如集成到项目库中），以及如何评估和管理更改或更新。

类似的考虑也适用于分包软件。当使用分包软件时，作为分包合同的一部分和监督履约的手段，需要监测分包商的软件配置管理过程是否符合软件配置管理规定，并且还应提供软件配置管理信息以有效监测遵守情况。

（5）接口控制

当一个软件项目与另一个软件或硬件项目存在接口时，对任意一个项目的更改都会影响另一个软件或硬件项目。软件配置管理过程计划应考虑如何识别接口，以及如何管理和传递对项目的变更。软件配置管理的角色可能是接口规范和控制更大的系统级流程的一部分，它可能涉及接口规范、接口控制计划和接口控制文档。在这种情况下，用于接口控制的软件配置管理计划是在系统级流程的上下文中进行的。

在软件生命周期中，软件配置管理计划必须是被保持（即更新和批准）的。在软件配置管理计划实施中，通常需要制订一些更详细的从属计划，以确定在日常活动中如何执行特定的要求。例如，使用哪种分支策略，以及如何频繁地生成和运行各种类型的自动化测试。

应该仔细规划分支和合并策略，因为它们会影响许多软件配置管理活动。从软件配置管理的观点来看，一个分支被定义为一组不断进化的源文件版本；而合并是指合并不同的变化到相同的文件中，这通常发生在多个人更改配置项时。常用的分支和合并策略有很多（有关讨论参见 8.2.1 节）。

此外，软件开发生命周期模型（参见 1.2.2 节）也会影响软件配置管理活动，例如，在许多软件开发方法中，持续集成是一种常见的做法。它通常以频繁的"构建—测试—部署"周期为特征，此时，软件配置管理活动必须配合其周期进行规划。

8.1.4 软件配置管理的监管

在实施软件配置管理过程后，可能有必要进行某种程度的监督，以确保软件配置管理计划得到适当执行。此外，软件质量保证要求也用来确保活动遵守指定的软件配置管理过程；负责软件配置管理监管的人员保证那些有指定职责的人员正确地执行软件配置管理任务。作为遵从审计活动的一部分，软件质量保证机构也可能执行此监管职能。

利用具有过程控制能力的集成单片机工具，可以使监管任务更加容易。一些工具在使流程规格化的同时，也为软件工程师提供了适当的灵活性。而其他强制执行流程工具会使软件工程师的灵活性降低。在选择工具时，管控需求和提供给软件工程师的灵活性是比较重要的考虑因素。

（1）软件配置管理措施和度量

软件配置管理措施是指对软件配置管理过程功能的深入了解。监控软件配置管理过程的一个目标是发现过程改进的机会。对软件配置管理过程的度量为持续监测软件配置管理活动提供了一个有效的手段。这些度量在描述流程的当前状态，以及进行长期比较方面是非常有用的。对度量结果的分析可能会导致过程改进并对软件配置管理计划进行相应的更新。

（2）软件配置管理的过程审计

审计可以在软件工程过程中进行，以调查配置项的当前状态，或者评估软件配置管理过程的执行情况。软件配置管理的过程审核为软件配置管理过程监管提供了一种更正式的机制，并且可以与软件质量保证功能相协调。

8.2 软件配置标识

软件配置要识别被控制的项目，建立项目和版本标识方案，获取和管理控制项目的工具和技术。这些活动为其他软件配置管理活动提供了基础。

8.2.1 被管控项目的识别

控制变更的第一步是确定要控制的软件配置项。这涉及对系统配置背景中的软件配置的理解。

1. 软件配置

软件配置是指在技术文档中阐述的或在产品中实现的硬件或软件的功能和物理特性。它可以看作整个系统配置的一部分。中国国家标准《GB/T 12505—90 计算机软件配置管理计划规范》指出："软件配置是指一个软件产品在软件生命周期的各个阶段所产生的各种形式（机器可读或人工可读）和各种版本的文档、程序及其数据的集合"。

软件配置一般由各开发人员在各自的工作环境中完成。其中，开发人员的工作环境是指工作空间。每个开发人员都有各自的工作空间，要防止互相干扰。在企业里，一般对每个开发人员的工作空间可以建立如下约定：
- 开发人员在项目结束后应删除本地机器中所有项目资料；
- 严格按照开发环境的描述安装相关软件，搭建自己的工作平台；
- 及时备份半成品，在开始修改配置项之后检查当前配置项状态/版本号；
- 不随意安装未经过批准的软件。

对于工作空间的管理包括工作空间的创建、维护与更新、删除等。同时，工作空间应具备以下特点。
- 稳定性：是指私有空间的相对独立性。在私有空间中，开发人员可以相对独立地编写和测试自己的代码，而不受团队中其他开发人员的影响。
- 一致性：是指当开发人员对自己的私有空间进行更新时，得到的应该是一个可编译的、经过一定测试的、一致的版本集。
- 透明性：是指工作空间与开发人员本地开发环境的无缝集成，将配置管理系统对开发环境的负面影响降到最小。

缺少有效的工作空间管理会造成由于文件版本不匹配而出错，降低开发效率，需要更长的集成时间等问题。

2．软件配置项

（1）定义

配置项（CI）是单个实体管理的硬件或软件或两者的项或集合。软件配置项（SCI）是作为配置项而建立的软件实体，是软件发生变化的基本单元。除代码本身之外，软件配置管理通常需要控制各种项目。可以称为软件配置项的包括计划、规格和设计文档、测试材料、工具软件、源代码和可执行代码、代码库、数据和数据字典、软件的安装/维护/操作/使用等。

（2）类别

凡是纳入配置管理范畴的工作成果统称为软件配置项。软件配置项主要有三大类：

- 与合同、过程、计划和产品有关的文档和资料；
- 源代码、目标代码和可执行代码；
- 相关产品，包括软件工具、库内的可重用软件、外购软件及顾客提供的软件等。

（3）命名及访问

每个软件配置项的主要属性有：名称、标识符、文件状态、版本、作者、日期等。所有软件配置项都被保存在软件配置库里，并确保不会混淆、丢失。软件配置项及其历史记录反映了软件的演化过程。

选择软件配置项是一个重要的过程。在这个过程中，必须在为项目控制的目的提供足够的可见度与一个可管理的数量控制的项目之间达到平衡。为了能够准确地找到软件配置项，需要用标识符对软件配置项进行命名。标识符必须具有唯一性和可追溯性。软件配置项标识符的命名示例如图 8-2 所示。

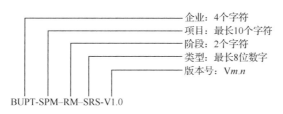

图 8-2　软件配置项标识符的命名示例

软件配置库是包含有关软件开发的各种文档信息的数据库，每个库由若干个子项目组成，每个子项目由若干个软件配置项组成，包括名字域和属性域两个部分。名字域一般为描述文字，属性域是表项的值部分，描述了有关属性。

软件配置项可以依据它们的属性进行管理，包括调用、浏览、权限管理等。通常，软件配置管理工具都具有 OLE 技术，能实现软件配置项在线访问。同时，随着 Web 配置技术的发展，软件配置项也可以通过 URL 直接访问。软件配置项的相关示例见表 8-1。

表 8-1　软件配置项示例

类　　型	主要软件配置项	标　识　符
计划	《项目计划》	BUPT-DERP-SPP-PRCO-PP-01
	《质量保证计划》	BUPT-DERP-SPP-PRCO-QA-01
	《配置管理计划》	BUPT-DERP-SPP-PRCO-CM-01

续表

类 型	主要软件配置项	标 识 符
需求	《软件需求规格说明书》	BUPT-DERP-SPP-PRCO-RD-01
设计	《体系结构设计报告》	BUPT-DERP-SPP-PRCO-SD-01
设计	《数据库设计报告》	BUPT-DERP-SPP-PRCO-SD-02
设计	《模块设计报告》	BUPT-DERP-SPP-PRCO-SD-03
设计	《用户界面设计报告》	BUPT-DERP-SPP-PRCO-SD-04
编程	源程序	
编程	二进制库	
测试	《测试计划》	BUPT-DERP-SPP-PRCO-ST-01
测试	《测试用例》	BUPT-DERP-SPP-PRCO-ST-02
测试	《测试报告》	BUPT-DERP-SPP-PRCO-ST-03

（4）状态变迁

配置项的状态变迁如图8-3所示。配置项刚建立时，其状态为"草稿"；配置项通过评审（或审批）后，其状态变为"正式发布"；此后，要更改配置项，必须依照"变更控制流程"执行，其状态变为"正在修改"；当配置项修改完毕并重新通过评审（或审批）时，其状态又变为"正式发布"（新版本），如此循环。

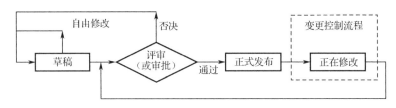

图8-3 软件配置项的状态变迁

3．软件版本

软件配置项随着软件项目的发展而变化。软件配置项的某个版本就是它的标识符实例，它可以被认为是一个不断发展的软件配置项的状态。由于每个软件配置项都会产生不同版本，因此，需要对其进行版本控制。

（1）版本控制

版本控制是所有软件配置管理系统的核心功能，它是对系统不同版本进行标识和跟踪的过程。其目的在于对软件开发进程中文件或目录的发展过程提供有效的追踪手段，以保证软件能够顺利前进到新的版本，同时在需要时可回到旧的版本，避免文件的丢失、修改的丢失和相互覆盖。版本控制通过对版本库的访问控制避免未经授权的访问和修改，达到有效保护企业软件资产和知识产权的目的。另外，版本控制是实现团队并行开发、提高开发效率的基础。

版本控制的对象是软件开发过程中涉及的所有文件，包括文件、目录和链接。可定版本的文件包括源代码、可执行文件、位图文件、需求文档、设计说明、测试计划，以及一些ASCII和非ASCII文件等。目录的版本记录了目录的变化历史，包括新文件的建立、新子目录的创建、已有文件或子目录的重新命名、已有文件或子目录的删除等。

版本控制通常通过检出/检入（Check out/Check in）模式得以实现。在修改该版本的文件前，需要通过"检出"步骤；在修改结束以后，如果希望将修改的成果入库，则需要通过"检入"步骤。在经过一次"检出/检入"步骤以后，会形成该文件新的版本，其过程如图 8-4 所示。在版本控制过程中，利用一些配置管理工具（或者版本控制工具），则可以自动地记录版本工作所需的 4 个 W（Who，When，Why，What）。

（2）版本树

同一个文件任何一次修改后形成的内容都可以看作该文件的一个实例，即该文件的一个版本。由于对同一个文件的每次修改总是有先后顺序的，因此文件的每个版本也是有先后顺序的。后一版本总是在前一版本的基础上形成的。此外，同一个版本还能根据不同需要同时衍生出多个后续版本。如果把同一个文件的所有版本按衍生顺序描绘出来，通常会出现一种树状图，称为该文件的版本树。

如图 8-5 所示，版本树中分叉处的版本大多是重要修改的开始，如新功能的开发、产品新发布的开始、新开发小组的介入。文件版本控制是软件配置管理的基础。只有对每个文件的每个版本实现了严格有序的控制，保证每个文件版本树都能自由而又稳健地成长，能随时方便地提取版本树中的任意一个版本，这才能构建更为复杂的软件配置管理功能。

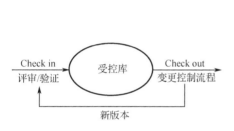

图 8-4 版本控制过程

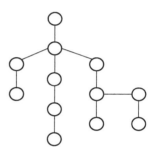

图 8-5 某个文件的版本树

（3）版本号

源代码、文档和产品整体（源代码整体和安装包）都应有版本号。但对于版本号的命名，目前业界尚无统一做法，可以遵循下面的原则。

- 处于草稿状态的软件配置项的版本号格式为：0.YZ。YZ 表示的数字范围为 01~99。并且，随着草稿的不断完善，YZ 的取值应递增。YZ 的初值和增幅由用户自己把握。
- 处于"正式发布"状态的软件配置项的版本号格式为：X.Y。其中，X 为主版本号，取值范围为 1~9。Y 为次版本号，取值范围为 1~9。软件配置项在第一次"正式发布"时，版本号应为 1.0。如果软件配置项的版本升级幅度比较小，一般只增大 Y 值，X 值保持不变。只有当软件配置项版本升级幅度比较大时，才允许增大 X 值。
- 处于"正在修改"状态的软件配置项的版本号格式为：X.YZ。软件配置项正在修改时，一般只增大 Z 值，X.Y 值保持不变。当软件配置项修改完毕，状态重新成为"正式发布"时，将 Z 值设置为 0，增大 X.Y 值。

（4）分支和合并

大多数产品开发存在这样一个生命周期：编码、测试、发布，然后不断重复。通常是这样的步骤：

a）开发人员开发完毕某个版本（如版本 A）的功能后，提交测试；

b）测试人员对待发布版本 A 进行测试，同时开发人员继续开发新功能（如版本 B）；

c）测试人员提交 Bug，开发人员修复 Bug，同时继续开发新功能；

d）重复步骤 c)，直到待发布版本 A 测试通过后，发布第一版本。

这样开发会存在以下版本冲突问题：

- 如何从代码库中（A+B）分离出待发布版本 A，进行测试和发布；
- 如果单独存放待发布版本 A，那么开发组必须同时维护版本库 A 和当前最新代码库（A+B），操作冗余且容易出错。

为了解决上述问题，以 SVN（SubVersion，版本控制系统）为例，通常采用主干（Trunk）与分支（Branches）的方法。

在 SVN 中创建代码库时，通常会创建 Trunk，Branches，Tags 三个子目录。其中，Trunk 代表主干，是开发的主线。Branches 代表分支，是从主线上分出来的独立于主线的另一条线。可以创建多个分支。一个分支总是从主干的一个备份开始发展的。在 SVN 中，经常需要对开发生命周期中的单独生命线做单独的修改，这条单独的开发生命线就可以称为分支。分支经常用于添加新功能，以及产品发布后的 Bug 修复等，这样可以不影响主要的产品开发线，以及避免编译错误等。当添加新功能完成后，可以将其合并到主干中。Tags 代表标记，主要用于项目开发中的里程碑，例如，开发到一定阶段可以单独将一个版本发布等，它往往代表一个可以固定的完整版本。主干和分支都是用来进行开发的，而标记是用来进行阶段发布的。实际上，配置库中有专门的发布区，所以标记并不需要创建。

① 分支

关于分支策略，目前有两种：一种策略是，主干作为新功能开发主线，分支用于发布。另一种策略是，分支用于新功能开发，主干作为稳定版的发布。第一种分支策略被广泛用于开源项目。而第二种分支策略与第一种分支策略正好相反，主干上永远是稳定版本，可以随时发布；Bug 的修改和新功能的增加，全部在分支上进行；每个 Bug 和新功能都有不同的开发分支，完全分离；对主干上的每次发布都做一个标记而不是分支；分支上的开发和测试完毕以后才合并到主干上。

② 合并

合并的工作是把主干或者分支上合并范围内的所有改动列出，并对比当前工作副本的内容，由合并者手工修改冲突，然后提交到服务器的相应目录里。合并一般分为以下三种类型。

a）合并一个范围的版本

此类型应用最为广泛，主要是把分支上的修改合并到主干上来。

b）复兴合并

复兴合并可以理解为第一种合并类型的一个特例。在复兴合并中，主干可以理解为自从开创分支之后没有任何修改，而分支是经过修改的，而且合并时分支是不能选择版本的。经过复兴合并，分支上所有的修改都会合并到主干上，合并的结果将使得分支和主干一模一样，从而可以删除分支。

c）合并两个不同的版本

此类型与前两种类型不同，第一种类型可以选择分支合并的版本，主干不能选择版本；第二种类型是主干和分支都不能选择合并的版本；而这种类型则无论是主干还是分支都可以选择合并的版本，可以选择过去的一个主干版本与分支的某个版本进行合并。

4. 基线

（1）定义

基线（Baseline）是一个正式批准的软件配置项版本，这个软件配置项在其生命周期中的一个具体时间被正式指出和固定。它也用来指一个已经经过同意的特定的软件配置项的版本。IEEE 指出：基线是已经正式通过复审和批准的某种规范或产品，因此基线也是进一步开发的基础，并且只能通过正式的变更控制过程进行改变。实际上，我们将一个或多个软件配置项在其生命周期的不同时间点上通过正式评审而进入正式受控的过程称为"基线化"。基线是软件开发过程中的一个里程碑，其标志是有一个或多个软件配置项的交付，且这些软件配置项已经通过技术审核而获得认可。

软件配置管理是一门控制软件系统演变的学科。在开发过程中，正确的基线管理可以确保设计与需求的一致性、代码与设计的一致性，并保证使用正确的代码进行发布等。当采用的基线发生错误时，有关人员可以知道其所处的位置，方便地返回到最近或最恰当的基线上。如图 8-6 所示为软件生命周期基线。

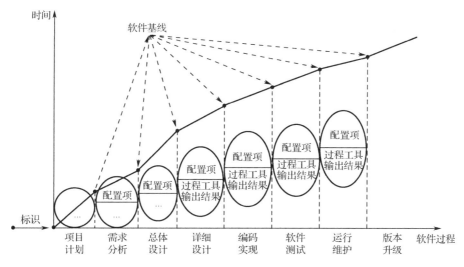

图 8-6 软件生命周期基线

（2）属性

从上面的定义中，我们可以看出，基线具有以下属性：

- 通过正式的评审过程建立；
- 基线存在于基线库中，对基线的变更接受更高权限的控制；
- 基线是进一步开发和修改的基准和出发点；
- 进入基线前，不对变化进行管理或者较少管理；
- 进入基线后，对变化进行有效管理，而且这个基线作为后继工作的基础；
- 不会变化的工作产品不要纳入基线；
- 变化对其他工作产品没有影响的可以不纳入基线。

（3）优点

基线的作用是把各阶段的工作划分得更加明确，使得本来连续的工作在这些点上断开，使之便于检验和确认开发成果。归结起来，建立基线有如下优点：

- 为开发项目提供一个定点和快照;
- 新项目可以从基线提供的定点开始建立,作为一个单独的分支,新项目将与随后对原始项目所进行的变更进行隔离;
- 各开发人员可以将建有基线的工作产品作为他在隔离的私有工作区中进行变更的基础。
- 当认为变更不稳定时,基线为团队提供一种取消变更的方法。

（4）分类

常用的基线分为功能（也称为设计）、分配（需求）、发展和产品基线。功能基线对应于审查制度的要求。分配基线对应于评审的软件需求规范和软件接口需求规范。发展基线代表在选定的时间在软件生命周期内不断变化的软件配置。这个基线的更改权威主要为发展组织,但可能与其他组织共享（如软件配置管理或测试）。产品基线对应于被交付用于系统集成的完成软件产品。用于给定项目的基线,以及变更批准所需的相关权限级别,通常在软件配置管理计划中鉴定。

如果依照软件生命周期对基线进行划分,则可将基线划分为计划基线、需求基线、设计基线、编码基线、测试基线、软件配置基线。它们在软件生命周期中的产生过程如图 8-7 所示,每种基线所包含的主要配置项如表 8-2 所示。

表 8-2 各类基线所包含的主要配置项

基线名称/标识符	基线所包含的主要配置项
需求基线	《软件需求规格说明书》
设计基线	《体系结构设计报告》《数据库设计报告》《模块设计报告》《用户界面设计报告》
编码基线	源程序,二进制库
测试基线	《测试计划》《测试用例》《测试报告》

从图 8-7 中,我们能够明确各类基线包含的工作产品及建立的时间、标识等。

- 计划基线（PLN_BL）:在项目计划批准时建立;
- 需求基线（SRS_BL）:在软件需求规格说明书批准时建立;
- 设计基线（DESIN_BL）:在概要设计、详细设计和数据库设计批准时建立;
- 编码基线（CODE_BL）:在单元测试通过时为集成测试建立;
- 测试基线（TEST_BL）:在集成测试时通过为系统测试建立;
- 产品基线（RELEASE_BL）:在系统测试通过为产品发布时建立。

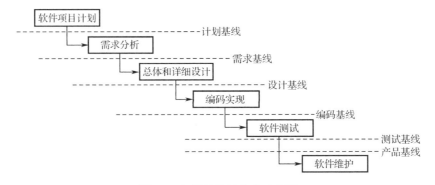

图 8-7 各类基线的产生示意图

（5）创建与发布

在创建或发布基线时，应遵循 CMMI 提出的以下步骤和要求：
- 在创建或发布软件配置项的基线之前，配置管理员需要根据项目进展情况（或项目组的要求）和基线计划，提出构建基线或发布基线的书面请求，获得配置控制委员会的授权。而且，对于不同基线级别，需要的授权权威不同。
- 在构建基线或发布基线时，只使用配置管理系统中的软件配置项。
- 将基线中包含的软件配置项集合文档化，形成的文件包含基线发布记录、基线中的软件配置项及其版本号、基线之间的差异等。
- 使当前的基线集合可供访问和使用。

5．获取软件配置项

软件配置项在不同的时间都处于软件配置管理控制之下，也就是说，它们在软件生命周期的特定点被纳入特定的基线中。其触发事件是，完成某种形式的正式验收任务，如正式评审。图 8-8 描述了配置项随着生命周期的进展而增长的特征。此图基于瀑布模型，仅用于说明。软件变更请求将在 8.3.1 节中进行说明。

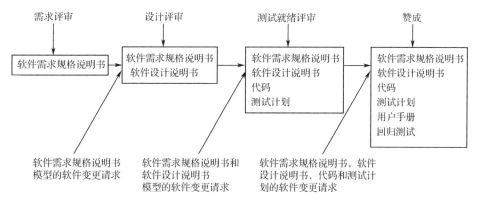

图 8-8　配置项的获取

在获取软件配置项时，必须确定其来源和初始完整性。在获取软件配置项之后，必须根据软件配置管理计划中定义的软件配置项和所涉及的基线，正式批准对项目的更改。经批准后，该项目将按照适当的程序被纳入基线之中。

8.2.2　软件库

前面提到的是一些需要被管控的项目，那么这些被管控的项目存放在哪里呢？实际上，一个好的软件配置管理系统就像一个软件资产的保险库一样，应具有下列功能：
- 提供一个公共的软件资产库；
- 能够存储各种类型的文件；
- 执行严格的权限管理，适用于各种规模和人数的开发项目；
- 提供必需的、完善的安全管理机制。

因此，软件配置管理中提供了三种数据库满足这种需求。CMMI 对这三种库有明确的规定。

（1）动态库

动态库也称为动态系统或开发库，它供开发人员暂存代码以进行开发、走查、自测。

具体是指在软件生命周期的某个阶段,用于存放与该阶段开发工作有关的计算机可读信息和人工可读信息的库。动态库是要纳入版本管理的,即需要用版本管理工具进行控制。因此,动态库中应包含项目组所遵循的过程标准、参考资料、所有未经批准的软件配置项、已经批准但未纳入基线的软件配置项。其中的软件配置项由项目经理负责和控制,在项目总结结束后删除。

动态库大致可以映射为开发工程师的个人工作空间,在其本机的个人目录下。当然,对于稍大的任务,也可以映射为存储库里的一个任务分支。

(2) 主库

主库也称为受控库或受控系统,具体是指在软件生命周期的某个阶段结束时,用于存放作为阶段产品而释放的,与开发工作有关的计算机可读信息和人工可读信息的库。软件配置管理就是对软件受控库中的各软件项进行管理,因此受控库是配置管理的核心库,有时也被称为配置管理库。主库是要全面纳入配置管理的库,所有的基线都在这里,主库属配置管理员所有。因此,主库是开发工程师相互协作、交流最新工作成果的地方。主库大致可以映射为版本控制工具的存储库。这里有不同的分支/目录,有不同的用途,可能会添加标记、基线。

(3) 静态库

发布给客户后的产品库,是不经常变化的,所以称为静态库。如果是基线但没有发布给客户,就在主库中;如果是基线同时也发布给客户了,就在静态库中。静态库包含了重要的基线,这些基线标志着项目的重要里程碑,或者这些基线被发布给了"外界"。在比较简单的版本控制工具里,一般可以用特定标记命名规范来把它们从其他标记、基线中区别出来;而在比较复杂的版本控制工具里,也可以用基线/标记的质量级别来表示。三种库之间的关联如图 8-9 所示。

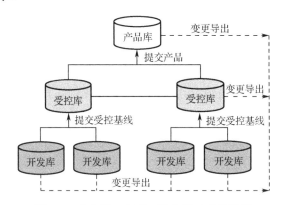

图 8-9 动态库、主库、静态库三者的联系

需要注意的是,三库的概念源自 CMM/CMMI,软件配置项在三库之间迁移,一级比一级的控制更严格。按照三库的思路,软件开发组日常的工作在开发库中开展,当工作达到里程碑时,再迁移到受控库中,在受控库中经过更严格的测试后,再上升到产品库中,最后发布。在实践中,三库常常被实现为物理上的三库,而不是通过逻辑的方式来实现,这样会使软件配置项失去了历史可追溯性。因此,实现三库的指导思想应该是"逻辑上独立,物理上在一起",通过权限与流程的控制来实现软件配置项在不同库之间的流转,以及相应角色的人员对相应库的访问。实际上,不管是几个库,最终目标都是提高管理效率,

保存工作成果和工作记录。

上面提到的三库都存在于软件库之中,软件库是被控制软件和相关文档的集合,用来支持软件开发、使用或维护,有助于软件发布管理和交付活动。软件库也可以分为几种其他类型的库,每个对应于软件项目的特定成熟度。例如,工作库可以支持编码,项目支持库可以支持测试,而主库可以用于成品。适当的软件配置管理控制级别(相关的基线和变更级别)与每个库相关联。在访问控制和备份设施方面,安全是库管理的一个重要方面。

每个库使用的工具必须支持该库的软件配置管理控制需求——无论是对软件配置项的控制,还是对库访问的控制。

8.3 软件配置控制

软件配置控制关注在软件生命周期中的变更管理和跟踪控制变更。它涵盖了确定哪些需要变更、批准某些变更的权限,并对这些变更实施跟踪控制。此外还包括了软件配置偏差和弃用。

8.3.1 软件变更请求

CMMI指出"纳入配置管理之下的工作产品的变更要得到跟踪和控制"。这一规定是通过软件变更请求来实现的。

1. 提出软件变更请求

① 在软件变更请求中记录的内容包括该请求的来源、当前问题的影响、建议的解决方案,以及相应成本。

② 对软件配置项的变更请求可能在软件生命周期的任何阶段由任何人发起,并且可能包括建议的解决方案和请求的优先级。软件变更请求的一个来源是需要针对问题报告采取纠正行动。不管其来源是什么,变更的类型通常都记录在软件变更请求上。

③ 很好地理解软件(可能是硬件)之间的关系对于这个任务是很重要的。应该由与受影响基线、所涉软件配置项和变更性质相称的权威机构负责评估软件变更请求涉及的技术和管理,并接受、修改、拒绝或推迟软件变更请求。

2. 管理软件变更请求

① 接受或拒绝软件变更请求的权限取决于通常被称为配置控制委员会的实体。对于较小的项目,配置控制委员会实际上可能是指组长或指定的个人,而不是多人的委员会。根据不同的标准,可以有多个级别的变更权限,例如,所涉项目的关键性、变更的性质(如对预算和进度的影响),其在软件生命周期中的当前位置。根据这些标准可以确定给定系统的配置控制委员会,并且所有与配置控制委员相关的干系人都应具有代表性。当配置控制委员会的权限对象是严格的软件时,它就是一个软件配置控制委员会(SCCB)。

② 软件变更请求管理是软件配置管理的一个重要组成部分,应记录、跟踪和报告针对软件系统的任何变更。典型的变更处理流程涉及如何提交软件变更请求,如何对软件变更请求进行复审以便决定是否实施,由谁实施,在哪里实施,如何实施,如何确定软件变更请求已经准确实施完成等。

③ 软件变更请求处理流程应该是灵活的和便于定制的,不同的软件开发组织需要不同

的处理流程，即使在同一软件开发组织内部，针对不同的变更类型，或不同的软件开发项目，往往也需要不同的处理流程。

④ 软件变更请求管理系统应具备强大的统计、查询和报告功能，能够及时、准确地报告软件的变更现状，开发团队的工作进展和负荷，软件的质量水平，以及变更的发展趋势。

8.3.2 跟踪并控制变更

1. 跟踪软件变更请求

一个有效的软件变更请求过程需要跟踪发起的软件变更请求，捕捉配置控制委员会的决定并报告变化过程的信息。

2. 变更控制

变更控制结合人为的规程和自动化工具以提供一个管理变更的机制。实际上，在项目立项时就需要根据项目规模和特点确定变更授权机构及其职责，并纳入立项报告及计划阶段的配置管理计划；之后，当软件变更请求提出后，需要确定变更等级：变更等级一般由项目经理判断，并在配置管理计划中描述各自控制的变更，建议若是影响需求基线和产品基线的变更，以及严重影响项目进度、成本、产品质量的重大变更提交配置控制委员会控制，其他变更（如文字编辑、格式调整）由项目经理控制。

对于评审定稿软件配置项（简称受控项，代码类指通过集成测试之后）和基线（有重大缺陷）的所有变更在实施前均要通过变更授权机构的评审和批准；变更过程必须记录在《配置项变更申请表》中。

变更控制流程适用于开发过程中所有软件配置项变更。对于受控项，不论是项目经理还是配置控制委员会控制变更，其提请变更的流程相同，配置管理员只负责受控项标识更新和软件配置项变更状态报告的填写，不参与其他活动；所有《配置项变更申请表》由项目经理负责提交给配置管理员纳入受控库；配置管理员提交软件配置项变更记录给相关受影响人员。变更控制的流程如下，控制过程如图8-10所示。

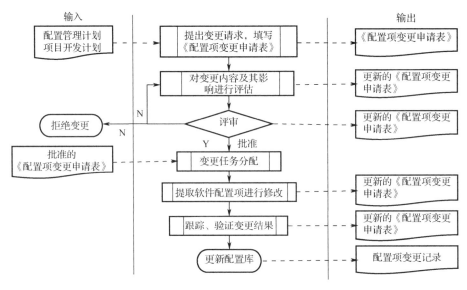

图8-10 变更控制过程

（1）软件变更请求人填写《配置项变更申请表》说明问题来源或修改原因；变更对其他配置项的影响，估计变更对项目造成的影响等。对于代码类变更，可以记录在 Bug 管理工具里，而不用填写专门的《配置项变更申请表》。如果代码类变更对基线有影响，则必须填写《配置项变更申请表》。

（2）项目经理收到软件变更请求后，评估变更带来的影响，分析变更所需花费的工时、工作量、成本及变更带来的风险等，并将评估结果写入"审批意见"栏；然后提交给变更授权机构（如配置控制委员会），若不需要通过配置控制委员会的评审，则项目经理签署意见之后，即可执行变更。

（3）变更授权机构判断变更的大小采取合适的评审方式：签字或评审。若采取签字方式，变更授权机构在变更控制栏填写审核意见；若采取评审方式，则遵照评审规程执行。

（4）如果变更申请被拒绝，则项目经理通知软件变更请求人，并由项目经理提交配置管理员入库，变更结束。

（5）如果变更被批准，则项目经理负责通知受影响的人员更改相关软件配置项，并指定项目组成员实施变更。

（6）修改人根据被批准的《配置项变更申请表》，根据标识规则从开发区里检出软件配置项实施变更；修改完后检入并进行标识，在《配置项变更申请表》中进行变更描述，必要时可用附件。

（7）文档类对象，由验证人验证修改结果并更新《配置项变更申请表》的状态（已更改），由配置管理员更新软件配置项变更状态报告，并在开发区处更新软件配置项标识符；基线变更，由项目经理填写版本控制表，审计人员审计通过并配置控制委员会签字批准，交配置管理员生成基线。

（8）变更实施且由质量保证工程师验证签字后，由项目经理抄送相关人员（包括研发部经理、测试人员、文档人员、配置管理员、质量保证工程师等）并将《配置项变更申请表》交给配置管理员纳入配置库中，同时在《配置项变更记录》中更新软件配置项的变更记录。

8.3.3 软件配置偏差和弃用

对于软件工程工作或开发活动期间产生的规范施加的限制可能包含于无法满足生命周期的某一阶段的规定中。偏差是指在制造某一产品之前，对某一特定数量或一段时间的特定性能或设计要求进行偏离的书面授权。弃用是一种可以接受在生产期间或在提交检查后发现的配置项目或其他指定项目偏离规定要求的书面授权，但这些项目仍被认为适合按原样使用或经批准的方法返工后使用。在这种情况下，可以采用正式的程序来获取这些偏差或弃用。

8.4　软件配置状态统计

软件配置状态报告（SCSR）是配置管理的核心要素，其内容包括对管理信息的记录和报告。

1. 软件配置状态信息

SCSR 活动设计了一个系统，用于在生命周期中捕获和报告必要的信息。与任何信息系统一样，配置状态信息是不断变化的，因此需要对其进行识别、收集和维护。这些信息支持软件配置管理流程并满足配置状态报告的需求管理、软件工程及其他相关活动。可用信息类型包括：已批准的配置标识、变更、偏差和弃用的标识及当前实施状态。

为完成 SCSR 的数据收集和报告任务，需要某种形式的自动化工具的支持，可以选择带数据库功能的工具，或集成工具环境。

2．软件配置状态报告

配置状态报告（Configuration Status Reporting）也称配置状态说明与报告（Configuration Status Accounting and Reporting）。它主要负责有效地记录和报告配置管理所需要的信息，以便及时、准确地给出软件配置项的当前状况，供相关人员了解，以加强配置管理工作。软件配置状态报告主要包括以下内容。

- 基础信息：配置库名称、管理工具名称、配置管理员等。
- 软件配置项记录：软件配置项名称、正式发布日期、版本变化历史、作者等。
- 基线记录：基线名称、版本、创建日期、包含的软件配置项等。
- 配置库备份记录：批次、备份日期、备份内容、说明、备份到何处、责任人。
- 软件配置项交付（发布）记录：批次、交付日期、交付内容、说明、配置控制委员会批示、接收人。
- 配置库重要操作日志（日期、人员、事件）：配置管理员记录自己和他人对配置库的重要操作，如删除文件等。

当遇到以下情况时，将会更新软件配置状态报告：

- 每次当一个软件配置项被赋予新的或修改后的标识符时，将会创建一个配置状态报告条目。
- 每次当一个变更被变更授权人批准（即产生一个工程变更工单）时，将会创建一个配置状态报告条目。
- 每次当配置审核进行时，其结果作为配置状态报告任务的一部分被报告。
- 配置状态报告的输出可以放置到一个联机数据库中，使得软件开发人员或维护人员可以通过关键词分类访问变更信息。
- 配置状态报告被定期地生成，并允许管理人员和开发人员评估重要的变更。

配置状态报告的信息可以由各种组织和项目团队使用，包括开发团队、维护团队、项目管理团队和负责软件质量保证活动的团队。配置状态报告可以采用临时查询的形式来回答特定问题或定期生成预先设计好的报告。在生命周期过程中，由配置状态报告活动产生的一些信息可能成为质量保证记录。

除报告配置现状之外，通过配置状态报告获得的信息也可以作为配置管理信息的基础，例如，每个软件配置项的软件变更请求数量和实现软件变更请求所需的平均时间。

8.5 软件配置审计

配置审计就是验证配置项信息与配置标识（需求、标准、流程）的一致性。简单地说，配置审计就是对配置项的完整性、安全性、介质是否完好等方面进行检查。其作为变更控制的补充手段，用来确保修改的动作已经切实实现并被完整地记录下来。实际上，它是对配置管理的过程、配置管理规范中的规定进行检查和统计报告。可以说，一切有助于保证数据完整性、正确性的活动都可视作配置审计的范围。

配置管理的审计活动一般分为两类：一是对基线的审计，二是对配置库的审计。基线审计是为了检查基线的正确性及一致性；配置库审计是为了保证配置库的完整性和可用性。

8.5.1 配置库审计

软件功能配置审计和软件物理配置审计作为配置库审计的两个方面分别审计检验软件基准库内容的一致性和完整性。在一般情况下，产品发布之前，需要对软件基准库执行一次完全的配置审计过程，以保证产品发布的正确执行管理。同时，成功完成这些审计还是建立产品基线的先决条件。

1．软件功能配置审计

软件功能配置审计（SFCA）的目的是确保软件项目的审计与管理规范一致。它主要在以下几个方面进行审计。

① 软件配置项的开发已圆满完成。
② 软件配置项已达到规定的性能和功能需求。
③ 软件配置项的运行和支持文档已完成并且符合要求。

软件功能配置审计可以包括：按测试数据审计正式测试文档，审计验证和确认报告，评审所有批准的变更，评审对以前交付的文档的更新，抽查设计评审的输出，对比代码和文档化的需求，评审以确保所有测试已执行。软件功能配置审计还可以包括依据功能和性能需求进行额外的和抽样的测试。

2．软件物理配置审计

软件物理配置审计（SPCA）的目的是保证设计和参考文档与已完成的软件产品一致，主要保证软件产品的完整性。它主要在以下几个方面进行审计。

① 每个构建的软件配置项符合相应的技术文档。
② 软件配置项与软件配置状态报告中的信息相对应。

软件物理配置审计可以包括：审计系统规格说明的完整性，审计功能和审计报告，对比架构设计和详细设计组件的一致性，评审模块列表以确定符合已批准的编码标准，审计手册（如用户手册、操作手册）的格式，审计完整性和与系统功能描述的符合性等。

8.5.2 基线审计

如上所述，可以在开发过程中进行审计，以调查软件配置项的特定元素的当前状态。在这种情况下，可以对抽样基线项目进行审计，以确保性能与规范一致，或者确保不断变化的文档与开发的基线项目一致。基线审计一般按下面的步骤进行。

① 项目经理在基线生成之前填写《基线计划及跟踪表》。
② 由指定专人根据基线计划及跟踪表对配置库进行审计。
③ 对审计出的问题进行修改之后，由配置控制委员会批准后，配置管理员生成基线，并添加基线标识符。

8.6 软件构建和发布管理

软件构建和发布管理的目标有三个，即确保软件构建是可重现的、高效的和可维护的。在小型的软件开发项目中达到以上三个目标并不困难，但随着开发团队、软件规模、软件复杂性的增长，达到以上三个目标已经成为一种挑战。

典型的软件构建和发布管理步骤如下。

① 确定参与软件构建的全部内容（如源代码、库文件、配置文件等）的正确版本。

② 基于第①步中选定的正确版本创建一个干净的构建专用工作空间。这里的"干净"意味着该工作空间中没有多余的文件/目录，不存在旧的中间文件，所有文件应该是只读的，不允许进行检出和修改。

③ 执行软件构建过程，并对软件构建过程进行审计。审计信息包括但不限于：软件构建的执行者，软件构建的执行时机，软件构建生成的可执行文件或库包含的内容，执行软件构建的机器，机器上运行的操作系统版本，执行软件构建使用的编译器，使用了编译器的选项等。

④ 对软件构建和审计过程中产生的导出文件进行版本控制。这一点很重要，正是这些导出文件构成了软件发布的重要组成部分。

⑤ 为业已受控的导出文件建立基线。

⑥ 生成软件发布介质。

8.6.1 软件构建

软件构建是使用适当的配置数据将软件配置项的正确版本组合到一个可执行程序中以交付给客户或其他接收者的活动（如测试活动）。它一般是指从源代码生产出安装包的过程。软件构建的输入通常是产品的全部源文件，可能还包括文档、数据等。而其输出一般是安装包。软件构建的一般步骤为：编译源代码；链接编译结果；产生可以运行的程序；把所有对客户有用的东西都打包等。

软件构建可以分为两类：一类为全量构建，一类为增量构建。全量构建是指从每个源文件的编译开始，不借助于以往软件构建中留下的已有的或可以重复使用的结果。全量构建的优势在于其具有正确性和准确性。通常，对于系统集成，所做的是全量构建。而增量构建是指尽可能利用上次软件构建的成果进行软件构建。相较于全量构建，增量构建能够很快完成。可以看出，增量构建是一种省时省力的软件构建方法。

两种方式都有各自的特点。对于全量构建，应该把注意力放在提高软件构建的速度上，因此，可以采取一些策略：使用自动化的软件构建技术；提高硬件性能；提高专一性，尽量减少在同一台服务器上同时运行的构建任务单元的数量；把构建任务分解，实现分布式构建。

对于软件构建的输出，有人提出可以将安装包放进版本库中，但这并不是一种合适的方法。因为安装包可能存在很多历史版本，需要定期清理，否则容易占用大量的磁盘空间。因此，应该将安装包保存在共享目录下，该目录可以在局域网中共享。除此之外，还要考虑适当的备份。

软件构建工具对于为给定目标环境选择合适版本，以及利用所选版本和适当的配置数据自动生成软件的过程是非常有用的。对于具有并行或分布式开发环境的项目，大多数软件工程环境都提供了这种功能。

此外,构建过程和产品经常受到软件质量验证。构建过程的输出可能成为质量保证记录作为参考。

8.6.2 软件发布

软件发布管理包括标识、打包和交付的元素,包括可执行程序、文档、发布说明和配置数据。它代表整个项目已结项。软件发布一般分为普通基线发布、产品基线发布和产品发布。

(1) 普通基线发布

普通基线包括:计划基线、需求基线、设计基线、编码基线、测试基线等。普通基线是由项目经理负责的。其发布步骤如下。

- 先由项目经理确认受影响的相关人员(如项目组成员、测试人员、配置管理员、质量保证工程师)。
- 配置管理员将最新的基线报告、配置项变更记录、版本控制表定期或由事件驱动发布给受影响的组和个人。
- 由项目经理确认受影响的组和个人都已收到最新的基线报告、配置项变更记录、版本控制表。
- 发布基线。

(2) 产品基线发布

产品基线与普通基线不同,产品基线是指产品对内发布,之后安装试点或进行 Beta 测试/用户测试。产品基线由研发部经理/总工程师负责,其发布的流程更为复杂。

- 先由项目经理提出产品基线发布申请,由研发部经理/总工程师确认受影响的相关人员(如项目组成员、测试人员、配置管理员、质量保证工程师、相关业务部门)。
- 配置管理员将最新的基线报告、配置项变更记录、版本控制表定期或由事件驱动发布给受影响的组和个人。
- 由项目经理确认受影响的组和个人都已收到最新的基线报告、配置项变更记录、版本控制表。
- 举行产品基线发布评审,由研发部经理/总工程师主持,评审通过之后,发布基线。

(3) 产品发布

产品发布是指产品的对外发布,它代表着整个项目已经结项。其发布流程如下。

- 发布前准备:项目经理负责填写版本控制表、产品发布申请表,并检查软件产品是否已通过测试,配置库是否经过审计,审计中发现的问题是否得到解决。
- 产品发布申请:将版本控制表、产品发布申请表及产品发布通知单提交研发部经理或总工程师审核签字。
- 发布产品。

产品发布包括内部发布和外部发布。内部发布是指由项目经理填写产品发布通知单以书面形式在所属部门发布产品,同时,配置管理员填写产品发布清单。外部发布是指各产品部配置管理员将母盘的安装目录、用户文档目录下的内容刻成光盘提交给用户并填写产品发布清单。

8.7 软件配置管理工具

根据软件配置管理工具提供的支持范围，配置管理工具可以分为以下三类。

（1）个人支持工具

个人支持工具对小型组织是适当并且充分的。这些小型组织没有自己的软件产品或其他复杂的软件配置管理需求的变化。这些工具一般包括如下工具。

- 版本控制工具：跟踪、记录和存储单独的软件配置项，如源代码和外部文档。
- 构建处理工具：以最简单的形式编译并链接软件的可执行版本。更高级的构建处理工具可从版本控制工具中提取最新版本，执行质量检查，运行回归测试，以及生成各种形式的报告等。
- 变更控制工具：主要支持软件变更请求和事件通知的控制（如软件变更请求状态变化）。

其中，版本控制工具分为开源版本控制工具和成熟的商业工具。开源版本控制工具有很多，比较常用的两个工具是 CVS 和 SVN。CVS（www.nongnu.org/cvs）是基于 RCS 的一个客户-服务器架构的版本控制工具，一直是免费版本控制工具的主要选择。而对于中小规模团队，SVN 是一个比较好的开源版本控制工具。SVN 的常用客户端工具为 TortoiseSVN。商业工具提供了比开源版本控制工具更多的，尤其是和软件配置管理有关的功能。IBM 公司的 Rational ClearCase 是一款重量级的软件配置管理软件，为大中型软件开发企业提供了版本控制、工作空间管理、平行开发支持及版本审计功能，可以为拥有上千名开发人员的大型项目提供全面配置管理支持。

（2）项目支持工具

项目支持工具主要用于开发团队和集成人员的工作区管理，通常支持分布式开发环境。这种工具适合具有软件产品变体和并行开发但没有认证要求的大中型组织使用。

（3）公司范围内的流程支持工具

公司范围内的流程支持工具通常可以使流程部分自动化，它提供工作流管理、角色和责任的支持；能够处理许多数据；通过支持更正式的开发过程（包括认证要求）来增加与项目相关的支持。

除上面提到的几个工具外，常用的软件配置管理工具还有 GIT、CM Synergy 等。

习题 8

1. 什么是配置管理？什么是软件配置管理？
2. 什么是基线？基线的作用是什么？
3. 如何获得软件配置项？
4. 什么是分支与合并？
5. 请简述版本控制过程。
6. 软件交付时需要提交的材料包括哪些？
7. 软件配置中的软件库有哪些？它们的关系是什么？

第 9 章 软件项目管理

管理是指通过详细周密的规划、监管和调整策略,以达到最优化的效果。软件项目管理更多的是指在软件工程领域对项目进行管理,因此也称为软件项目管理。它是使软件项目能够按照预定的成本、进度及质量顺利完成,而对人员、产品和资源进行分配和调整的过程,其目的是使整个软件工程始终处于管理者的控制之下,以在预定时间顺利交付高质量的产品给客户。

一般认为,软件工程管理属于项目管理的范畴,其基本方法和思想是相通的,但在具体方法和管理工具上存在不同。软件项目管理有一些自身独特的方法工具,这是由软件及其生命周期特征所决定的,并受到软件技术快速发展的影响。

软件项目管理可以概括为应用管理活动的规划、协调、监测、控制,其目标是确保软件产品和软件工程服务提供有效的报告,给干系人带来好处。相关的管理学科是所有知识领域(Knowledge Area,KA)的重要组成部分。但从某种意义上说,它比其他 KA 更为重要,应该像管理其他复杂的工作一样管理软件项目。

关于软件项目管理的广泛信息可在项目管理知识体指南(PMBOK 指南)和 PMBOK 指南软件扩展(SWX)中找到。

因为大多数软件开发生命周期模型都要求以过程为模型,所以本章内容是基于项目管理过程而组织的,章节结构如图 9-1 所示。具体按照项目管理过程对软件项目管理进行介绍:

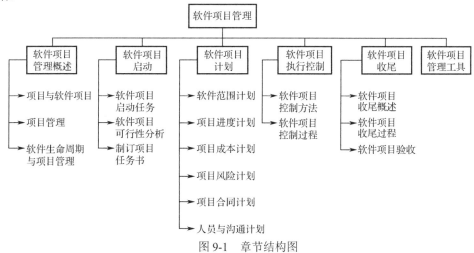

图 9-1 章节结构图

- 软件项目管理概述,介绍项目管理过程与软件项目生命周期的对应关系;
- 软件项目启动,制订项目章程并确定初步范围;
- 软件项目计划,制订项目管理计划,涉及范围、进度、成本、风险、合同和人员。
- 软件项目执行与控制,指导和管理项目的执行活动,监控项目执行并进行整体变更控制。

- 软件项目收尾，项目的收尾和结束。
- 软件项目管理工具，描述了管理软件工程项目的工具的选择和使用。

9.1 软件项目管理概述

9.1.1 项目与软件项目

1. 项目

在日常生活中，项目随处可见，例如，建造一座大楼，一个工厂，举办一次会议等都是项目。项目是指为了创造一个独特的产品或服务而进行的临时性的工作。其中，临时性是指项目与项目合同有明确的开始与截止日期，但临时性并不意味着项目所提交的产品或服务也是一次性的。此外，项目所面临的市场机遇是临时性的，项目组也往往是临时性的，当项目结束时，项目组也随之解散。独特的产品或服务是指项目所产生的产品或服务是独一无二的（包括合同的签订人、位置等方面的信息）。

项目的特征如下：
- 一次性与独特性；
- 目标的确定性与过程的不确定性；
- 活动的整体性与过程的渐进性；
- 项目组织的临时性和开放性；
- 对资源的依赖性；
- 结果的不可逆转性；
- 项目实施的周期性。

项目与日常运作有相似性，但二者也有区别。项目是以目标为导向的，而日常运作是通过效率和有效性体现的；项目是通过与项目经理及其团队工作完成的，而日常运作是职能式的线性管理；项目存在大量的变更管理，而日常运作则基本保持持续性和连贯性。

2. 软件项目

软件项目是项目的一种，除具备项目的特征之外，软件项目还具有以下特点：
- 软件是逻辑实体，不是具体的物理实体，具有抽象性；
- 软件的开发受计算机系统的限制，对硬件系统有不同程度的依赖；
- 软件具有复杂性特点，其开发成本昂贵，制约因素很多，包括工作范围、成本、进度计划和客户满意度等。

9.1.2 项目管理

管理是指通过与他人的共同努力，既有效率又有效果地把工作做好的过程。管理过程主要包括 5 个组成部分：与他人协作或寻求他人的帮助、实现组织目标、权衡效力和效果的关系、充分利用有限的资源、应对多变的环境。

项目管理是一种以项目为对象的系统管理方法，它伴随着项目的进行而进行，其目的是确保项目能够达到期望的结果。项目管理通过使用知识、技能、工具和方法来组织、计划、实施并监控项目，使之满足项目目标需求。

项目管理有四要素，包括工作范围、时间、质量、成本。对一个项目来说，当然最理想的情况就是"多、快、好、省"。"多"指工作范围大,"快"指时间短,"好"指质量高,"省"指成本低。但是,这四者之间是相互关联的,提高一个指标的同时会降低另一个指标,所以实际上这种理想的情况很难达到。因此,要通过项目管理尽量让这四要素达到平衡。

项目管理在软件开发中是很有必要的。现实中,软件项目会遇到各种问题,例如,需求不明确、变化比较多、工作量估计过低、团队成员职责划分不清、开发计划不充分等。

根据某公司的一项调查发现,只有37%的软件项目在计划时间内完成,42%的软件项目在预算内完成。在已实施的软件项目中,约80%都失败了,只有约20%是成功的;在这些失败的软件项目中,约80%是非技术因素导致的,只有约20%是技术因素导致的。在这里,非技术因素包括企业业务流程与组织结构的改造问题、企业领导的观念问题、企业员工的素质问题、项目管理问题等。在绝大多数情况下,软件项目的失败表现为费用超支和进度拖延。

因此,软件项目管理已经得到很多关注。如今,国际间的项目合作日益增多,国际化的专业活动日益频繁,软件项目管理专业信息已经实现国际共享。并且各种各样软件项目管理理论和方法的出现,促进了软件项目管理的多元化发展。软件项目管理知识体系也在不断发展和完善。

为叙述方便,下面正文中将软件项目简称为项目。

9.1.3 软件生命周期与项目管理

项目管理的基本内容在 PMBOK(Project Management Body Of Knowledge,项目管理知识体系)中有详细介绍,见《项目管理知识体系指南》一书。PMBOK 把项目管理划分为十大知识领域,即:项目整合管理、项目范围管理、项目时间管理、项目成本管理、项目质量管理、项目人力资源管理、项目沟通管理、项目风险管理、项目采购管理、项目干系人管理。PMBOK 指出,项目管理分为 5 个过程,包括:项目启动、项目计划、项目控制、项目执行和项目收尾。其中,计划、控制与执行是项目管理过程的核心。项目管理的 5 个过程如图 9-2 所示。

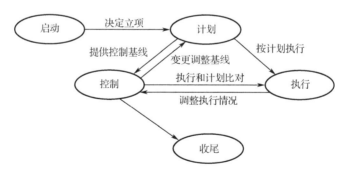

图 9-2 项目管理的 5 个过程

软件生命周期与项目管理存在一定的对应关系,如图 9-3 所示。软件生命周期说明如下。
- 需求分析阶段:确定软件的功能、性能、可靠性、接口标准等要求,根据功能要求进行数据流程分析,提出初步的系统逻辑模型,并据此修改项目实施计划。
- 软件设计阶段:这一阶段包括系统概要设计和详细设计。在概要设计中,要建立系统的整体结构,进行模块划分,根据要求确定接口。在详细设计中,要建立算法、数据结构和流程图。
- 编码阶段:把流程图翻译成程序,并对程序进行调试。

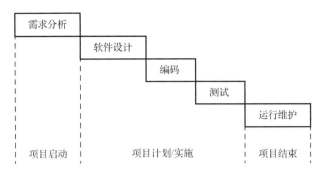

图 9-3 软件生命周期与项目管理的对应关系

- 测试阶段：通过单元测试，检验模块内部的结构和功能；通过集成测试，把模块连接成系统，重点寻找接口上可能存在的问题；确认测试，即按照需求的内容逐项进行测试；系统测试，就是在实际的使用环境中进行测试。单元测试和集成测试由开发者自己完成，确认测试和系统测试则由客户参与完成。
- 运行维护阶段：它一般包括三类工作，为了修改错误而做的改正性维护，为了适应环境变化而做的适应性维护，为了适应客户新的需求而做的完善性维护。有时会变为二次开发，进入一个新的生命周期，再从计划阶段开始。

9.2 软件项目启动

在项目管理中，项目启动阶段是最先开始的一个阶段，它是指组织正式开始一个项目或继续到项目的下一个阶段。对一个项目来说，最重要的部分应该是项目的启动阶段。项目只有启动了才能开始对项目进行管理。

9.2.1 软件项目启动任务

1．分析项目干系人

项目干系人又称为项目干系人，是指能影响项目决策、活动、结果的个人、群体或组织，以及会受到或自认为会受到项目决策、活动、结果影响的个人、群体或组织。项目干系人对项目的目的和结果会产生影响。项目管理团队必须识别出项目干系人，确定他们的需求和期望，分析和记录他们的相关信息。例如，联络信息、参与度、影响力及对项目成功与否的潜在影响。对于每个软件项目来说，不同的项目干系人，在项目运行过程中扮演不同的角色，持有不同的态度。如图 9-4 所示为项目干系人的一般包含范围。

2．项目立项

单位、组织或个人根据实际工作需要，提出项目立项的建议，经过充分的可行性论证，报请主管部门或领导审批后，确定立项。项目立项阶段完成的主要工作有：

- 立项建议书；
- 可行性分析报告；
- 确定项目任务书；
- 组建项目团队。

软件项目立项一般需要经过项目发起、项目论证、项目审核、项目立项 4 个阶段。

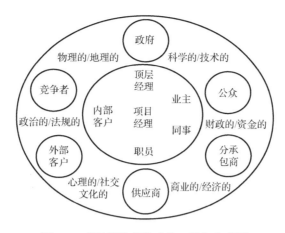

图 9-4 项目利益相关者的一般包含范围

（1）项目发起

项目发起人或单位为寻求他人的支持，将项目发起文件或项目建议书以书面材料的形式递交给项目支持者和领导，使其明白项目的必要性和可行性。

（2）项目论证

项目论证是指对拟实施项目在技术上的先进性、可行性，在经济上的承受力、合理性、可赢利性，在实施上的可能性、风险性，在使用上的可操作性、功效性等，进行全面科学的综合分析，为项目决策提供客观依据的一种技术、经济和理论研究的活动。通过对拟实施项目的可行性进行研究与分析，完成项目的论证过程。

（3）项目审核

项目经过论证且确认可行之后，还需要报告给主管领导或部门，以获得项目的进一步核准，同时获得他们的支持。

（4）项目立项

项目通过可行性分析，并获得主管领导或部门的批准后，将其列入项目计划的过程，称为项目立项。

具体立项流程如图 9-5 所示。

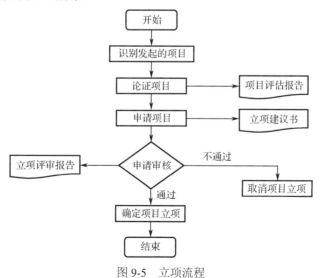

图 9-5 立项流程

3. 项目章程

项目章程是确认项目存在的文件，内容包括对项目的确认、对项目经理的授权和项目目标的概述等。项目章程的确立过程是：项目发起人识别项目，进行初步的项目定义；同时根据项目起源和项目定义，选择和聘用项目经理，确定项目目标；在此基础上，确定项目团队和需要的资源，制订项目章程。通过确定项目章程，使项目得到正式授权，明确项目经理，并对项目的完整性进行定义。

9.2.2 软件项目可行性分析

可行性分析是项目立项的关键环节，其目的是制订项目目标的明确描述，并评估替代方法。可行性分析的内容包括对现有系统的分析、对建议的新系统的描述、可选择的系统方案、投资和效益分析、社会因素方面的可行性、进度的合理安排，另外，可行性分析最终要得出结论：该项目是否值得开展？是否需要开展？如果开展，能够获得哪些效益？带来哪些好处？

1. 对现有系统的分析

现有系统是指单位或个人当前正在使用或曾经使用过的软件系统，这个系统可能是已有的计算机管理信息系统，也可能是人机交互的半自动化软件系统，甚至是手工操作的人工管理系统。

分析现有系统的目的是进一步阐明开发新系统或修改现有系统的必要性，其内容涉及现有系统的功能、性能、业务处理流程和数据流程、工作负荷、费用开支、人员、设备、局限性等。

2. 对建议的新系统的描述

说明建议的新系统的目标和要求将如何被满足。通过对现有系统中存在的问题进行分析，给出对新系统的体系结构、功能结构、过程模型、接口界面等的描述，说明新系统是能够满足现有业务及未来业务发展的需要，且不丢失现有工作数据的理想系统。

逐项说明新系统相对于现存系统的改进和具有的优越性，新系统预期将会带来的影响和效果，新系统可能存在的局限性，以及这些问题未能消除的原因。

3. 可选择的系统方案

说明曾考虑过的每种可选择的系统方案，包括需要开发的和可以直接从国内外购买的方案。可以通过制订技术路线，来选择项目的具体实施方案。

软件开发通常有三种解决方案：一是自主开发；二是完全外包；三是购买商用软件产品与自主开发相结合。

就我国目前的软件开发现状而言，第三种情况比较常见，其重要原因是商品化软件尚未形成完全客户化定制的理想模式。随着我国软件产业的发展，社会分工的逐渐细化，第二种解决方案将会成为我国软件项目开展的主流模式。

4. 投资和效益分析

对于所选择的系统方案进行项目资金的预算，分析性能价格比，包括：基本建设投资、其他一次性支出、非一次性支出。如果已有现存系统，则还应包括该系统继续运行期间所需的费用。对于所选择的系统方案要阐明能够带来的收益，说明能够获得的一次性收益、非一次性收益、不可定量的收益、整个系统生命周期的收益/投资比值、收益的累计数开始超过支出的累计数的时间、敏感性分析等。

5. 社会因素方面的可行性

用来说明来自社会因素方面的可行性分析，包括法律方面的可行性分析和使用方面的可行性分析。法律方面的可行性分析涉及的问题很多，如合同责任、专利权、版权等。使用方面的可行性分析可以从客户单位的行政管理、工作制度等方面来看是否能够使用新系统。此外，还可以从客户单位工作人员的素质来看其是否具备使用新系统的能力。

6. 进度的合理安排

项目开发包括从项目启动到系统试运行再到系统验收交付的全过程。如果进度安排不当，将直接影响项目的潜在赢利和应用效果。进度的合理性安排与多方面因素有关，如财务经费是否满足各个阶段的使用，人力、设备等资源的合理化配置等，因此项目进度计划是项目管理过程中非常重要的一环。

7. 项目可行性分析的结论

可行性分析的结果必须是一个明确结论，不得有二义性。其结论可以是：
- 项目可以立即启动；
- 项目需要推迟到某些条件（如资金、人力、设备等）具备或成熟之后才能启动；
- 项目需要对开发目标进行某些修改之后才能启动；
- 项目不能实施或不必实施（如技术不成熟、经济上不合算等）。

总之，可行性分析需要考虑技术、资源、财力和社会/政治因素的制约，决定拟议项目是否为最佳备选方案。应准备初始项目和产品范围说明、项目可交付成果、项目持续时间限制，并对所需资源进行估算。其中，资源包括足够数量的人，以及他们拥有的技能、设施和支持（无论是内部的还是外部的）。此外，可行性分析往往还需要根据适当的方法估算工作量（进度）和成本（见9.3.2节和9.3.3节）。

9.2.3 制订项目任务书

在项目实施开始前，项目任务书由客户方和项目方共同制订，是整个开发工作的基础和依据。它所包含的两个重要内容是：项目目标和项目范围。

1. 项目目标

项目目标就是实施项目所要达到的预期的目的。项目目标一般由项目发起人来确定。对项目目标的描述是一项非常重要的内容。对项目目标的正确理解和正确定义是项目成败的关键。

项目目标的描述必须明确、具体，尽量使用量化语言，保证项目目标能被相关人员理解。项目目标的确定通常涉及以下5个方面。
- 工作范围：界定项目的工作范围、内容和要求等边界。

- 进度计划：说明实施项目的周期、开始及完成时间。
- 资金预算：说明完成项目的总费用及资金计划。
- 质量指标：说明采用的技术手段和项目实施需要达到的各项技术指标。
- 交付成果。

2．项目范围

项目范围是指为了成功实现项目目标而要完成的全部工作，也就是为项目划定一个界限，确定哪些工作是项目应该做的，哪些不应该包括在项目范围之内。确定项目范围有以下优势：

- 可提高费用、时间和资源估算的准确性。项目范围被清楚定义后，项目具体工作的内容就已明确，这就为项目所需的费用、时间、资源的估算打下了基础。
- 确定进度测量和控制的基准。项目范围是项目计划的基础，项目范围的确定为项目进度计划和控制确定了基准。
- 有助于清楚地分派任务。项目范围的确定也就确定了项目的具体工作任务，为进一步细致分派任务奠定了基础。

正确地确定项目范围非常重要，如果项目范围界定模糊，有可能造成最终项目实施费用的增加。

项目范围定义完成后，应当有下列结果。

（1）范围说明书

范围说明书能够帮助项目的干系人就项目范围达成共识，为项目实施提供基础。包括以下内容：

- 项目合理性说明。说明为什么要进行本项目。
- 项目成果的简要描述。确定项目成功所必须满足的数量标准，通常包括费用、时间进度和技术性能等，并且尽量量化标准。
- 项目可交付成果，即产品清单。
- 项目目标的可实现程度。
- 辅助性细节。包括与项目有关的假设条件及制约因素的陈述。

（2）范围管理计划

范围管理计划包括以下内容：

- 说明如何管理项目范围，以及如何将变更纳入项目范围之内。
- 评价项目范围稳定性，即项目范围变化的可能性、频率和幅度。
- 说明如何识别范围变更，以及如何对其进行分类。

9.3 软件项目计划

项目计划是项目组织根据项目目标，对项目实施过程中进行的各种活动所做的详尽安排。

项目计划将确定项目中包含的工作任务数量，安排各项任务的时间进度，制订完成任务所需的资源及费用计划，以保证项目能够在合理的工期内、用尽可能低的成本和尽可能高的质量完成。

项目计划涉及实施项目的各个环节，是有条不紊开展软件活动的基础，是跟踪、监督、评审计划执行情况的依据。由于项目管理是一个带有创造性的过程，在项目早期计划中存在许多的不确定性,因而项目计划不可能一开始就全部完成,必须逐步展开和不断修正。

软件项目计划的主要内容包括:软件范围计划、项目进度计划、项目成本计划、项目风险计划、项目合同计划、人员与沟通计划、软件质量计划(见第 10 章)、软件配置管理计划(见第 8 章)。

9.3.1 软件范围计划

软件范围包括两方面的内容:一是产品范围,即产品或服务所包含的特征或功能;二是项目范围,即交付具有规定特征和功能的产品所必须完成的工作。软件范围计划是围绕着即将产生的软件产品(也称之为软件系统)的需要而开展的,是项目工作(项目范围)的细化过程。它包括两方面的内容:一是项目范围说明;二是范围管理计划。

项目范围说明中至少要说明项目论证、项目产品、项目可交付成果和项目目标。项目论证指出客户方的既定目标,要为估算未来的得失提供依据;项目产品是对产品简要的说明;项目可交付成果要列出一个交付产品清单,一个软件开发项目的主要可交付成果可能包括程序代码、操作及维护手册、人机交互学习程序等;项目目标要考虑项目的成功性,至少要包括成本、进度表和质量检测等。

范围管理计划描述项目范围如何进行管理、项目范围怎样变化才能与项目要求相一致等问题,也应该包括对项目范围预期的稳定状况而进行的评估(如怎样变化、变化频率、如何及变化了多少),还应该包括对变化范围怎样确定,变化应归为哪一类等问题的清楚描述。

9.3.2 项目进度计划

进度是对执行的活动和里程碑制订的工作计划日期表。任务是确定为完成项目的各个交付成果所必须进行的诸项具体活动。项目各项活动之间存在相互联系与相互依赖的关系,应根据这些关系安排任务之间的顺序:在前面的活动称为前置任务,其后的称为后置任务。

项目进度计划体现的是在项目中每个任务的具体实现者与实现时间。一般需要经过分析项目结构、分解项目工作、确定责任分配矩阵、编制项目进度计划 4 个步骤。

1. 分析项目结构

分析项目结构就是将项目按系统规则和要求分解成相互独立、相互影响的项目单元,将它们作为对项目进行设计、计划、责任分解、成本核算和实施控制等一系列项目管理工作的对象。

分析项目结构主要包括以下三方面的工作。
- 项目结构的分解:按系统规则将一个项目分解开来,形成不同层次的项目单元。
- 项目单元的定义:将项目的整体工作分解为相互关联的工作任务后,还需要对项目各工作任务的具体内容进行详细的描述,以便开发人员在项目实施过程中能够清楚地了解各工作任务的内容。
- 项目单元之间逻辑关系的分析:将全部项目单元组织成一个有机的项目整体。

2. 分解项目工作

分解项目工作的基本思路是:以项目的目标体系为主导,以项目的技术系统说明为依据,由上而下,由粗到细地进行。

对项目工作的分解通常按照工作分解结构（Work Breakdown Structure，WBS）的原理进行，形成典型的项目结构图，如图 9-6 所示。将项目按照其内在结构或实施的顺序进行逐层分解，从而形成结构图。它可以将整个项目分解成相对独立、内容单一、易于成本核算与检查的项目单元，并把各项目单元在项目中的地位与结构直观地表示出来。

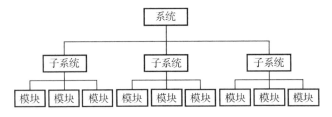

图 9-6　典型的项目结构图

项目结构图是软件项目开展过程中，为完成最终软件产品所进行的全部活动的清单，是编制项目进度计划，进行人员分配，制订预算计划的基础。项目结构图也可用表格的形式表示，称为项目结构分析表，如表 9-1 所示。

表 9-1　项目结构分析表

WBS 编码	工作名称	工作代号	前期工作	后续工作	持续时间/天	责任人
100	外包软件项目	A	…	…	…	张三
110	项目立项	B	…	……	…	李四
…	……	…	…	……	…	……

此外，在进行项目分解，绘制项目结构图时还应注意以下问题：
- 应在各层次上保持项目内容的完整性，不能遗漏任何必要的组成部分；
- 一个项目单元只能从属于某一个上层单元，不能同时交叉从属于两个上层单元；
- 相同层次的项目单元应具有相同的性质；
- 各个项目单元应能区分不同的责任者和不同的工作内容；
- 分解出的项目结构应具有一定的弹性，它能够方便地扩展项目范围、内容和变更项目结构。

3．确认责任分配矩阵

责任分配矩阵是一种将所分解的工作任务落实到项目有关部门和个人，并明确表示出他们在组织工作中的关系、责任和地位的一种方法。责任分配矩阵见表 9-2，矩阵中用不同的符号表示项目工作人员在每个工作单元中的角色或责任。

表 9-2　以符号表示的责任分配矩阵

	张三	李四	王宏	陈可	徐佳	张宁
项目立项	▲	○		○		
项目启动	▲	○		○		
需求分析			○	▲		○
设计	○	▲			○	
编码		○	▲	○	○	

续表

	张　三	李　四	王　宏	陈　可	徐　佳	张　宁
测试		○	○		▲	
验收	▲			○		○

注：▲负责　○辅助

4．编制项目进度计划

通过分析项目结构、分解项目工作及确定责任分配矩阵三个步骤，已将一个复杂的项目分解为一系列相对简单、比较容易管理的子项目。也就是说，一个项目由若干个子任务和活动组成，这些任务和活动在时间上具有一定的先后顺序关系（称为逻辑关系）。项目进度计划需要完成的工作包括：

- 估计每个活动的工期；
- 确定整个项目的预计开始时间和要求完成时间；
- 每个子任务和活动必须开始和完成的最早时间，以及必须开始和完成的最迟时间；
- 确定项目活动的关键路径。

在这 4 项工作中，最基本、最核心的工作是估计每个活动的工期。

项目的工期和预算估计可采用两种办法：

一种为自上而下的方法，即在项目建设总时间和总成本之内，按照每个工作阶段的相关工作范围来进行考察，按项目总时间和总成本的一定比例分摊到各个工作阶段中；另一种为自下而上的方法，由每个工作阶段的具体负责人进行工期和预算估计，然后进行平衡和调整。

在编制项目进度计划时，为了清楚地表达各个子任务之间进度的相互依赖关系，通常采用图示的方法。一般采用的项目进度计划表示工具有：甘特图和网络图。在这些图示方法中，必须明确表明以下项目信息：

- 各个子任务计划的开始时间和完成时间。
- 各个子任务完成的标志。
- 各个子任务与工作人数，各个子任务与工作量之间的关系。
- 完成各个子任务所需的资源情况。

（1）甘特图

甘特图又称线形图或横道图，主要用于项目进度和项目计划的安排。甘特图是一个二维平面图，横维表示进度或活动的时间，纵维表示工作内容。图 9-7 给出一个简单的示例。

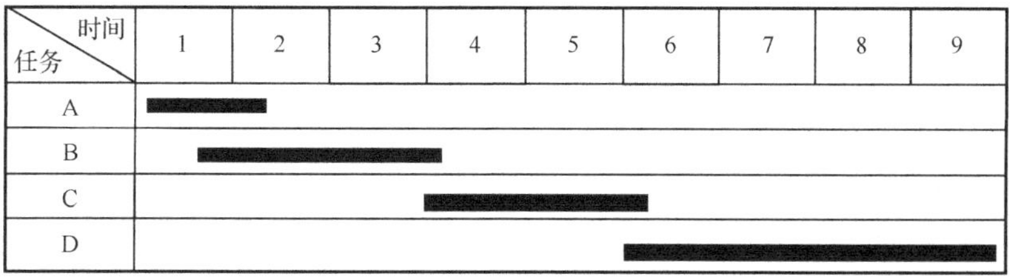

时间 任务	1	2	3	4	5	6	7	8	9
A	■■								
B		■■■							
C				■■■					
D						■■■■			

图 9-7　甘特图示例

图 9-7 中，横线显示了每个任务的开始时间和完成时间，横线的长度表示该任务的持续时间。甘特图的优点是，标明了各个任务的计划进度与当前进度，能够动态地反应软件开发进展情况。缺点是，甘特图难以反应多个任务之间存在的复杂逻辑关系。

（2）网络图

网络图是利用网络计划技术生成的项目进度计划图，在项目计划、进度安排和项目控制中经常使用。网络计划通常由两大部分组成：网络图和网络参数。网络图是用来表示工作流程的有向、有序的网状图形，由箭线和节点组成；网络参数是根据项目中各项工作的延续时间和网络图所计算出的工作、节点、线路等要素的时间参数。

按照网络结构的不同，可以把网络计划分为双代号网络和单代号网络。

双代号网络（Activity-On-Arrow Network，AOA）是一种用箭线表示工作，用节点表示工作相互关系（既表示前一个工作的结束，也表示后一个工作的开始）的网络图，如图 9-8 所示。

单代号网络（Activity-On-Node Network，AON）是一种用箭线表示工作相互关系，用节点表示工作的网络图，如图 9-9 所示。

图 9-8 双代号网络　　　　　　　　图 9-9 单代号网络

最早开始时间是指某个节点前的工作全部完成所需要的时间，它是本工作刚刚能够开始的时间。最迟开始时间是指某工作为保证其后续工作按时开始，它最迟必须开始的时间。总时差是指在不影响工期的前提下，本工作可以利用的机动时间。自由时差是在不影响紧后工作最早开始的前提下，本工作可以利用的机动时间。相关计算方法如下：

最早开始时间是网络中任意一个工作的最早开始时间，等于它的紧前工作的最早开始时间加上该紧前工作的作业时间之和，若紧前工作有多个，则取时间之和中最大的一个。

最早结束时间是一项工作的最早结束时间，是它的最早开始时间加上该工作的作业时间。

最迟结束时间的计算顺序是从终点向始点倒推。在计算过程中可能遇到以下两种情况：
● 与终点相接的工作的最迟结束时间等于这些工作的最早结束时间中最大的一个；
● 网络中任意一个工作的最迟结束时间，等于它的紧后工作的最迟结束时间减去该紧后工作的作业时间所得的差，若紧后工作有多个，则取时间之差最小的一个。

工作的最迟开始时间等于该工作的最迟结束时间减去该工作的作业时间。工作总时差等于该工作的最迟结束时间减去最早开始时间再减去作业时间，或者最迟结束时间减去最早结束时间。自由时差等于下一任务的最早开始时间减去该任务的最早结束时间，若其后工作有多个，则取最早开始时间最小的。

常见的网络计划技术有两种：关键路径法（Critical Path Method，CPM）和计划评审技术（Program Evaluation and Review Technique，PERT）。

CPM 以经验数据为基础来确定各个工作的时间，被称为肯定型网络计划技术，它以缩短时间，提高投资效益为目的。PERT 则把各个工作的时间作为随机变量来进行处理，被称为非肯定型网络计划技术,它能指出缩短时间,节约费用的关键所在。

项目建设过程中不可预见的因素较多,如新技术、需求变化、到货延迟,以及政策指令性影响等,因此,整体项目进度计划与控制大多采用非肯定型网络计划技术,即 PERT。

(3) 网络图应用举例

以一个简单的管理信息系统的项目进度计划编制为例:该系统开发的工期是 100~125 天,在软件正式验收前需要试运行 20 天以上,并根据试运行情况进行适当修改。将该工作分解得到的项目结构图,如图 9-10 所示。

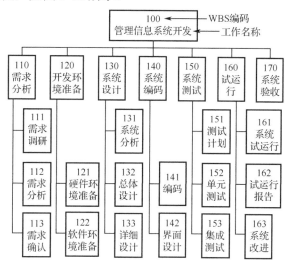

图 9-10 项目结构图

由图 9-10 中得出的项目结构分析表,如表 9-3 所示。

表 9-3 项目结构分析表

WBS 编码	工作名称	工作代号	前期工作	后续工作	持续时间/天	负责人
111	需求调研	A		112	10	
112	需求分析	B	111	113	5	
113	需求确认	C	112	121,131	5	
121	硬件环境准备	D	113	122	2	
122	软件环境准备	E	121	141	3	
131	系统分析	F	113	132	10	
132	总体设计	G	131	133	8	
133	详细设计	H	132	141	12	
141	编码	I	122,133	151	20	
142	界面设计	J	133	151	8	
151	测试设计	K	142	152	5	
152	单元测试	L	151	153	10	
153	集成测试	M	152	161	8	
161	系统试运行	N	153	162	15	
162	试运行报告	P	161	163	2	
163	系统改进	Q	162	170	5	
170	系统验收	R	163		5	

根据表 9-3 中的信息，以及前面提到的计算公式，可得到该项目所对应的网络图，如图 9-11 所示。

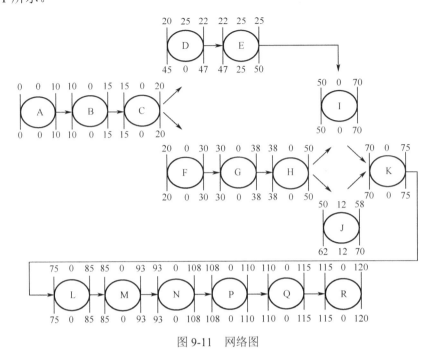

图 9-11 网络图

完成了一个项目进度计划的初始方案后，可能存在许多问题或不足。要使项目进度实现工期短、质量优、成本低的目标，就必须对初始计划进行调整和优化。

为了实现对项目进度计划的优化和控制，就必须找到项目网络图中的关键路径。在项目网络图上总时差为 0 的路径称为关键路径。如果希望缩短项目工期，只有采取措施减少关键路径上任务的工期才有效。

9.3.3 项目成本计划

项目成本估算涉及以下三个方面的内容。

① 项目规模的估算。项目规模的估算可以依据软件的功能点、特征点、代码行等进行。为了便于估计项目的规模，需要将软件开发工作分解到满足估计对象所需要的粒度。

② 项目工作量的估算。为了使软件开发能够在规定的时间内完成，且费用不超过预算，对工作量的估算、管理和控制成为关键。在实际项目实施过程中，影响工作量的因素有很多，这些因素都会增加估算的难度。

③ 项目实施所需资源的估算。项目实施所需的资源包括人力资源、硬件资源、软件资源等。进行资源估算时需要对每种资源的有效性、开始时间和持续时间等进行说明。

项目成本估算中，经常采用经验公式来预测项目所需要的成本、工作量和进度。由于支持大多数估算模型的经验数据都是从有限的一些样本中得到的，因此，没有一种模型能够适应于所有的软件类型和开发环境。在实际工作过程中，项目经理可根据项目的具体情况，选择合适的估算方法。

1. 标准值估算法

该方法主要使用各类程序的标准生产率来估计总工作量。标准生产率是根据以往的开发经验导出的。影响软件开发生产率的主要因素有：
- 系统运行结构和处理方式，软件开发类型。
- 所采用的软/硬件开发环境和编码使用的程序语言。
- 系统实现的难易程度。
- 聘用技术人员的水平和成本。
- 开发范围和内容，软件规模与工作量大小。

除开发范围和内容之外，软件开发类型在开发过程中对成本的影响最大，所以在估算前首先要确定软件开发类型，然后根据该开发类型的经验值估计程序的规模。可以根据以往经验估算出该程序的最小规模（A），最大规模（B）和最可能的规模（M），分别求出这三种规模的平均值$\overline{A}$、$\overline{B}$、$\overline{M}$，再使用下式计算程序规模的估算值：

$$程序规模的估算值 = (\overline{A} + 4\overline{M} + \overline{B})/6$$

然后使用该类程序的标准生产率和适当的修正系数估算开发工作量：

$$开发工作量 = 修正系数 \times (程序规模的估算值/标准生产率)$$

式中，标准生产率的单位通常是每人日可以开发的程序长度（代码行数）。修正系数反映了其他因素对开发工作量的影响。例如，当包含整个软件生命周期时，修正系数的计算公式如下：

$$修正系数 = 1 + 0.1 \times N$$

式中，N为符合以下4个方面条件的量化因子，每当符合其中一个条件时，N的值就加1。

（1）目标系统方面
- 修改文档不完全的程序；
- 需求中有不明确的或尚未决定的内容；
- 系统规模较大；
- 开发带有试探性质；
- 系统接口不明确或接口复杂；
- 联机实时系统（测试困难）；
- 系统需要复杂的安全措施。

（2）项目管理和人员情况
- 中途更换项目经理；
- 项目组工作不协调；
- 项目组中新手或初级人员占比较高；
- 需要培训程序员；
- 项目经理的项目管理能力不足；
- 项目经理没有应用领域经验；
- 系统分析员没有应用领域经验；
- 系统设计人员没有应用领域经验；
- 程序员没有应用领域经验；
- 项目启动阶段准备工作不充分。

（3）客户情况
- 客户计算机知识缺乏；
- 系统需要在不同场合使用；
- 系统需要满足使用部门的要求；

- 使用部门不同意开发计划；
- 在开发过程中发生了客户需求变更；
- 使用部门负责人变动；
- 使用部门提供的测试数据不具备代表性。

(4) 开发环境方面
- 系统平台的功能不足；
- 工作场所分散；
- 计算机硬件性能不佳；
- 不能充分保障计算机的使用时间；
- 工作中途停止。

2. Putnam 模型估算法

Putnam 模型是一种动态多变量模型，它是 Putnam 在美国计算机系统指挥中心资助下，通过对 50 个较大规模的软件系统的花费估算进行研究，提出的一种成本估算模型。它假设在软件开发的整个生命周期中，人力需求和时间的关系满足 Rayleigh 曲线。典型的 Rayleigh 曲线如图 9-12 所示。在此基础上，大型项目的工作量分布情况如图 9-13 所示。

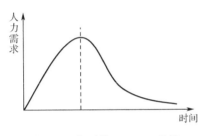

图 9-12 典型的 Rayleigh 曲线

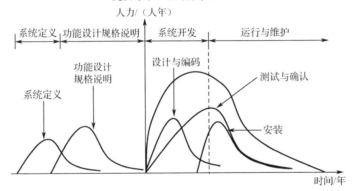

图 9-13 大型项目的工作量分布情况

因此，可推导出 Putnam 模型：

$$L = C_k \times K^{1/3} \times T_d^{4/3}$$

式中，L 是源代码行数，K 是开发工作量（以人年为单位），T_d 是开发需要的时间（以年为单位），C_k 是技术水平常数，反映总体的开发成熟度、项目管理水平、开发环境、项目组的技术经验等。它的典型值如下：对于差的开发环境，C_k=2500；对于好的开发环境，C_k=10000；对于优越的开发环境，C_k=12500。从上式可以得到软件开发工作量的计算公式如下：

$$K = L^3 \times C_k^{-3} \times T_d^{-4}$$

3. COCOMO 模型

该模型是 Boehm 提出的结构型成本估算模型。在该模型中，软件开发工作量表示为应该开发的代码行数的非线性函数：

$$M = C_1 \times \text{KLOC}^a \times \prod_{i=1}^{15} f_i$$

式中，M 是开发工作量（以人月为单位），C_1 是模型系数，KLOC 是估计的代码行数（以千行为单位），a 是模型指数，f_i（$i=1,2,\cdots,15$）是成本因素。

成本因素可划分为 4 种主要类型：产品因素、硬件因素、人员因素和项目因素，共有 15 种成本因素。每种因素根据重要性和价值，其取值可分为很低、低、正常、高、很高、超高共 6 个等级。根据这个取值，可从 Boehm 提供的表中确定成本因素 f_i，见表 9-4。所有成本因素的乘积就是工作量调整因子。

表 9-4 15 种成本因素

	成本因素 f_i	很 低	低	正 常	高	很 高	超 高
产品因素	软件可靠性	0.75	0.88	1.00	1.15	1.40	
	数据库规模		0.94	1.00	1.08	1.16	
	产品复杂性	0.70	0.85	1.00	1.15	1.30	1.65
硬件因素	执行时间限制			1.00	1.11	1.30	1.66
	存储限制			1.00	1.06	1.21	1.56
	环境变更率		0.87	1.00	1.15	1.30	
	环境周转时间		0.87	1.00	1.07	1.15	
人员因素	分析员能力		1.46	1.00	0.86	0.71	
	应用领域实际经验	1.29	1.13	1.00	0.91	0.82	
	程序员能力	1.42	1.17	1.00	0.86	0.70	
	环境知识	1.21	1.10	1.00	0.90		
	语言知识	1.41	1.07	1.00	0.95		
项目因素	现代程序设计技术	1.24	1.10	1.00	0.91	0.82	
	软件工具使用	1.24	1.10	1.00	0.91	0.83	
	开发进度限制	1.23	1.08	1.00	1.04	1.10	

COCOMO 模型是层次模型，按详细程度分为三级：基本 COCOMO 模型、中级 COCOMO 模型和高级 COCOMO 模型。上述公式中的 C_1 和 a 的取值随模型级别（基本、中级和高级）和开发模式（组织式、嵌入式和半独立式）的不同而不同。三种开发模式在基本和中级 COCOMO 模型中的取值分别见表 9-5 和表 9-6。

表 9-5 三种开发模式在基本 COCOMO 模型中的取值

开 发 模 式	C_1	a
组织式	2.4	1.05
半独立式	3.0	1.12
嵌入式	3.6	1.20

表 9-6　三种开发模式在中级 COCOMO 模型中的取值

开发模式	C_1	a
组织式	3.2	1.05
半独立式	3.0	1.12
嵌入式	2.8	1.20

基本 COCOMO 模型是一种静态单变量模型，它以估计的代码行数 KLOC 为自变量来计算软件开发工作量，此时 $\prod_{i=1}^{15} f_i = 1$。中级 COCOMO 模型在以 KLOC 作为自变量来计算软件开发工作量的基础上，考虑了涉及产品、硬件、人员、项目等方面的影响因素。因此，使用成本因素来调整工作量的估算结果。高级 COCOMO 模型包括了中级 COCOMO 模型的所有特性，并结合成本因素对软件开发过程中每个步骤的影响进行评估。

在 COCOMO 模型中，软件开发模式分为三类：组织式、嵌入式、半独立式。三种开发模式的比较见表 9-7。

表 9-7　三种开发模式的比较

特性	开发模式		
	组织式	半组织式	嵌入式
产品目标的理解	充分	很多	一般
有关工作经验	丰富	很多	适中
对需求一致性的要求	基本	很多	充分
对外部接口说明一致性的要求	基本	很多	充分
有关新硬件和操作系统的并行开发	若干	适中	大范围
对创新的数据结构、算法的需求	最低	若干	很多
提前完成时的奖金	低	适中	高
产品测试范围	小于 50KDSI[①]	小于 300KDSI	所有规模
应用实例	分批数据处理系统 简单库存、生产管理系统 普通操作系统	事务处理系统 简单指令控制系统 新操作系统	复杂事务处理系统 超大型操作系统 宇航控制系统

①：1KDSI＝1000DSI（DSI 表示源指令条数）。

（1）组织式

组织式软件是规模相对较小、较简单的软件项目。对此类软件的开发要求通常不会太苛刻。开发人员经验丰富，对软件开发目标理解充分，对软件使用环境很熟悉（通常是为自己组织开发），受硬件的约束较小，程序规模一般不超过 5 万行代码。

（2）嵌入式

嵌入式软件需要在很强的约束条件下运行，通常要求在紧密联系的硬件、软件和操作的限制条件下运行。因此，对接口、数据结构、算法等的要求较高，软件规模任意。例如，大而复杂的事务处理系统、大型/超大型操作系统、航天用控制系统、大型指挥系统等都属于此类。

（3）半独立式

对这类软件的要求介于上述两类软件之间，但软件规模和复杂性都属于中等以上，代码最多可达 30 万行。

4．类比估算法（自上而下估算法）

类比估算法从项目的整体出发，进行类推，即估算人员根据以往完成类似项目所消耗的总成本来推算将要开发项目的总成本，然后按比例将它分配到各个开发任务单元中。这是一种自上而下的估算形式，通常在项目的初期或信息不足时使用。它的特点是简单易行、花费少，但准确性相对较差。

5．参数估算法

参数估算法是一种运用历史数据和其他变量（如施工中的每平方米造价，软件编程中的编码行数，软件项目估算中的功能点方法等）之间的统计关系来计算活动资源成本的估算技术。这种估算技术的准确度取决于模型的复杂性及其涉及的资源数量和成本数据。与成本估算相关的例子是将工作的计划数量与单位数量的历史成本相乘得到估算成本。

6．自下而上估算法

该估算法利用任务分解结构图，对各具体工作进行详细的成本估算，然后将结果累加起来得出项目总成本。它的特点是准确性较好，但非常费时费力。

7．估算方法的综合利用

进行软件规模成本估算时，会根据不同的时期、不同的状况，采用不同的方法。

① 项目初期，尤其合同阶段，项目的需求不是很明确，而且需要尽快得出估算的结果，可以采用类比估算法。

② 需求确定之后，开始规划项目的时候，可以采用自下而上估算法或者参数估算法。

③ 随着项目的进展，项目经理根据项目经验的不断积累，会综合一个实用的评估方法。

目前，软件项目中常用的一种软件成本估算方法是自下而上估算法和参数估算法的结合模型。其步骤如下。

a）工作分解（WBS）

对项目工作进行分解，并对分解的工作任务进行编号（WBS 编码），例如，分解之后共有 n 个工作任务：$1,2,\cdots,i,\cdots,n$。

b）规模估算

估算分解后的每个工作任务 i 的规模（单位一般是人月），可以采用如下方法之一：

- 估算工作任务 i 工作量的最大值 A_i、最小值 B_i、最可能值 M_i，则工作任务 i 的规模估算为：

$$Q_i=(A_i+4M_i+B_i)/6$$

- 估算工作任务 i 工作量的最可能值 M_i，则工作任务 i 规模估算 $Q_i=M_i$。

c）估算直接成本

估算每个工作任务 i 的成本 E_i：

$$E_i=Q_i\times 人力成本参数$$

例如，一个项目的规模是 3 人月，企业的人力成本参数为 2 万元／人月，则这个项目的直接成本是 6 万元。

如果工作任务 E_i 的价值是固定的，就不用先计算工作量 Q_i，而是直接给出成本 E_i。直接成本是与本项目直接相关的成本，归属于这个项目本身。直接成本计算方法如下：

$$直接成本=E_1+E_2+\cdots+E_i+\cdots+E_n$$

直接成本包括开发成本、管理成本、质量成本等。如果工作分解中不包括质量、管理等任务，只对开发任务进行分解，这时可采用简易估算方法估算管理、质量工作量（单位为人月）。

例如，如果 Scale(Dev) 是开发工作量规模，则管理、质量工作量的规模 Scale(Mgn) 为：

$$Scale(Mgn)=a\times Scale(Dev)$$

式中，a 是比例系数，可以根据企业的具体情况而定，一般在 20%～25% 之间。

d）估算间接成本

间接成本是指直接成本之外的成本，例如，企业的日常开销、行政管理费用、员工福利、培训、预防性维护费用等。间接成本可以根据企业的具体成本模型计算得出。如果企业没有成熟的成本模型，可以采用简易的方法进行计算，例如：

$$间接成本=直接成本\times间接成本系数$$

式中，间接成本系数可根据企业的具体情况而定。

e）项目总估算成本

$$总估算成本=直接成本+间接成本$$

f）项目报价

$$项目报价=总估算成本+风险利润$$

9.3.4 项目风险计划

项目在进行中会遇到各种问题，例如，需求不断变换、人员流动、技术失败和政策变化等，这些都会产生软件风险，因此，我们要对风险进行管理，制订合理的风险计划。

风险是指在一定条件下和一定时期内可能发生的各种结果的变化程度。狭义的风险是指"可能失去的东西或者可能受到的伤害"，即在从事任何活动时可能面临的损失。广义的风险则强调风险的不确定性使得在给定的情况和特定的时间下所从事活动的结果产生很大的差异。差异性越大，风险也越大，所面临的损失或收益都可能很大，即风险带来的不都是损失，也可能存在机会。

如果从预测角度来看，风险能够分为以下三类：已知风险、可预测风险和不可预测风险。已知风险是指通过仔细评估项目计划、开发项目的经济和技术环境，以及其他可靠的信息来源之后可以发现的那些风险，例如，不现实的交付时间、没有需求或软件范围文档、恶劣的开发环境等。可预测的风险是指能够从过去项目的经验中推测出来的风险，例如，人员变动、与客户之间无法沟通等。不可预测风险是指可能但很难事先识别出来的风险，如地震等。

如果从范围角度来看，风险一般包括：商业风险、管理风险、人员风险、技术风险、开发环境风险、客户风险、过程风险、产品规模风险等。

风险管理不仅应在项目开始时进行，还应在整个项目生命周期中定期进行。它需要识别风险因素，分析每个风险因素发生的概率和潜在影响，确定风险因素的优先级，制订风险缓解策略以降低其发生概率，并在风险因素成为问题时将负面影响降至最低。风险管理中重要的活动包括：风险识别、风险评估、风险规划和风险控制，其管理过程如图 9-14 所示。

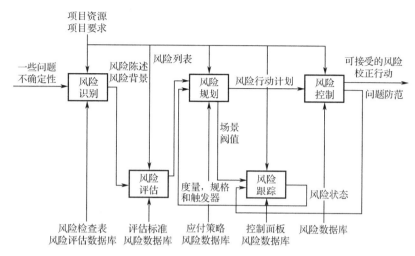

图 9-14 风险管理过程

1．风险识别

风险识别就是试图通过系统化地确定对项目计划的威胁，识别已知和可预测的风险，其过程是将不确定性转变为明确的风险陈述。风险识别包括：识别并确定项目有哪些潜在的风险、识别引起这些风险的主要影响因素和可能引起的后果。可以运用风险识别的方法找出项目中的风险，包括德尔菲方法、头脑风暴法、情景分析法和利用风险条目检查表等。

2．风险评估

风险评估是对风险发生的概率、风险影响的评估，然后给出项目风险排序。也就是说，风险评估包括分析和确认优先次序两个阶段。首先，要分析确定出风险概率（P），风险影响（I）和风险值 $R=f(P,I)$。之后，按风险值排序，确定出最需要关注的 TOP10 风险。

风险概率仅包含 0（没有可能）和 1（确定）两个值，但对风险概率的度量有几种不同的标准：高、中、低；极高、高、中、低、极低；不可能，不一定，可能和极可能等。对风险影响的度量也包括几种不同的标准：高、中、低；极高、高、中、低、极低；灾难、严重、轻微、可忽略等。P,I 对 R 的影响见表 9-8。

表 9-8 P,I 对 R 的影响

\multicolumn{2}{c}{R}	P		
		Low	Medium	High
I	High	L	H	H
	Medium	L	H	H
	Low	L	M	M

有时可以使用风险评估方法（如专家判断、历史数据、决策树和过程模拟）来识别和评估风险因素。

下面详细介绍决策树分析方法。

决策树是一种形象化的图表分析方法,它把项目所有可供选择的方案,方案之间的关系,方案的后果及发生的概率用树状的图形表示出来,为决策者提供选择最佳方案的依据。决策树中的每个分支代表一个决策或者一个偶然的事件,从出发点开始不断产生分支以表示所分析问题的各种发展的可能性。

决策树分析方法对于每个分支都采用预期损益值(Expected Monetary Value,EMV)作为其度量指标。决策者可将各分支的预期损益值中最大者(如果求最小,则为最小者)作为选择的依据。其中,预期损益值的计算方式如下:

$$EMV=损益值\times事件发生的概率$$

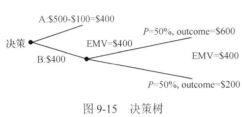

图 9-15　决策树

举例而言,现有两种方案,方案 A 是:原本有 500 美元,结果被别人强行拿走 100 美元。方案 B 是:原本有 400 美元,投掷一次硬币,如果是正面,你会获得 200 美元;如果是背面,你必须支付 200 美元。那么,该如何选择方案才能使收益最大?通过决策树计算两种方案的 EMV,如图 9-15 所示。最终发现两种方案都可行。

3. 风险规划

风险规划是指针对风险分析的结果,为提高实现项目目标的机会、降低风险的负面影响而制订风险应对策略和应对措施的过程,即制订一定的行动和策略来对付、减少,甚至消灭风险事件造成的影响。

风险规划的主要策略包括:回避风险、转移风险、损失控制和自留风险。

回避风险是指尽量规避可能发生的风险,采取主动放弃或者拒绝使用导致风险的方案。当项目风险潜在威胁的可能性极大,并会带来严重的后果,无法转移又不能承受时,应通过改变项目来规避风险,例如,放弃采用新技术。但回避风险是在对风险有足够的认识,当其他风险策略不理想的时候考虑的策略,并不是所有的情况都适用,并且回避风险可能产生另外的风险。

转移风险是指为了避免承担风险损失,有意识地将损失或与损失有关的财务后果转嫁出去的方法,例如,分包、保险和开脱责任合同等。

损失控制分为损失预防和损失抑制。例如,为了预防技术失败,会进行项目技术培训,这属于损失预防。而为了抑制人员流失的损失对项目人员进行储备,这属于损失抑制。

自留风险是指由项目组织自己承担风险事故所致损失的措施。

4. 风险控制

为了进行风险控制,要对项目进行跟踪控制,包括:实施和跟踪风险管理计划、保证风险计划的执行、评估削减风险的有效性;针对一个预测的风险事实上是否发生了,确保针对某个风险制订的风险消除步骤正在合理使用;监视剩余的风险和识别新的风险;收集可用于将来的风险分析信息。

9.3.5 项目合同计划

合同是使卖方负有提供具体产品和服务的责任，使买方负有为该产品和产品服务付款的责任的一种双方相互负有义务的协议。合同定义了合同签署方的权利与义务，以及违背协议会造成的相应法律后果。它监督项目执行的各方履行其权利和义务，具有法律效力。围绕合同，存在合同签署之前和合同签署之后的一系列工作。

技术合同是法人之间、法人和公民之间、公民之间，以技术开发、技术转让、技术咨询和技术服务为内容，明确相互权利义务关系所达成的协议。

技术合同一般包括主合同和合同附件。主合同至少应包括以下内容：
- 项目名称；
- 项目的技术内容、范围、形式和要求；
- 项目实施计划、进度、期限、地点和方式；
- 项目合同价款、报酬及其支付方式；
- 项目验收标准和方法；
- 各方当事人义务或协作责任；
- 技术成果归属和分享及后续改进的提供与分享规定；
- 技术保密事项；
- 风险责任的承担；
- 违约金或者损失赔偿额的计算方法、仲裁及其他。

项目技术合同的执行过程可以划分为 4 个阶段，即合同准备、合同签署、合同管理与合同终止。

技术合同有三种环境：需（甲）方合同环境、供（乙）合同方环境和内部环境。

1．需方环境

企业在需方合同环境下，其关键要素是提供准确、清晰和完整的需求，选择合格的供方，并对采购对象（采购对象包括产品服务、人力资源等）进行必要的验收。这个需求可能来自企业内部的需要，也可能是在为客户开发的软件项目中的一部分，通过寻找合适的软件开发商，将部分软件外包给其他的开发商。

需方的合同准备包括三个步骤：招标书定义、供方选择和合同文本准备。启动一个项目主要是由于存在一种需求，招标书定义主要是需方的需求定义，也就是需方（甲方或者买方）定义采购的内容；招标书确定后，就可以通过招标的方式选择供方（乙方或者卖方）；如果需方选择了合适的供方（软件开发商），需方应该与供方（软件开发商）签订一个具有法律效力的合同；签署合同之前需要起草一份合同文本。

经过上面三个步骤就可以签署合同了。合同签署过程是：正式签署合同，使之成为具有法律效力的文件；同时，根据签署的合同，分解出合同中需方的任务并下达任务书，指派相应的项目经理负责相应的过程。

如果企业处于需方合同环境下，合同管理就是需方对供方执行合同的情况进行监督的过程，主要包括：对需求对象（采购对象）的验收和对违约事件处理。

当项目满足结束的条件时，项目经理或者合同管理者应该及时宣布项目结束，终止合同的执行，通过合同终止过程告知各方合同终止。

2. 供方环境

企业在供方合同环境下，其关键要素是了解清楚需方的要求并判断企业是否有能力来满足这些需求。作为软件开发商，更多的是担任供方的角色。

企业作为供方，其合同准备阶段包括三个过程：项目分析、项目竞标和合同文本准备。项目分析是指供方分析客户的项目需求，并据此开发出初步的项目计划，作为下一步能力评估和可行性分析之用；项目竞标包括能力评估、可行性分析和参加竞标等活动；合同文本准备一般由需方提供合同的框架结构并起草主要内容，供方提供反馈意见。

供方的合同签署过程也类似于需方的合同签署过程，但是这个阶段对于供方的意义是重大的，它标志着一个软件项目的有效开始，这个时候，应该正式确定供方的项目经理。

如果企业处于供方合同环境下，合同管理主要包括：合同跟踪管理过程、合同修改控制过程、违约事件处理过程、产品交付过程和产品维护过程。其中，产品交付过程是供方向需方提交最终产品的过程，而产品维护过程是供方对提交后的软件产品进行后期维护的工作过程。

最终，进行合同终止。在合同终止过程中，供方应该配合需方的工作，包括：项目的验收、双方认可签字、总结项目的经验教训、获取合同的最后款项、开具相应的发票、获取需方的合同终止的通知、将合同相关文件归档。

3. 内部环境

企业内部项目实施管理的核心是确定任务范围和确保相关各方进行有效的配合，这可以通过相关各方之间的"协议"来保证，此处"协议"可视为"合同"。企业内部项目"合同"无特别的商业约束。

9.3.6 人员与沟通计划

软件项目是一个具有创新性的工作，是充分体现项目团队成员的智力活动和技术能力的过程，受人的因素影响较大。因此，项目团队的人员结构，团队成员的责任心、工作能力和稳定性对项目的成败具有决定性的影响，所以项目团队的建设，对项目的成败起着举足轻重的作用。

1. 人员计划

对于不同类型、不同规模的软件项目，其团队的组织结构不完全相同。例如，对于一个外包类软件项目的开发团队，不仅有开发方的项目团队，还有客户方的项目团队。因此，一个项目中涉及的人员如下。

- 客户方项目管理人员：是整个项目的组织者，负责项目整体计划的制订、系统阶段的验收，以及系统整体进度的监控等，还负责与开发方项目管理人员进行工作协调，以及对客户方人员的组织与培训工作等。
- 客户方业务人员：系统需求的提出者，也是系统的最终使用者。他们是系统开发成功与否的最终评判者。
- 客户方决策层领导：系统开发的最终决策机构。他们要对项目立项、经费预算及系统所要达到的总目标等做出决策。

- 开发方项目管理人员：即开发方项目经理，负责项目实施计划的制订、开发人员的组织与调度、日常工作进度的检查，以及与客户方项目管理人员进行工作协调等。
- 开发方业务分析人员：与开发方系统分析人员、系统设计人员一起将业务逻辑转化为数据逻辑，同时与客户方业务人员保持接触，及时反映客户的需求。
- 开发方系统分析人员、系统设计人员：根据系统需求规格说明编写系统设计报告，包括系统总体设计、详细设计、数据库设计、环境说明等。
- 开发方程序员与测试人员：根据系统设计的要求，进行系统的开发和测试工作。
- 开发方的质量与风险评估员：进行项目质量监控和风险控制。
- 开发方文档管理人员：管理项目周期内的所有文档。
- 系统实施人员：完成软件系统到最终客户的实施交付过程的工作。
- 系统管理人员：负责系统的网络环境、开发环境、运行环境的组建、数据备份、安全管理等基础性管理工作。
- 配置管理人员：负责整个项目的配置管理工作。

在以上成员的基础上，成立一个项目管理委员会，由客户方和开发方的高层领导组成，主要职责是解决项目实施过程中遇到的重大困难和问题。人员组织结构可以分为不同的类型，包括职能型、项目型和矩阵型。

职能型组织结构如图9-16所示，是目前使用最普遍的项目组织结构。它是一个标准的金字塔型组织结构。采用这种组织结构时，是以部门为主体来承担项目的，一个项目由一个或者多个部门承担，一个部门也可能承担多个项目。

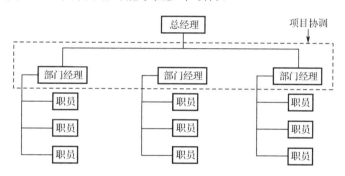

图9-16 职能型组织结构

项目型组织结构中的部门完全按照项目进行设置，是一种单目标的垂直组织结构，如图9-17所示。在项目型组织结构中，项目经理有足够的权力控制项目的资源；项目成员向唯一领导汇报。这种组织结构适用于开拓性的、风险比较大的项目，或进度、成本、质量等指标有严格要求的项目，不适合人才匮乏或规模小的企业。

矩阵型组织结构是职能型组织结构和项目型组织结构的混合体，既具有职能型组织的特征，又具有项目型组织结构的特征，如图9-18所示。具体方法是：根据项目的需要，从不同的部门中选择合适的项目人员组成一个临时项目组，项目结束之后，这个项目组也就解散了，然后各个成员回到各自原来的部门，团队的成员需要向不同的部门经理汇报工作。这种组织结构的关键是，项目经理需要具备好的谈判和沟通技能，与部门经理之间建立友好的工作关系。项目成员需要适应两个上司协调工作。这种组织结构能够加强横向联结、充分整合资源、实现信息共享、提高反应速度等，适用于管理规范、分工明确的公司或者跨职能部门的项目。

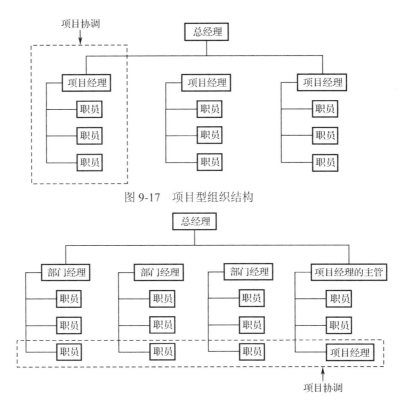

图 9-17 项目型组织结构

图 9-18 矩阵型组织结构图

2．沟通计划

成功的项目管理离不开有效的沟通管理。有效的沟通管理的首要工作就是制订合理的项目沟通计划，涉及项目全过程的沟通工作、沟通方法、沟通渠道等各方面的计划与安排。

一般而言，在一个比较完整的沟通管理体系中，应该包含以下几方面的内容。

① 沟通计划编制：决定项目干系人的信息沟通需求，谁需要什么信息，什么时候需要，怎样获得。

② 信息分发：使需要的信息及时发送给项目干系人。

③ 绩效报告：包括状况报告、进度报告和预测。

④ 管理收尾：包括项目记录的收集、对符合最终规范的保证、对项目的效果（成功或教训）进行的分析，以及这些信息的存档（以备将来利用）。

项目沟通计划是项目整体计划中的一部分，它的作用非常重要，也常常容易被忽视。很多项目中没有完整的沟通计划，导致沟通非常混乱。因此，在项目初始阶段也应该包含沟通计划。项目沟通计划在编制时应注意以下几个方面的内容：

- 信息的来源；
- 信息收集的方式和渠道；
- 信息的传递对象；
- 信息的传递方法和渠道；
- 信息本身的详细说明；
- 信息发送的时间表；
- 信息的更新和修改程序；

- 信息的保管和处理程序。

在制订好项目沟通计划之后,还要保证其顺利实施。而在项目沟通计划实施工作中最重要的工作是信息的传递。信息的传递方法主要包括口头沟通、书面沟通、电子沟通及其他。

书面沟通一般在以下情况使用:项目团队中使用的内部备忘录,或者对客户和非公司成员使用报告的方式。书面沟通大多用来进行通知、确认和要求等活动,一般在描述清楚事情的前提下尽量简洁,以免增加负担而流于形式。

口头沟通包括会议、评审、私人接触、自由讨论等。这一方法简单有效,更容易被大多数人接受。口头沟通的过程中应该坦白、明确。

9.4 软件项目执行控制

项目执行是指正式开始为完成项目而进行的活动或努力的工作过程。项目控制是指跟踪进度、比较实际产出和计划产出、分析影响并做出调整。

9.4.1 软件项目控制方法

项目控制的目的是保证项目按计划进行,其过程一般是动态的,即"计划/实施/反馈/调整"的循环。一般通过三个步骤实现项目控制:寻找偏差、原因与趋势分析、采取纠偏行动。项目控制的主要内容有:
- 识别计划的偏离;
- 采取矫正措施以使实际进展与计划保持一致;
- 接受和评估来自项目干系人的项目变更请求;
- 必要时重新调整项目活动;
- 必要时调整资源水平;
- 得到授权者批准后,变更项目范围;
- 调整项目目标并获得项目干系人的许可。

项目控制有很多方法,可以通过应用进度计划表、召集会议、观察与检查、项目跟踪计划、定期反馈与报告的方式对项目进行控制。使用的文件可以是计划文件或者周报、日报。项目执行与控制阶段工具方法如图9-19所示。

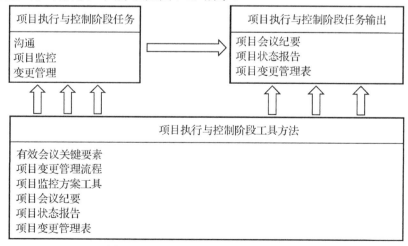

图9-19 项目执行与控制阶段工具方法

9.4.2 软件项目控制过程

项目控制过程包括定期收集项目完成情况数据，将实际完成情况数据与计划进度进行比较，一旦项目实际进度晚于计划进度，则采取纠正措施。这个过程在整个项目执行过程中必须经常进行。在控制过程中，应确定一个固定的报告期，将实际进度与计划进度进行比较。在报告期内需要收集以下两种数据或信息：

- 实际执行中的数据，包括活动开始或结束的技术时间，使用或投入的实际成本；
- 有关项目范围、进度计划和预算变更的信息，这些变更可能是由客户或项目团队引起的，或者是某种不可预见事情的发生引起的。

项目控制过程贯穿于整个项目，如图 9-20 所示。一般来说，报告期越短，早发现问题并采取纠正措施的机会就越多。如果一个项目远远偏离了控制，就很难在不牺牲项目范围、预算、进度或质量的情况下实现项目目标。因此，明智的做法是增加报告期的频率，直到项目按进度进行。控制项目进度计划变更其中会涉及许多问题，第一个要点是，要保证项目进度计划是现实的，不能制订一些不切实际的进度计划。第二个要点是，要经常强调遵守并达到进度计划的重要性。

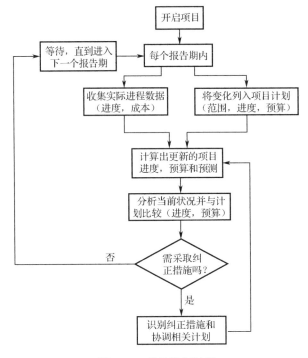

图 9-20 项目控制过程

此外，在项目执行过程中，变更是经常发生的，一旦变更被列入计划并取得了客户同意就必须建立一个新的基线计划，这个计划的范围、进度和预算可能和最初的基线计划有所不同。此外，还要及时收集数据或信息，以作为变更项目进度计划和预算的依据。

最新的进度计划和预算一经生成，必须将它们与基线进度和预算进行比较，分析各种变量，以预测项目是提前还是延期完成、是低于还是超过预算完成。如果项目进展良好，就不需要采取纠正措施，在下一个报告期内对进展情况再做分析。

9.5 软件项目收尾

9.5.1 软件项目收尾概述

结束一个项目的原因有多种,当项目出现下列条件之一时,表明项目可以终止:
- 项目计划中确定的可交付成果已经出现,项目的目标已经成功实现;
- 项目已经不具备实用价值;
- 由于各种原因导致项目无限期拖长;
- 项目出现了环境的变化,它将负面影响项目的未来;
- 项目所有者的战略发生了变化,项目与项目所有者组织不再有战略的一致性;
- 项目已没有原来的优势,无法同其他更领先的项目进行竞争,难以生存。

项目最终的执行结果只有两个状态:成功与失败。而区别这两个状态的标准是看项目是否有可交付的合格成果,是否实现了项目目标并达到客户的期望。

9.5.2 软件项目收尾过程

当项目接近生命周期末期时,项目资源开始转向其他活动或项目,项目经理和项目团队成员所面临的工作也开始转向项目收尾活动。

1. 项目收尾计划

典型的项目收尾计划包括:
- 项目收尾要达到的目标;
- 项目收尾的负责人;
- 项目收尾程序;
- 项目收尾的工作分解结构。

2. 项目收尾工作内容

项目收尾工作内容包括以下几个方面。

① 范围确认。项目收尾前,重新审核工作成果,检验项目的各项工作范围是否完成或者完成到何种程度,最后双方确认签字。

② 质量验收。质量验收是控制项目最终质量的重要手段,依据质量计划和相关的质量标准进行验收,不合格则不予接收。

③ 费用决算。是指对从项目开始到项目收尾全过程所支付的全部费用进行核算,编制项目决算表。

④ 合同终结。整理并存档各种合同文件。这是完成和终结一个项目或项目阶段各种合同的工作,包括项目的各种商品采购和劳务承包合同。这项管理活动还包括有关项目或项目阶段遗留问题的解决方案和决策的工作。

⑤ 文档验收。检查项目过程中的所有文件是否齐全,然后进行归档。

3. 项目最后评审

项目收尾中一个重要的过程是项目的最后评审,它是对项目进行全面的评价和审核。项目最后评审一般考虑以下几个方面:

- 是否实现项目目标;
- 是否遵循项目进度计划;
- 是否在预算之内完成项目;
- 项目进度过程中出现的突发问题,以及解决措施是否合适,问题是否得到解决;
- 对特殊成绩的讨论和认识;
- 回顾客户和上层管理人员的评论。

4. 项目收尾总结

项目收尾总结是项目收尾中的最后一个过程,用来总结成功的经验和失败的教训。可以从软件项目历程文件中将项目的有用信息进行总结分类并放入信息库。它是软件项目记录的资料,可以从中提取一般教训,对将来的项目是有用的。

9.5.3 软件项目验收

项目的验收标志着项目的结束。若项目顺利地通过验收,项目的当事人就可以终止各自的义务和责任,从而获得相应的权益。同时,项目团队可以总结经验,接受新的项目任务。项目验收是保证合同任务完成,提高质量水平的最后关口。项目验收和整理档案资料为项目最终交付成果的正常使用提供了全面系统的技术文档和资料。

对项目进行验收时,主要依据的是项目的工作成果和成果文档。项目验收的标准一般需要参考项目合同书或国标、行业标准和相关的政策法规、国际惯例等。

从项目验收的内容划分,项目验收通常包括质量验收和文件验收。项目质量永远是考核和评价项目成功与否的重要方面。一个项目的最终目的是满足客户的需求,这种需求是以质量保证为前提的,必须从项目计划、项目控制、项目验收等不同环节对质量把关。项目文件是项目整个生命周期的详细记录,是项目成果的重要展示形式。项目文件既作为项目评价和验收的标准,也是项目移交、维护和后期评价的重要原始凭证。

项目验收完成后,将进行项目验收收尾和项目移交。如果验收的成果符合项目目标规定的标准和相关的合同条款及法律法规,那么参加验收的项目团队和项目接收方人员应在项目移交报告上签字,这时项目团队与项目业主的项目合同关系基本结束,项目团队的任务转入对项目的支持和服务阶段。当项目通过验收后,项目团队将项目成果的所有权交给项目接收方,这个过程就是项目的移交。项目验收是项目移交的前提,项目移交是项目收尾的最后工作内容,是项目管理的完结。

9.6 软件项目管理工具

软件项目管理工具通常用于控制软件项目管理的流程并实现可视化,其中,有些工具是自动化的,而其他工具则需要手动实现。软件项目管理工具可分为以下几类:

- 项目规划工具可用于估计项目工作量和成本,并编制项目进度表。一些项目使用自动评估工具来衡量软件产品的大小和其他特征并产生进度和成本估计。规划工具还包括自动调度工具,用于分析 WBS 中的任务,利用其估计的持续时间,优先级关系,以及分配给每个任务的资源形成甘特图。
- 跟踪工具可用于跟踪项目里程碑,定期安排项目状态会议,计划迭代周期,进行产品演示和操作。

- 风险管理工具可用于跟踪、识别、估算和监测风险。这些工具包括使用模拟或决策树等方法来分析成本及风险事件概率。Monte Carlo 模拟工具通过一种算法组合多个输入概率分布来生成工作量、进度和风险的概率分布。
- 通信工具可以向项目干系人提供信息。这种工具可以向项目团队成员发送电子邮件通知和广播之类的内容。此外，还可以定期排定项目会议记录、日常会议记录及显示进度，绘制项目积压情况和维护请求解决方案的图表。
- 度量工具支持与软件度量程序相关的活动，在这个类别中几乎没有完全自动化的工具。用于收集、分析和报告项目度量数据的度量工具可以基于项目团队成员或组织员工撰写的电子表格。

软件项目管理工具有很多，下面列举几个比较常用的工具。

（1）Asana 是小型团队的理想项目管理软件。
（2）Trello 旨在帮助项目团队使用电子邮件和聊天工具进行基于任务的通信。
（3）Smartsheet 是一个用于项目管理的协作工具。
（4）Clickup 是为所有类型的客户创建的项目管理系统。

习题 9

1. 软件项目管理包括哪几个阶段？每个阶段的主要工作内容是什么？
2. 项目管理的四要素是什么？分别代表什么含义？
3. 软件项目计划包括哪些方面？简述每种项目计划的主要工作内容。
4. 软件项目收尾的时间是什么？项目收尾工作的内容是什么？
5. 软件项目管理工具可以分为哪几类？

第 10 章 软 件 质 量

什么是软件质量，为什么它会被包含在 SWEBOK（Software Engineering Body Of Knowledge）指南的许多知识领域中？原因之一是软件质量一词的含义有很多。软件质量可以涵盖：软件产品的特征、特定软件产品对这些特性的影响程度、用于实现这些特征的过程、工具和技术等。多年来，各种组织或作者对"软件质量"的定义有所不同。对 Phil Crosby 来说，软件质量侧重于"符合要求"。Watts Humphrey 则认为软件质量是"达到熟练使用的水平"。IBM 创造了"市场驱动的质量"这个词，"而客户是最终的仲裁者"。

近来，软件质量被定义为"软件产品在特定条件下满足规定和隐含需求的能力"或"软件产品符合既定要求的程度"。然而，质量取决于项目利益相关者的需求和期望的程度。这两个定义都包含符合需求的前提，且都不涉及需求的类型（例如，功能可靠性、性能可靠性或任何其他特性）。然而，重要的是，这些定义都强调质量取决于需求。

这些定义还说明了软件质量普遍存在的另一个原因：软件质量与软件质量需求之间经常存在的模糊性。软件质量需求实际上是功能需求（系统所做的）的属性（或约束），而且软件需求还可以指定资源使用、通信协议或许多其他特性。本知识域试图从上述定义中使用最广义的软件质量定义并使用软件质量需求作为对功能需求的约束。软件质量是通过对所有需求的一致性来实现的，不管指定的是什么特性，需求是如何分组或命名的。

许多 SWEBOK 知识领域也考虑软件质量，因为它是软件工程的基本参数。对于所有的工程产品，主要目标是给利益相关者提供最大的价值，同时平衡开发成本和进度的限制，这有时被称为"使用的适合程度"，涉及价值及需求表示。对于软件产品，利益相关者可以评估价格（他们为产品支付的费用）、交货时间（获得产品的速度）及软件质量。

本章主要讲述软件质量的相关内容，包括软件质量的概念、管理过程、度量及工具，其章节结构如图 10-1 所示。

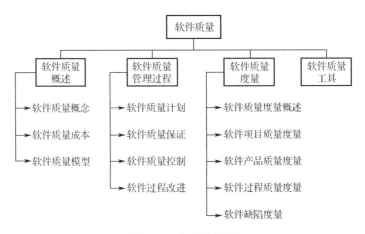

图 10-1　章节结构图

10.1 软件质量概述

10.1.1 软件质量概念

1. 质量

质量决定了产品存在的价值,是企业的生命。国际标准化组织(ISO)对质量的定义是:反应实体满足明确和隐含需求的特性组合。其中,"实体"是指"可单独描述和研究的事务",实体可以是活动、过程、产品、组织、体系或人,也可以是上述各项的任何组合。"需求"包括"明确需求"和"隐含需求"。

IEEE 在"Standard Glossary Of Software Engineering Terminology"中对质量的定义是被普遍接受的,即:质量是指系统部件或过程满足明确需求。世界著名的质量管理专家 Juran 博士把"质量"定义为:产品在使用时能成功地满足用户目的的程度。

从众多的定义可以看出,质量是一个复杂、多层面的概念,站在不同的层面或角度对质量就有着不同的理解。

- 从用户出发的质量观:质量是产品满足使用目的的程度。
- 以产品为中心的质量观:质量是产品的内在特征。
- 生产者的质量观:质量是产品性能符合规格要求的程度。
- 以价值为基准的质量观:质量依赖于顾客愿意付给产品报酬的数量。

因此,"用户"的概念与质量息息相关,不同的用户对待质量的看法是不同的。质量和用户两者相对存在。

2. 软件质量

软件质量(Software Quality,SQ)有多种定义,《计算机软件质量保证计划规范》(GB/T12504-90)对软件质量的定义是,软件产品中能满足给定需求的各种特性的总和。这些特性称为质量特性,包括功能性、可靠性、易使用性、时间经济性、资源经济性、可维护性和可移植性等。

ANSI/IEEE Std.729 对软件质量的定义是,软件产品中能满足规定的和隐含的与需求能力有关的全部特征和特性,包括:

- 软件产品质量满足用户要求的程度;
- 软件各种属性的组合程度;
- 用户对软件产品的综合反映程度;
- 软件在使用过程中满足用户要求的程度。

从以上定义可以看出,软件质量是软件产品满足使用要求的程度。其中"程度"是由软件的特性或特征集组成的。

3. 影响软件质量的因素

软件行业通过多年的实践总结出,软件质量是人、过程和技术的函数:

$$Q=\{M, P, T\}$$

式中,Q 表示软件质量,M 表示人,P 表示过程,T 表示技术。

10.1.2 软件质量成本

质量形成于产品或者服务的开发过程,而不是事后的检查(测试)。现实中,实现相应的软件质量并不简单。质量特征可能是必要的或不是必要的,或者需要一定的程度。因此,需要在它们之间进行权衡。为了帮助确定软件质量水平,即实现干系人所要求的价值,就需要介绍软件质量成本(CoSQ),它是指从软件质量开发和维护流程的经济评估中得出一组测量数据。CoSQ 是可用于推断产品特性的过程示例。

使用 CoSQ 方法的前提是,软件产品的质量水平可以从处理质量差的后果的相关活动成本中推断出来。质量不佳意味着软件产品没有完全满足"规定和隐含的需求"或"已确定的需求"。软件质量成本是由于软件产品的第一次工作不正常而衍生的附加花费,包含 4 类成本:预防、鉴定、内部故障和外部故障。

预防成本包括对软件过程改进工作、质量基础设施、质量工具、培训、审计和管理评估的投资。这些费用通常不是一个项目特定的,它们通常会跨越项目。鉴定成本是从发现缺陷的项目活动中产生的。这些鉴定活动可以分为鉴定成本和测试(单元测试、集成测试、系统测试、验收测试)成本。另外,鉴定费用还会扩大到分包软件供应商。内部故障成本是在鉴定活动中发现的某个未知缺陷,以及在将软件产品交付给客户之前发现的软件问题所花费的成本。外部故障成本是发送给客户后发现的软件问题所造成的活动成本。

软件工程师应该使用 CoSQ 方法来确定软件质量水平,并且还应该能够提供质量替代品及其成本预算,以便在成本、进度和干系人价值交付之间进行权衡。

10.1.3 软件质量模型

人们通常把影响软件质量的特性用软件质量模型来描述。多年来,许多学者已经研究出了众多软件质量模型,可用于讨论、规划和评估软件产品的质量。常见的软件质量模型包括 McCall 质量模型、Boehm 质量模型、ISO/IEC 9126 质量模型和 Perry 模型。

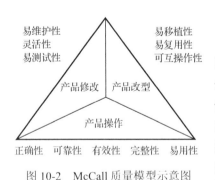

图 10-2 McCall 质量模型示意图

1. McCall 质量模型

早期的 McCall 质量模型是 1977 年由 McCall 和他的同事建立的,他们在这个模型中提出了影响质量因素的分类。软件质量因素按一定方法分成几组,每组反映软件质量的一个方面,称为质量要素。构成一个质量要素的诸因素是对该要素的衡量标准。每个衡量标准由一系列具体的度量构成。如图 10-2 所示为 McCall 质量模型的示意图,11 个质量因素集中于软件产品的三个重要方面:产品操作、产品修改、产品改型。

2. Boehm 质量模型

1978 年,Boehm 和他的同事提出了分层结构的软件质量模型,除用户期望和需要的概念这一点与 McCall 质量模型相同之外,还包含了 McCall 质量模型中没有的硬件特性。Boehm 质量模型如图 10-3 所示。

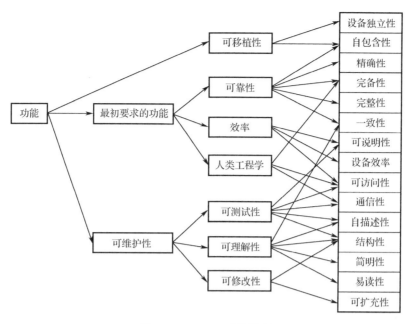

图 10-3　Boehm 质量模型

Boehm 质量模型始于软件的整体效果，从系统交付后涉及不同类型用户的角度考虑：第一种用户是初始用户；第二种用户是要将软件移植到其他软硬件系统下使用的用户；第三种用户是维护系统的程序员。这三种用户都希望系统是可靠且有效的。因此，Boehm 质量模型反映了对软件质量的全过程理解，即软件做了用户需要它做的事情，有效地使用了系统资源，易于用户学习和使用，易于测试和维护。

3．ISO/IEC 9126 质量模型

20 世纪 90 年代早期，软件工程界试图将诸多的软件质量模型统一到一个模型中，并把这个模型作为度量软件质量的一个国际标准。国际标准化组织和国际电工委员会共同成立的联合技术委员会（JTCI）于 1991 年颁布了 ISO/IEC 9126 标准"软件产品质量模型"，该标准指出质量模型可以分为三种：内部质量模型、外部质量模型、使用质量模型。外部和内部质量模型如图 10-4 所示，使用质量模型如图 10-5 所示。

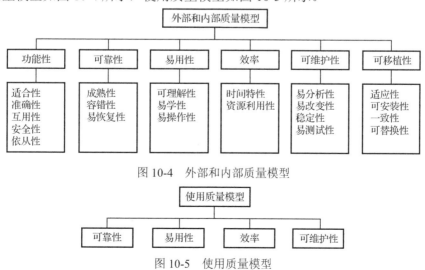

图 10-4　外部和内部质量模型

图 10-5　使用质量模型

2002年5月，JTCl/SC7在韩国釜山会议上通过了ISO/IEC 25010 "软件产品质量需求和评估"，ISO/IEC 25010是在修订ISO/IEC 9126标准相关部分的基础上制定的。ISO/IEC 25010软件质量模型描述了8个质量特性和36个质量子特性，如图10-6所示。

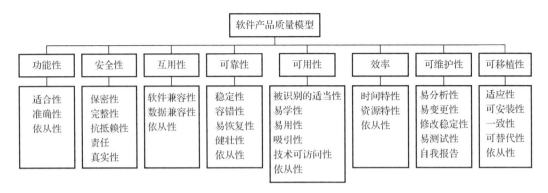

图10-6 ISO/IEC 25010 质量模型

4. Perry 质量模型

上面三种质量模型都属于层次模型，另一种主流的软件质量模型为关系模型，它反映了质量要素之间的正面、反面及中立关系。正面关系是指，如果在一个质量要素方面有较高的质量，那么在另一个质量要素方面也会具有较高的质量，如易维护性。反面关系是指，在一个质量要素方面有较高的质量，在另一个质量要素方面反而会具有较低的质量，如易移植性。中立的关系是指，质量要素之间互相不依赖、不影响，如有效性和正确性。Perry 质量模型使用一张二维表格来表达各个质量属性，以及它们之间的关系，如表10-1所示。

表10-1 Perry 质量模型

▲正面影响 ▼反面影响 空白无影响	正确性	可靠性	有效性	完整性	易使用性	易维护性	易测试性	灵活性	易移植性	易复用性	可互操作性
易追溯性	▲					▲	▲	▲		▲	
完备性	▲	▲		▲							
一致性	▲	▲				▲	▲	▲		▲	
准确性	▲		▼	▲							
容错性	▲	▲	▼	▲							
简洁性	▲	▲				▲	▲	▲	▲	▲	
模块性		▼				▲	▲	▲	▲	▲	▲
一般性		▼	▼	▼				▲		▲	▲
易扩展性		▼						▲		▲	
可检视性		▼				▲	▲	▲			
自我描述性		▼				▲	▲	▲	▲	▲	
运行效率			▲						▼		
存储效率			▲				▼		▼		
存取控制			▼	▲	▲				▼		▼

续表

▲正面影响 ▼反面影响 空白无影响	正确性	可靠性	有效性	完整性	易使用性	易维护性	易测试性	灵活性	易移植性	易复用性	可互操作性
存取审查			▼	▲							
易操作性			▼		▲					▲	
易培训性					▲					▲	
易交流性			▼		▲	▲	▲	▲		▲	
软件独立性			▼					▲	▲		▲
硬件独立性			▼					▲	▲	▲	
通信独立性											▲
数据共同性					▼					▲	▲
简明性	▲		▲			▲	▲				

在软件质量属性之间存在一些更为复杂的、用二维表格无法直接表达的关系,例如,质量属性之间的动态可变的相互制约关系或者两个以上的质量属性之间的制约关系。

各个质量模型包括的属性集大致相同,但也有不同的地方。这说明软件质量的属性是依赖于人们意志的。基于不同的时期、不同的软件类和应用领域,软件质量的属性是不同的,这也是软件质量主观性的表现。

10.2 软件质量管理过程

软件质量管理(SQM)是确保软件产品、服务和生命周期流程满足软件质量目标并实现干系人满意度的所有流程的集合。SQM 定义了流程所有者、流程要求、流程产出,以及贯穿整个软件生命周期的反馈通道。

SQM 包含 4 个类别:软件质量计划、软件质量保证(SQA)、软件质量控制(SQC)和软件过程改进(SPI)。软件质量计划包括确定要使用的质量标准,确定具体的质量目标,以及估计软件质量活动的工作和进度。在某些情况下,软件质量计划还包括定义要使用的软件质量流程,包括任务和技术。它负责指示如何实施软件计划(例如,软件管理、开发、质量管理或配置管理计划)以使中间产品和最终产品满足特定要求。SQA 活动用于评估软件过程的充分性并提供证据,证明软件过程适合产生合乎标准的软件产品。SQC 活动检查具体的项目工件(文件和可执行文件),并且确定它们是否符合项目确定的标准(包括要求、约束、设计、合同和计划)。SQC 活动还需要评估中间产品及最终产品。SQM 的第 4 个类别在软件行业有不同的名称,包括 SPI、软件质量改进及软件纠正和预防措施。这一类别的活动旨在提高过程效率和其他特征,从而达到提高软件质量的最终目标。

风险管理也可以在提供优质软件方面发挥重要作用。将严格的风险分析和管理技术纳入软件生命周期流程可以帮助提高产品质量。

10.2.1 软件质量计划

软件质量计划(在一些行业中称为软件质量保证计划,即 SQAP)用来确定项目应达到的质量标准(目标),并决定为满足质量标准而实施的计划安排和方法。软件质量计划用于确保开发的软件满足项目成熟要求和用户需求，其活动任务、计划制约与项目风险相称。软件质量计划首先确保了质量目标的明确界定。

软件质量计划是确保软件产品从生产到消亡的所有阶段达到所要求的软件质量而制订的计划。软件质量计划是由 SQA 活动结合项目组的项目计划制订的。通过软件质量计划明确软件质量保证在项目中的职责和权利，并且软件质量计划作为开发计划的一部分，将随着项目进展而更新，它需要经过正式评审，并得到所有与计划执行有关的组织同意。该计划中的质量目标应尽量以定量方式给出，同时，要明确定义项目各阶段的输入、输出要求，明确要进行的测试、验证和确认活动的类型及详细计划（包括时间、进度等），还要明确具体质量活动的职责，如评审和测试、变更控制、对缺陷的控制和纠正措施等。软件质量计划制订完成并经过评审和批准后，与软件开发计划一样需要纳入配置管理进行管理和控制。当软件质量计划需要变更时，需要经过项目经理的审核和 SQA 经理的批准。

软件质量计划的质量活动和任务规定了与软件工程管理、软件开发和软件维护计划相关的成本、资源需求、目标和进度，应符合软件配置管理计划（见第 8 章）。软件质量计划确定了项目的文件、标准和惯例，同时，还明确了如何检查和监视这些项目以确保充分性和合规性。此外，软件质量计划还确定了统计技术、问题报告和纠正措施程序、物理媒体的安全、SQA 报告和文件。可以看出，软件质量计划涉及软件计划中描述的任何其他类型活动的 SQA 活动，例如，采购项目供应商软件、商业现货软件（COTS）安装、交付后的服务，它还包含了报告和管理对软件质量至关重要的接受标准及活动。

10.2.2 软件质量保证

1．软件质量保证

软件质量保证和一般的质量保证一样，是确保软件产品从诞生到消亡的所有阶段的质量的活动，即达到软件质量而进行的所有有计划、有系统的管理活动。

IEEE 中对软件质量保证定义为：软件质量保证是一种有计划的，系统化的行动模式，它为项目或者产品符合已有技术需求提供凭证。也可以说，软件质量保证是用来评价开发或者制造产品过程的一组活动，这组活动贯穿于软件生产的各个阶段，出现在大多数关键过程域的检查中，在整个软件开发过程中充当重要角色。软件质量保证的目标如下。

- 通过监控软件开发过程来保证产品质量。
- 保证开发出来的软件和软件开发过程符合相应标准与规程。
- 保证软件产品、软件过程中存在的不符合要求的问题得到处理，必要时将问题反映给高级管理者。
- 确保项目计划、标准和规程符合项目实施的要求，同时满足评审和审计需要。

软件质量保证通过检讨和审核软件项目的各项工作及产品，将其结果提供给项目人员及其他相关负责人，以验证它们是否遵循相关的步骤和标准。此外，需要注意的是，软件质量保证不包含测试。

2．软件质量保证小组

软件质量保证（SQA）小组的任务是以第三方的角度监控开发任务的执行情况。通过监控软件项目是否按照制订的计划、标准和规程进行来为开发人员和管理层提供反映产品和软件过程质量的信息和数据，提高项目透明度，并协助项目组取得高质量的软件产品。

SQA 小组的工作范围如下。
- 通过监控软件开发过程来保证最终软件产品的质量。
- 保证开发出来的软件和软件开发过程符合相应标准与规程。
- 保证软件开发过程中存在的不符合要求的问题能够得到及时处理。
- 确保项目组制订的计划、采用的标准和规程符合项目实施的要求，同时能满足评审和审计的需要。
- 收集项目中好的实施方法，并发现项目实施过程中不利的因素及其产生的原因，完善企业内部软件开发规范。

SQA 人员的选择不是任意的，对于他们的素质要求如下。
- 具备较强的沟通能力。SQA 人员为了及时了解项目的开发进度，发现项目实施过程中不符合要求的问题，必须深入项目中，与项目经理及项目组人员保持良好的沟通，以便及时获得真实的项目情况。
- 熟悉软件开发流程。SQA 人员要承担确保项目经理制订的项目计划可行、采用的标准和规程符合项目具体要求的职责，这就要求其熟悉软件项目的开发流程及企业内部制订的开发规范和相关的行业标准。
- 工作上应具有较强的计划性。SQA 人员自身的工作必须有计划，即要制订软件项目的 SQA 计划，并且能够按照计划开展软件项目的 SQA 工作。
- 工作上要客观、公正、有责任心。在工作上要做到客观、公正、实事求是，要以促进软件项目的高质量、快进度为己任。对于项目组中多次协调解决不了的问题，需要及时向项目组的上级管理者汇报情况，使发现的问题能够得到及时的解决。

对于大型软件企业，设立质量管理部门，SQA 人员由质量管理部门人员担任；对于规模较小的软件企业来说，SQA 人员一般由企业内具有相关素质、经过 SQA 培训的人员担任。特别要注意的是，SQA 人员不能是项目组的开发人员、配置管理人员或测试人员，即 SQA 人员不应该参与项目的开发工作。

SQA 工作的内容具体说明如下。

① 软件质量计划制订工作。在项目启动的计划阶段，要根据项目计划制订与其对应的软件质量计划，定义出软件开发各阶段的质量检查重点，标识出需要检查、审计的阶段性成果，以及在每个开发阶段 SQA 的输出结果。对于编写完成的软件质量计划要进行严格评审，并形成评审报告，把通过评审的软件质量计划发送给项目经理、项目组开发人员和所有相关人员。

② 组织项目各阶段的评审和审计工作。SQA 的重要职责就是对软件开发过程中的各个阶段性成果进行质量评审。对于阶段产品的评审和审计工作主要包括两方面的内容：一是阶段性成果的正确性，二是检查本阶段工作是否按计划按规范要求完成。通常，SQA 人员对于工作成果的正确性不承担检查职责。工作成果正确性的检查通常通过组织专家评审来完成。SQA 人员参与评审主要从保证评审过程的有效性方面来考虑。
- 对软件开发日常活动与规范的执行情况进行检查。SQA 如果仅仅参与项目阶段性的检查和审计工作，往往很难及时反映项目组的日常工作过程，即使评审时发现问题也难免显得过于滞后，会对项目按计划进行造成影响，所以 SQA 人员要进行软件开发过程中的日常检查。通常的做法是在各开发阶段设置若干小的跟踪点，完成日常项目的跟踪检查工作。

- 对软件配置管理工作进行检查和审计。具体包括：检查配置管理人员是否按照计划完成软件配置项的管理工作，是否所有开发人员得到的都是开发过程中的有效版本等。
- 跟踪问题的解决情况。对于质量评审中发现的问题及项目日常工作检查中发现的问题，SQA 人员必须进行跟踪，直至问题得到完全解决。对于跟踪与催促多次也得不到解决的问题，SQA 人员要及时上报上级管理者。
- 收集软件开发过程中的成功经验。SQA 人员要善于发现各个项目组在软件开发过程中的成功经验和失败的教训。对于成功经验，可以通过 SQA 小组活动推广到其他项目组中，使好的方法可以在整个企业范围内被采纳；对于失败的教训，SQA 人员要深入分析造成失败的原因，并把分析得到的结果及时反馈给管理部门，便于管理者修改并完善规范和制度。

10.2.3 软件质量控制

1. 质量控制手段

质量控制（QC）是指确定项目结果与质量标准是否相符，以及确定不符的原因和方法并及时纠正缺陷的过程。它负责控制产品的质量，一般由开发人员实施。质量控制的主要手段是验证与确认（V&V）。

V&V 的目的是帮助开发组织在生命周期内将系统的质量建立起来。V&V 过程在整个生命周期中对产品和流程进行客观评估，这个评估表明这些要求是正确的、完整的、准确的、一致的和可测试的。V&V 确定给定活动的开发产品是否符合该活动的要求，以及产品是否满足其预期用途和用户需求。

验证用于确保产品的正确构建，活动的产出产品应符合以前活动对其规定的规范，因此，需要通过验证确保正确的产品被构建，它是以开发者的视角进行的。而确认是指通过提供客观证据对特定的预期用途或应用要求已得到满足的认定，简而言之，就是检查最终产品是否达到用户使用要求，它是以用户的视角进行的。验证过程和确认过程都应在开发或维护阶段的早期就开始进行。它们提供了关于产品直接预处理和需要符合的规范的关键产品特性的检查。

规划 V&V 的目的是明确分配每个资源、角色和责任。所产生的 V&V 计划描述了各种资源及其作用和活动，以及要使用的技术和工具。了解每个 V&V 活动的不同目的有助于仔细规划所需的技术和资源来实现其目的。该计划还涉及 V&V 活动，以及缺陷报告和文件要求。

2. 质量控制方法

质量控制方法包括静态方法和动态方法。静态方法是指评审，它包括技术评审、代码走查等。动态方法是指软件测试（详见第 6 章）。

3. 质量控制、质量保证与质量管理

软件的质量控制、质量保证与质量管理代表软件质量工作的不同层次的内容。

质量控制其实是基本方法，通过一系列的技术来科学地测试过程的状态。例如，缺陷率、测试覆盖率等都属于质量控制范畴，它们反映了测试过程状态的好坏，以及是否满足

了要求。实际上，质量控制就是一个确保产品满足需求的过程。

质量保证则是过程的参考、指南的集合，如 ISO9000、CMM/CMMI。它提供的是一种信任和为这种信任而进行的一系列有计划有组织的活动。它着重内部的检查，确保已获取认可的标准和步骤都已经遵循，保证问题能及时发现和处理。质量保证工作的对象是软件产品和开发过程中的行为。

质量管理则是实际操作的思想，包括如何建立质量文化、管理思想，并协调组织的质量活动。

10.2.4 软件过程改进

过程改进（Software Process Improvement，SPI）帮助企业对其软件过程的改进进行计划、制订及实施。它的实施对象就是企业的软件过程，也就是软件产品的生产过程，当然也包括软件维护之类的维护过程，但是对其他过程并不关注。

SPI 的 5 条核心原则如下。

（1）注重问题

"问题的解决是过程改进的核心，实践不仅是 SPI 的目标也是它的起点。"这条原则为 SPI 人员指明了目标，明确了方法。SPI 就是要在实践中发现软件过程中的问题，并在实践中寻找和找到解决问题的办法，可以说，SPI 就是在不断发现问题和解决问题的过程中不断向前发展。

（2）强调知识创新

"改进是一种知识的创新，SPI 是受知识驱动的"。这条原则强调了知识创新在 SPI 中的作用，提醒 SPI 人员在注重知识创新的同时更要注重知识的传播和扩散。

（3）鼓励参与

通常，SPI 仅仅是 SPI 人员的事情，其他人员只是被动地接受。而"合作促使改进产生"这条原则给予了我们很好的启发和提示。它告诉我们，SPI 不仅仅是一个人或几个人的事情，而是整个组织的事情。只有鼓励大家都积极参与，才能使设计出来的过程真正为大家所理解，为大家所用，从而实现过程的成功。这也是在 SPI 工作中容易疏忽的地方。

（4）领导层统一

"改进必须综合各个层次的力量"。SPI 人员一定要保证 SPI 的目标与组织的整体目标是一致的，因为只有这样才能保证 SPI 工作得到各领导层的赞同、支持和投入，才能综合利用各个层次的力量来推动 SPI 工作的前进。这是预防 SPI 项目风险的重要手段。

（5）计划不断改进

"改进应该是一个不断持续的过程"。这一原则进一步提示和告诫 SPI 人员一定要认识到，改进是一个不断持续的过程，到达顶点并不重要，关键的是，在达到一个目标的同时将创造另一个更高的目标，这个目标对我们的过程和环境都具有重要的意义。

10.3 软件质量度量

无法管理不能度量的事物。在软件开发中，软件质量度量的根本目的是满足管理的需要。对于管理人员来说，如果对软件过程的可见度不高，则无法对其进行管理；如果对见到的事物没有适当的度量或标准去判断、评估和决策，也就无法对它们进行优秀的管理。

软件工程的目的之一是提供软件过程的可见度。这就需要使用度量。度量是一种可用于决策的可比较的对象。度量已知的事物是为了进行跟踪和评估，从而改进软件过程。

10.3.1 软件质量度量概述

1．软件质量度量

可度量性是学科是否高度成熟的一大标志，软件质量度量使软件开发逐渐趋向专业、标准和科学。

软件质量度量或者说软件工程度量是一个在过去 30 多年研究非常活跃的软件工程领域。

软件质量度量是指对软件开发项目、过程及其产品进行定量化的过程，目的在于对其加以理解、预测、评估、控制和改善。软件质量度量贯穿整个软件开发生命周期，通常借助一些软件的方法来进行，例如，软件工具、数理统计的方法和自身特定的方法。

2．软件质量度量的作用

尽管人们觉得软件质量度量较难操作，且不愿意在度量上花费时间和精力，甚至对其持怀疑态度，但是这无法否认软件质量度量的作用。美国卡内基·梅隆大学软件工程研究所在《软件质量度量指南》（Software Measurement Guidebook）中认为，软件质量度量在软件工程中的作用如下。

- 通过软件质量度量增加理解。
- 通过软件质量度量管理软件项目，主要是计划和估算、跟踪和确认。
- 通过软件质量度量指导软件过程改善，主要是理解、评估和包装。软件质量度量对于不同的实施对象具有不同的效用。

对于软件公司，度量可以改善产品质量、提升产品交付能力、提高生产能力、降低生产成本、建立项目估算基线，同时在了解所使用的新软件工程方法和工具的效果与效率，提高顾客满意度方面有所帮助。

对于软件项目经理，度量可以帮助分析产品的错误和缺陷、评估现状、建立估算基础、确定产品的复杂度、建立基线。

对于软件开发人员，可通过度量建立更加明确的作业目标，把度量作为具体作业中的判断标准以便于有效把握开发项目，同时还便于在具体作业中实施渐进性软件开发改善活动。

3．软件质量度量分类

软件质量度量依据不同标准有不同的分类方式。从度量方式看，软件质量度量可分为直接度量和间接度量。直接度量包括软件缺陷数、程序代码缺陷密度、成本、工作量等。间接度量是指度量质量特性，如功能性、复杂性、可靠性等。从度量的对象看，软件质量度量可分为产品度量、过程度量和项目度量。

需要注意的是，有些度量属于多个范畴，如项目开发过程中的质量度量既属于过程度量又属于项目度量。三种度量维度的区别如表 10-2 所示。

表 10-2 三种度量维度

度量维度	侧重点	具体内容	区别
项目质量度量	理解和控制当前项目的情况和状态,具有战术性意义,针对具体的项目进行	规模、成本、工作量、进度、生产力、风险、顾客满意度等	这是战术性的,针对具体的项目展开,集中在项目的成本、进度、风险等特征指标测量上
产品质量度量	侧重理解和控制当前产品的质量状况,用于对产品质量的预测和控制	以质量度量为中心,包括功能性、可靠性、易用性、效率性、可维护性、可移植性等	这是对产品质量的度量,用于对产品质量的评估和预测
过程质量度量	理解和控制当前情况和状态,还包含对过程的改善和未来过程的能力预测,具有战略性意义,在整个组织范围内进行	如成熟度、管理、生命周期、生产率、缺陷植入率等	这是战略性的,不局限于一个项目。针对软件组织开发与维护的流程、执行效率等展开测量,是组织内大量项目实践的总结和模型化,为项目质量度量提供指导意义

10.3.2 软件项目质量度量

软件项目质量度量是针对具体的项目展开的,它用来描述项目的特性和执行状态,如项目计划有效性、项目资源使用效率、项目成本效益、项目风险、项目进度和生产力等。其目的是评估项目开发过程的质量,预测项目进度、工作量等,辅助管理者进行质量控制和项目控制。软件项目质量度量包括以下内容。

- 规模度量（Size Measurement）：以代码行数、功能点数、对象点或特征点等来衡量。规模度量是软件工作量度量、进度度量的基础,用于估算软件工作量、编制成本预算、策划项目进度。
- 复杂度度量（Complexity Measurement）：确定程序控制流或软件系统结构的复杂程度指标。复杂度度量用于估计或预测软件产品的可测试性、可靠性和可维护性,以便选择最优化、最可靠的程序设计方法来确定测试策略、维护策略等。
- 缺陷度量（Defect Measurement）：帮助确定产品缺陷分布的情况、缺陷变化的状态等,从而帮助分析修复缺陷所需的工作量、设计和编程中存在哪些弱点、预测产品发布时间、预测产品的遗留缺陷等。
- 工作量度量（Workload Measurement）：任务分解并结合人力资源水平来度量,合理地分配研发资源和人力,获得最高的效率比。工作量度量是在软件规模度量和生产率度量的基础上进行的。
- 进度度量（Schedule Measurement）：通过任务分解、工作量度量、有效资源分配等做出计划,然后将实际结果和计划值进行对比来度量。
- 风险度量（Risk Measurement）：一般通过两个参数"风险发生的概率"和"风险发生后所带来的损失"来评估风险。
- 其他的项目质量度量,如需求稳定性或需求稳定因子（RSI,Requirement Stability Index）、资源利用效率（Resource Utilization）、文档复审水平（Review Level）、问题解决能力（Issue-resolving Ability）、代码动态增长等。

10.3.3 软件产品质量度量

软件产品度量用来描述软件产品的特征,用于产品评估和决策,主要包括软件规模大小、产品复杂度、设计特征、性能和质量水平。

软件产品的规模大小度量方法包括德尔菲法、COCOMO 模型、代码行度量方法、功能点分析法和面向对象软件的对象点方法。其中,德尔菲法(Delphi Technique)是一种专家评估技术,适用于在没有或没有足够的历史数据情况下来评定软件采用不同的技术所带来的差异,但专家的水平及对项目的理解程度是工作中的关键点。COCOMO 模型(构造性成本,Constructive Cost Model)是一种精确、易于使用的基于模型的成本估算方法。它分为基本 COCOMO 模型、中级 COCOMO 模型和高级 COCOMO 模型(详细见 9.3.3 节)。

软件复杂度的度量用于评估软件产品的可测试性、可靠性和可维护性。同时,软件复杂度的度量能够提高工作量估计的有效性和精度。在测试和维护过程中,对软件复杂度的度量可以帮助选择更有效的方法来提高软件产品的质量和可靠性。软件复杂度的度量方法包括 McCabe 圈复杂度方法、语法构造方法和结构度量方法。

1. McCabe 圈复杂度方法

McCabe 圈复杂度方法是一种软件质量度量方法,它基于对程序拓扑结构复杂度的分析,根据图论定义了"圈数",通过"圈数"来得到软件复杂度。在软件工程活动中,McCabe 圈复杂度方法可以用于以下几个方面:

- 作为程序设计和管理的指南;
- 作为测试的辅助工具;
- 作为网络复杂度的一种度量方法。

McCabe 认为圈数是流程图中的最少路径数。他提出,最少路径数可以确定程序的复杂度,即 McCabe 圈复杂度。方法是:通过计算线性的独立路径条数 $V_{(G)}$ 来度量程序的复杂度,通过设置 $V_{(G)}$ 的上限来控制程序的"规模",并用其作为一种测试方法论的基础。

McCabe 圈复杂度用来衡量一个模块判定结构的复杂程度。在程序控制流程图中,节点是程序中代码的最小单元,边代表节点间的程序流。一个有 e 条边和 n 个节点的流程图 F,其圈复杂度为 $V_{(F)} = e - n + 2$。圈复杂度越高,程序中的控制路径越复杂。McCabe 指出,典型的程序模块的圈复杂度为 10。如图 10-7 所示为某个程序的圈复杂度计算过程,其公式如下:

$$M = V_{(G)} = e - n + 2p = 11 - 9 + 2 \times 1 = 4$$

式中,$V_{(G)}$ 为路径图中环形的数目,e 为边的数目,n 为节点的数目,p 为图中没有连接部分的数目。

2. 语法构造方法

语法构造方法的基本思路是,根据程序中可执行代码行中操作符和操作数的数量来计算程序的复杂性。操作符和操作数的数量越大,程序结构就越复杂。

语法构造方法可以揭示程序中单独的语法构造和缺陷率之间的关系:

缺陷率= 0.15 + 0.23 × DO_WHILE + 0.22 × SELECT + 0.07 × IF_THEN_ELSE

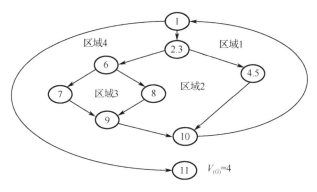

图 10-7 圈复杂度计算

3. 结构度量方法

结构度量方法考虑了系统各个模块间的相互耦合关系。Henry 给出的度量公式为：

$$C_P = (扇入 \times 扇出)^2$$

式中，扇入是调用外部模块的数量，扇出是被外部模块调用的次数。

而 Card/Glass 给出的度量公式为：

$$C_t = S_t + D_t$$

式中，S_t 为结构（模块间）复杂度，D_t 为数据（模块间）复杂度。S_t/D_t 可以通过软件产品中的模块数 n、模块 i 扇出数和模块 i 的 I/O 变量数来计算。

总之，McCabe 圈复杂度用来衡量一个模块判定结构的复杂程度，是一个局限于二元决策的指标，不能区分不同种类的控制流复杂度；语法构造方法可以揭示程序中单独的语法构造和缺陷率之间的关系；结构度量方法能考虑系统各个模块间的相互耦合关系。

10.3.4 软件过程质量度量

软件过程质量度量用于软件开发、维护过程的优化和改进，如开发过程中缺陷移除的效率、测试阶段中缺陷修复的效率等。它的目的在于预测过程的未来性能，减少过程结果的偏差，对软件过程的行为进行目标管理，为量化管理提供基础。软件过程质量度量会直接影响软件产品质量。通过软件过程质量度量，可以提高过程成熟度以改进产品质量。软件过程度量主要包括三大内容。

- 成熟度度量，包括组织能力、培训质量、文档标准化、过程定义、配置管理等方面的度量。
- 管理度量，包括质量计划、质量审查、质量测试、质量保证方面的度量。
- 生命周期度量，包括需求分析、设计、编程和测试、维护方面的度量。

如果按照软件的生命周期，那么软件过程度量包括软件需求过程的质量度量、软件开发过程的生产率度量、测试阶段的过程质量度量和维护阶段的过程质量度量。

1. 软件需求过程的质量度量

软件需求过程的质量度量，除需求分析中缺陷度量之外，主要集中于需求规格说明的度量和需求稳定性的度量。

（1）需求规格说明的度量

需求一致性度量：

$$Q_1 = n_{ui}/n_r$$

式中，n_{ui} 是所有复审者都有相同解释的需求的个数，n_r 是需求规格说明中需求的个数，包含功能需求和非功能需求。

需求完整性度量：

$$Q_2 = n_u/(n_i \times n_s)$$

式中，n_u 是唯一功能需求的个数，n_i 是由需求规格说明定义或包含的输入的个数，n_s 是被表示的状态的个数。

需求确认程度度量：

$$Q_3 = n_c/(n_c + n_{nv})$$

式中，n_c 是已经确认为正确的需求的个数，n_{nv} 是尚未被确认的需求的个数。

（2）需求稳定性度量

需求稳定性度量是通过需求稳定因子（Requirements Stability Index，RSI）来表示的：
　　RSI = (所有确定的需求个数 – 累计的需求变化请求个数)/所有确定的需求个数
　　所有确定的需求个数 = 初始需求请求列表个数 – 接受的需求变化请求个数

式中，RSI 越大，需求越稳定，其值越接近 1。

2．软件开发过程的生产率度量

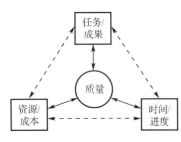

图 10-8　软件生产率的三维关系

软件生产率度量是指在现有人员的能力和历史数据分析基础上测量人员的生产力水平，包括软件开发过程整体生产率、软件编程效率和软件测试效率等。

软件项目中的生产率概念是三维的，其中特别强调时间维，因为时间和工作量之间的关系不是线性的。软件生产率的三维关系如图 10-8 所示。软件的任务量一般用代码行、功能点、类和测试用例来衡量。其度量单位包括人时（Man-hour）、人日（Man-day）、人月（Man-month）、人年（Man-year）。

3．测试阶段的过程质量度量

测试阶段的过程质量度量内容比较多，要基于软件规模度量、复杂度度量等方法，从三个不同的方面来完整度量测试阶段的过程状态，包括测试广度的度量、测度深度的度量、过程中收集的缺陷数度量。涉及的各个概念说明如下。

- 测试用例的深度（Test Case Depth，TCD），包括每千行代码的测试用例数，每个功能点/对象点的测试用例数。
- 测试用例的有效性，每 100 或 1000 个测试用例所发现的缺陷数。
- 测试用例的质量（Test Case Quality，TCQ），等于测试用例发现的缺陷数除以总的缺陷数。
- 测试执行的效率和质量，包括每个人日所执行的测试用例数，每个人日所发现的缺陷数，以及每修改的千行代码所运行的测试用例数。
- 缺陷报告的质量，等于报告中质量不高的缺陷数除以报告的总缺陷数。报告中质量不高的缺陷包含状态为"需要补充信息"的缺陷和状态为"不是缺陷"的缺陷。

- 基于需求的测试覆盖，包括已执行的测试覆盖、成功的测试覆盖。计算公式如下：

$$已执行的测试覆盖 = T_X / Rft$$
$$成功的测试覆盖 = T_S / Rft$$

式中，T_X 表示已执行的测试过程数或测试用例数，T_S 表示已执行的完全成功的、没有缺陷的测试过程数或测试用例数，Rft 是测试需求的总数。

- 基于代码的测试覆盖：

$$基于代码的测试覆盖 = T_c / T_{nc}$$

式中，T_c 是用代码语句、条件分支、代码路径、数据状态判定点或数据元素名表示的已执行项目个数，T_{nc} 是代码中的项目总数。

4．维护阶段的过程质量度量

维护阶段的过程质量度量包括平均失效时间、基于时间缺陷（或用户问题数）的到达率、积压缺陷管理指标（BMI）、软件成熟度指标（SMI）。

10.3.5 软件缺陷度量

软件缺陷是软件与需求不一致的某种表现，通过对测试过程中已发现的缺陷进行评估，可以了解软件的质量状况。软件缺陷评估指标是度量软件产品质量的重要指标，可以用来评估当前软件的可靠性或预测软件产品的可靠性变化。

1．缺陷密度

缺陷密度是指软件缺陷在规模上的分布，例如，每千行代码或每个功能点（或类似功能点的度量，如对象点、数据点、特征点等）的缺陷数。缺陷密度越低，意味着软件产品质量越高。在缺陷发现多的地方，漏掉缺陷的可能性也会越大，也可能表示在测试效率没有被显著改善之前，纠正缺陷时将引入较多的错误。

如果缺陷密度与上一个版本相同或更低，则应该分析当前版本的测试效率是不是降低了？如果答案为否，则质量前景乐观；如果为是，则需要进行额外的测试，进一步改善开发和测试。

如果缺陷密度比上一个版本的高，则应该分析当前版本的测试效率是不是提高了？如果为否，则质量恶化，难以保证；如果为是，则需要开发人员更多的努力去修正缺陷。

2．缺陷率

缺陷率是指在一定时间范围内的缺陷数与错误概率的比值。失败是缺陷的实例化，可以观测失败的不同原因数来近似估计软件中的缺陷数。缺陷率对一个软件产品而言，在其发布后不同时段也是不同的。例如，对应用软件来说，90%以上的缺陷是在发布后两年内发现的。

3．整体缺陷清除率

用 F 表示用功能点描述的软件规模，D_1 表示在软件开发过程中发现的所有缺陷数，D_2 表示软件发布后发现的缺陷数，D 表示发现的总缺陷数 $D=D_1+D_2$，则：

$$质量 = D_2 / F$$
$$缺陷注入率 = D / F$$

$$整体缺陷清除率 = D_1/D$$

清除软件缺陷的难易程度在各个阶段是不同的。

4. 阶段性缺陷清除率

阶段性缺陷清除率计算公式如下:

$$阶段性缺陷清除率 = 开发阶段清除的缺陷数/产品中潜伏的缺陷数 \times 100\%$$

产品中潜伏缺陷数需要通过一些方法获得其近似值。基于阶段的缺陷清除率反映了开发工程总的缺陷清除能力。

10.4 软件质量工具

常见的软件质量工具为静态分析工具,通过输入源代码,在不执行源代码的情况下进行语法和语义分析,最终将结果呈现给用户。静态分析工具的应用范围很大,除可以应用于源代码分析外,还可以应用于包括模型在内的工作产品分析。静态分析工具包括:

- 辅助和半自动化审查的工具、检查文件和源代码的工具,可以将工作分配给不同的参与者以实现半自动化并控制评审过程。它们允许用户输入检查并报告审查过程中发现的缺陷以便后用。
- 一些帮助研发团队执行软件安全风险分析的工具,提供故障模式影响分析(FMEA)、故障树分析(FTA)等功能支持。
- 软件问题跟踪工具,用于记录软件测试和分析处理解决过程中异常状态的日志。有些工具则可以提供工作流的支持和跟踪问题解决的状态等。
- 分析从软件工程和测试环境中捕获的数据,并以图表和表格的形式完成数据可视化的工具,提供对数据集进行统计分析的功能(目的在于识别趋势和做出预测)。其中一些工具能够提供缺陷率、缺陷密度、生产率、缺陷注入和分布等数据,这些数据将会存在于项目的每个生命周期阶段。

习题 10

1. 软件质量成本有哪 4 类?简述各类成本的主要来源。
2. 为保证软件安全性现有的几种策略是什么?
3. 简述 SQM 包括的 4 个子类别。
4. SQA 和 SQAP 设立的目标是什么?
5. 从度量的对象看,软件质量度量包括什么?简述它们之间的联系和区别。

参 考 文 献

[1] Bourque P, Fairley R E. Guide to the software engineering body of knowledge (SWEBOK (R)): Version 3.0[M]. IEEE Computer Society Press,2014.
[2] 林广艳. 软件工程过程：高级篇[M] 北京：清华大学出版社，2011.
[3] 波尔. 需求工程：基础、原理和技术[M]. 北京：机械工业出版社，2012.
[4] 黎连业. 软件能力成熟度模型与模型集成基础[M]. 北京：机械工业出版社，2011.
[5] 骆斌，丁二玉，等. 需求工程——软件建模与分析[J]. 北京：高等教育出版社，2009.
[6] 齐治昌. 软件设计与体系结构[M]. 北京：高等教育出版社，2010.
[7] 金戈，汤凌. 代码大全[M]. 2 版.北京：电子工业出版社，2006.
[8] PETERSMITH. 深入理解软件构造系统：原理与最佳实践[M]. 北京：机械工业出版社，2012.
[9] Roger S Pressman, Bruce R Maxim. 软件工程：实践者的研究方法[M]. 郑人杰，等译. 北京：机械工业出版社，2011.
[10] 青润. 软件工程之全程建模实现[M]. 北京：电子工业出版社，2004.
[11] 聂南.软件项目管理配置技术[M]. 北京：清华大学出版社，2014.
[12] 张剑波，尚建嘎，李圣文. 软件测试：原理、方法与管理[M]. 北京：科学出版社，2015.
[13] 李炳森. 软件质量管理[M]. 北京：清华大学出版社，2013.
[14] 韩万江，姜立新. 软件项目管理案例教程[M]. 3 版. 北京：机械工业出版社，2015.

反侵权盗版声明

电子工业出版社依法对本作品享有专有出版权。任何未经权利人书面许可,复制、销售或通过信息网络传播本作品的行为,歪曲、篡改、剽窃本作品的行为,均违反《中华人民共和国著作权法》,其行为人应承担相应的民事责任和行政责任,构成犯罪的,将被依法追究刑事责任。

为了维护市场秩序,保护权利人的合法权益,我社将依法查处和打击侵权盗版的单位和个人。欢迎社会各界人士积极举报侵权盗版行为,本社将奖励举报有功人员,并保证举报人的信息不被泄露。

举报电话:(010)88254396;(010)88258888
传　　真:(010)88254397
E-mail:　dbqq@phei.com.cn
通信地址:北京市海淀区万寿路173信箱
　　　　　电子工业出版社总编办公室
邮　　编:100036